·胎儿卷·

郑玉巧育儿经

全新第五版

郑玉巧 ◎ 著

中国和平出版社
China Peace Publishing House
北京

图书在版编目（CIP）数据

郑玉巧育儿经.胎儿卷：全新第五版 / 郑玉巧著

. –– 北京：中国和平出版社，2024.5

ISBN 978-7-5137-2258-2

Ⅰ.①郑… Ⅱ.①郑… Ⅲ.①婴儿 – 哺育 – 基本知识
②胎儿 – 保健 – 基本知识 Ⅳ.①TS976.31

中国版本图书馆 CIP 数据核字 (2022) 第 009428 号

ZHENG YUQIAO YU'ER JING TAIER JUAN QUANXIN DI-WU BAN

郑玉巧育儿经·胎儿卷　全新第五版　　　　郑玉巧◎著

策　　划	林　云	
编辑统筹	代新梅	
责任编辑	代新梅	
营销编辑	常炯辉	
封面设计	孙文君	
责任印务	魏国荣	
出版发行	中国和平出版社（北京市海淀区花园路甲 13 号院 7 号楼 10 层 100088）	
	www.hpbook.com　　bookhp@163.com	
出 版 人	林　云	
经　　销	全国各地书店	
印　　刷	鸿博睿特（天津）印刷科技有限公司	
开　　本	710mm × 1000mm　1/16	
印　　张	22	
字　　数	400 千字	
印　　量	1 ~ 5000 册	
版　　次	2024 年 5 月第 1 版　2024 年 5 月第 1 次印刷	
书　　号	ISBN 978-7-5137-2258-2	
定　　价	68.00 元	

前　言

　　做儿科医生 40 年，经历了许许多多，感悟无数，有治愈疾病后的畅然，更有获得赞誉后的欢心。然而，畅然和欢心只是彼时彼刻，长留于心的是孩子们灿烂的笑脸，是爸爸妈妈们怀抱可爱宝贝时，脸上洋溢的甜蜜和幸福。面对生机勃勃的新生命，我总有发自内心深处的爱涌上心头，我太喜欢孩子们了。

　　孕育孩子，是和孩子一起成长的美妙过程，将会留下数不尽的美好回忆。可是，在这个过程中，父母难免会遇到这样那样的问题，有困惑，有无奈，有焦急，有无助……作为父母，了解更多的孕期知识，掌握更多的育儿技能，会让我们更轻松，更自然，更健康，更科学地度过孕期。

　　在临床工作中，我发现很多新手父母在孕育孩子过程中遇到的"个性化问题"都可以归纳为"普遍性问题"，很多"个性"问题都有其"共性"。我将 40 年积累的与医学有关的儿科经验告诉父母，希望给父母提供更加实用、有效和周到的帮助。

　　受孕的时机如何选择？

　　早孕的反应有哪些？

　　孕期身材会有哪些变化？

　　宝宝会长得像谁？

　　如何避免孕期疾病？

　　如何测量腹围？

　　怎么数胎动？

该补充哪些营养？

如何准备分娩？

产后体形如何复原？

怎么坐月子？

······

迎接一个新生命对于每个家庭来说，都是一件大事，我们不仅要关注胎儿每个阶段的生长，还要关注准妈妈的身体变化、心理变化。在本书中，我逐周讲解胎儿的生长变化，让爸爸妈妈对宝宝的生长过程既有总体的把握，又有细节的了解。准妈妈十月怀胎非常辛苦，我按孕周，梳理了全孕期准妈妈的79种身体变化、53个注意事项，并且设置了知识专栏，把每个阶段需要了解的孕育知识详细地介绍给准爸爸妈妈。在本书的最后四章，我分门别类地整理了四个专题，全面介绍孕期怎么补充营养、怎么进行胎教、孕前和产前该做哪些检查等，帮助每个正在孕育新生命的家庭走出焦虑。

这本书从介绍备孕开始，一直到指导准妈妈如何坐月子，让准妈妈全程接受贴心的孕育指导，希望本书专业的知识、暖心的话语、科学的布局，能让每一个阅读者感受到温暖。

到如今，《郑玉巧育儿经》已经更新到了第五版，增加了很多当代家庭的孕育问题和难点，条目更加清晰，方便查询检索。回首以往，我为中国医学的进步而骄傲，为大多数家庭认可科学孕育理念而真心感到高兴。这就是支撑我不断丰富和发展《郑玉巧育儿经》的内在动力。

衷心感谢新手爸爸妈妈们能阅读这本拙著。作为一名儿科医生，我只能说自己尽力了，把爱心献给了宝宝和养育宝宝的父母。书中难免会有这样那样的不足和问题，恳请读者批评指正。

2024 年 5 月于北京

目　录
contents

第章　孕前准备

第二章　孕1月（0~4周）

第三章 孕2月（5~8周）

第四章 孕3月（9~12周）

第 五 章　孕4月（13~16周）

第六章　孕5月（17~20周）

第七章 孕6月（21~24周）

第 八 章　孕7月（25~28周）

第 九 章　孕8月（29~32周）

第 **十** 章　孕9月（33~36周）

第 十一 章　孕10月（37~40周）

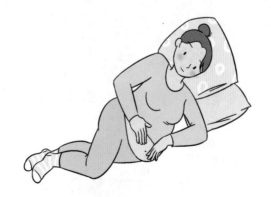

第十二章 分 娩

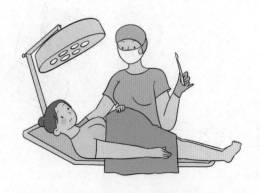

第十三章 产后

专题 重视孕期营养

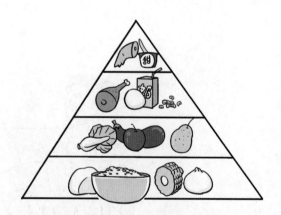

专题 二 胎教·孕期生活·孕期环境安全

专题 孕前和产前检查

专题 四 妊娠期的异常情况

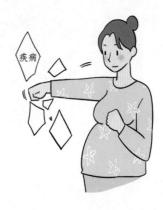

第一章

孕前准备

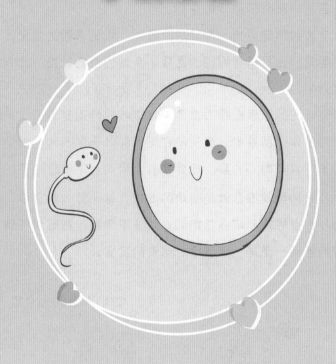

未来宝宝写给爸爸妈妈的第一封信

亲爱的爸爸妈妈：

你们结婚后，是否就开始计划要我了呢？其实，无论你们是否做出计划，我都不是"虚无"的了。我已经存在于爸爸妈妈健康的生殖细胞中；存在于爸爸妈妈绿色均衡的食物中；存在于爸爸妈妈快乐的情绪中。

我真的希望成为一个健康、聪明、人见人爱的宝宝，这是我的愿望，也是爸爸妈妈的愿望。亲爱的爸爸妈妈，让我们一起努力吧！

爸爸妈妈可要记得去做孕前检查哦！特别是爸爸，一定不要因为工作忙而推脱。我虽然在妈妈的肚子里长大，但是生孩子可不仅仅是妈妈的事，您要知道，我的一半是您赋予的呀！

最好的孕前准备就是愉快的心情，这比什么都重要，不要因为一点点的疏忽破坏你们的心情，不要被一些资讯吓到，你们要相信我一定是一个健康、可爱的宝宝。

你们未来的宝宝写于路上

第一节
生殖健康与受孕时机

孕前身体和心理准备

孕前身体准备

◎ 保证充足的睡眠

如果你们准备生宝宝了，改变生活方式是非常必要的。争取早睡早起，每天保证8小时睡眠时间。充足的睡眠对身体健康至关重要，睡眠不足，抵抗力自然会下降，感冒生病就在所难免。晚上10~11点上床睡觉，早晨6~7点起床是比较好的作息安排。如果中午能小睡一觉，哪怕躺下或者在沙发上打个盹，对恢复体力都是非常有帮助的。

◎ 健康的饮食习惯

减少在外用餐次数，尽量回到家里自己做饭。餐馆的饮食无论多么高级，常有共同的缺点，那就是高油、高盐、高脂、高糖、高热量。如果再喝些饮料，喝点儿小酒，饮食结构就更不合理了。如果必须在外用餐，点菜时要尽量点炖、蒸、煮（上面有一层油的水煮鱼等除外）的菜肴，能够凉拌的蔬菜尽量不要用煎炒炸的方式烹饪。在家里做饭要做到合理搭配，食物多样，少油、少盐、

少糖、少脂。能凉拌的不煎炒炸，能清蒸的不红烧，能水煮的不油炸，能快炒的不慢炖，尽量避免由于烹饪方式导致食物营养素的破坏和流失。餐桌上的菜肴要色泽丰富，品种多样，搭配合理。

◎ 健康的生活方式

睡前清洁牙齿、沐浴，起床后漱口、淋浴。

勤换内衣内裤，穿舒适的鞋袜，不穿紧身裤，乳罩罩杯不宜过小过紧，不要穿束身衣和塑形内衣，最好选择棉质的内衣内裤。

夫妻双方都要戒烟忌酒，避免吸入二手烟，不喝含酒精的饮料。

每天运动，能步行不乘车，能步行上下楼梯尽量不乘坐电梯。增加户外活动时间，选择散步、游泳、打球等运动，少看电视多读书，少用电脑多写字，少坐在沙发上多散步。

◎ 补充叶酸

怀孕前3个月开始补充叶酸，每天0.4毫克；孕期继续每天补充叶酸0.4毫克。如果孕前3个月没能补充，不要着急，从现在开始补充就可以了。如果补充了3个月没有怀孕，也没关系，可继续补充，不会因补充时间过长而引起什么不适，更不会过量和中毒，只要每天按照规定的剂量补充就可以了。治疗贫血用的叶酸每片含量5毫克，孕期补充的叶酸每片含量0.4毫克，这两种叶酸相差很大，不可相互替代。

◎ 其他营养素补充

如果没有医学指征和医生的医嘱，备孕前不需要额外补充其他营养素，健康的饮食是营养的最佳保证，一定要合理饮食，均衡营养，任何营养素都不能代替天然食物，吃好喝好比补充任何营养都重要。如果孕前检查发现贫血，要积极治疗。如果孕前检查发现有缺钙或缺锌要积极补充，药物补充要在医生指导下进行，不要自行购买。牛奶、鱼虾、大豆和肉类食物能提供丰富的蛋白质，不需要额外补充蛋白粉和牛初乳等营养品。牛奶是高钙食物，远远胜过补充钙剂。动物肝是高铁食物，远远胜过补充铁剂。

◎ 停服避孕药

孕前6个月需要停止服用避孕药，最短也要在孕前3个月停用避孕药。

◎ 其他需注意的问题

备孕期间，你不知道，也无法完全控制会在什么时候怀孕。所以，从一开始就要规避可能会影响胎儿健康的事情。比如接受X线照射、服用药物、吸烟饮酒、接触有毒有害物质等，不要等到事后才后悔。备孕期间，接受任何检查、吃任何药物、接触任何有毒有害物质前，都要想到你很可能会怀孕或已经怀孕了。

孕前心理准备

做好充分的心理准备，不要让自己有心理上的问题，有不舒服的感觉时要找亲朋好友聊天，或做些能让自己心情好起来的事情，必要时可看心理医生。

有自我关怀意识，对自己身体有更多的了解，接受、尊重、欣赏自己的身体。在自己最渴望生育、渴望做母亲的时候怀孕生子，而不是为了从众和传宗接代，或其他的目的。要对生育、生命保持尊重。

受孕时机与宝宝健康

受孕年龄与宝宝健康

统计资料表明，女性最适宜的生育年龄为24~34岁，最佳生育年龄为25~30岁。男性最适宜的生育年龄为28~38岁，最佳生育年龄为30~35岁。

受孕季节与宝宝健康

前3个月是胎儿各器官发育关键期，很容易受到致病微生物的伤害，夏秋季节怀孕，可避开冬末春初病毒感染高峰期，也有利于孕妇在室外散步，充分吸收氧气，还有大量的应季水果蔬菜。春季分娩，产妇和宝宝可更多的到户外呼吸新鲜空气，接受阳光照射，预防佝偻病。

其实，最佳的受孕年龄和季节都是相对的，没有绝对的好坏，还要根据实际情况而定。父母的身体健康、生殖健康、心理健康等诸多因素都与宝宝的健康密切相关。怀孕不同于其他事情，很多时候都是水到渠成、顺其自然的。对于热切盼望孩子的夫妇来说，任何时候获得怀孕消息，都是天大的喜讯，也都是最适合的时机。

孕前生殖健康

孕前女性生殖健康

女性生殖健康表现如下。

- 没有任何不适症状，如外阴瘙痒、干涩、疼痛、烧灼感，以及令人不愉快的味道。

- 妇科医生在常规妇科物理检查中，没有发现任何异常体征。

- 白带清洁度2度以下，无线索细胞。

- 白带分泌物实验室检查没有发现病原菌，如滴虫、霉菌、解脲脲原体、沙眼衣原体、淋球菌等。

- 血HIV(艾滋病病毒)、PRP(梅毒血清学检查)、HSV(单纯疱疹病毒)阴性。

- 优生优育筛检项目无异常结果。

- 乳腺无疾病。

- 子宫附件盆腔B超未发现异常。

- 宫颈防癌涂片无异常。

- 不厌倦性生活。

孕前男性生殖健康

有研究表明，45岁以后，随着年龄的增长，男性生育缺陷儿的概率也随之增加。年龄越大，精子细胞产生显性突变的机会越多。丹麦遗传学家认为，唐氏综合征的发生与父母年龄过大有很大关系，并指出，男性的最佳生育年龄是30~35岁，超过45岁时，要做遗传咨询。

影响生殖健康的因素

先天病残儿的父亲中有21%是在工作环境中接触射线、微波、高温、重金属、化学物质、农药等，而母亲占17%；父亲有烟酒嗜好的占56%，母亲占2%；父亲患感冒、发热、风疹、弓形虫感染、巨细胞病毒感染、疱疹、过敏症、腮腺炎、肝炎等疾病的占5%，母亲患上述疾病的占24%。

烟草中含有尼古丁、氢氰酸、一氧化碳等有毒物质，对生殖细胞和胎儿的不良影响早已被证实。男性吸烟可影响精子质量，女性吸烟也会殃及卵子的健康。即使夫妇都不吸烟，也要尽量避免被动吸烟，因为被动吸烟同样会危及精子、卵子和胎儿。

酒精对精子、卵子和胎儿同样有害，酒后受孕可导致胎儿发育迟缓、智力低下。大量饮酒后，酒精被血液吸收，对全身各系统都有一定的危害，对精子和卵子具有强烈毒性。曾有报道认为，男性大量饮酒，可使精液中71%的精子发育不全，活动力度差，发育不全的精子一旦与卵子结合可造成胎儿畸形、智力障碍等。另外，大量饮酒还可以影响睾丸血流量和温度调节，使睾丸供血不足，供氧量下降，影响精子质量。长期大量饮酒，还可形成慢性酒精中毒，使睾丸失去生精能力，导致不孕。

◎ 药物

某些药物没有被确定有生殖毒性，但对胎儿的致畸作用已经被证实，使用这些药物时需格外谨慎，即使动物实验证明安全，也不能就此认为对人类生殖健康没有危害。有些药物在说明书上没有标注对生殖健康有不良影响，也不能因此就认为它是安全的。准备怀孕的夫妇不要轻易使用药物。

◎ 工业化学物质

人们熟悉的有毒化学物质有铅、汞、砷、苯、乙醇等，在现实生活中，有些有毒物质是可以避开的，如房屋装修选择的材料是可以控制的，装修后，可以找环境质量监测部门对室内环境进行监测。但有些是个人不能控制的，如汽车尾气的污染、被动吸烟、有放射毒性的垃圾等。不过，我们也无须恐惧，大自然有净化能力。自然界的自洁能力，为人类健康和生存立下了汗马功劳。人类应该感谢自然、敬畏自然、保护自然，把对环境的破坏视为对人类的犯罪。增强环境保护意识，是造福千秋万代的功德。为了保护自己、保护自己的后代，我们也该爱护环境。

◎ 农药

蔬菜、水果、粮食农药超标危害母婴安全。最好的办法是把买回来的蔬菜、水果用清水充分浸泡，让农药析出。

◎ 电离辐射和电磁污染

以X射线为代表的电离辐射对生殖健康的影响虽早已为人们所熟悉，但仍有不少计划怀孕的夫妇，稀里糊涂地接受了医学X光检查，获知怀孕后，才如梦初醒，后悔不迭。

日常生活中，我们既不能因为害怕辐射而草木皆兵，也不能毫不关心，而应做好积极的防护，规避某些环境污染对健康的危害，如检查你使用的微波炉是否有微波泄漏：把一张薄纸夹在微波炉门缝，轻轻牵拉，如果能够移动纸张，说明微波炉的门已松，可能有泄漏问题，要及时维修或更换。在使用微波炉时，要距离它2米以外，微波炉停止工作后，等待3~5分钟，让微波自然衰减，再打开微波炉。

第二节
孕前需治愈的疾病及常见病预防、避孕药的使用须知和不孕症

孕前需治愈的疾病及常见病预防

泌尿系感染

在怀孕期，无论是早期，还是晚期，怀孕合并泌尿系感染，对于医生来说都是比较棘手的事情，因为治疗泌尿系感染的药物，或多或少会对胎儿有不良影响。但是，能否因规避药物的不良影响而选择不治疗呢？显然是不能的，其原因：第一，引起泌尿系感染的病原菌不能被杀灭，有引起肾盂肾炎的危险，对孕妇的健康不利；第二，泌尿系感染对胎儿健康的不良影响可能要比药物影响更大。由此可见，孕期预防泌尿系感染是很重要的。养成多饮水的习惯，每天至少饮800毫升的白开水。

为什么孕妇容易合并肾盂肾炎呢？这是因为，随着子宫的增大，输尿管受挤压，导致肾盂积水，细菌通过尿道口进入尿道、膀胱、输尿管后，很容易导致肾盂肾炎的发生。

为了减少子宫对肾盂的压迫，到了孕中期，尽量不采取仰卧位，最好左侧卧、右侧卧交替，以左侧卧为主。在清洁肛门时，不要从后向前擦洗，而是从前向后，或从肛门向两侧擦洗，大便后最好用清水冲洗肛门，以免肛门周围的大肠杆菌污染尿道和阴道口，引起泌尿系和生殖道感染。

阴道炎

饮水少、劳累、外阴不洁净、卫生巾质量不合格、内裤被霉菌污染（内裤放置时间过久，从来不在阳光下暴晒内裤，在卫生间阴干内裤等情况都易使内裤被霉菌污染。）是患泌尿系感染和霉菌性阴道炎的常见原因，但这不是全部的原因。

霉菌性阴道炎的症状有外阴烧灼痛、白带增多、阴道排出豆渣样分泌物，可检查阴道分泌物明确诊断。使用苏打水冲洗外阴和阴道是治疗霉菌性阴道炎的方法之一，但还应该同时使用抗霉菌的药物。没有报道认为苏打水对怀孕有不良影响，应该把霉菌性阴道炎治愈后再怀孕。用4%苏打水（4%碳酸氢钠）清洗外阴和阴道后，再用抗霉菌的栓剂塞入阴道，单独使用苏打水效果不佳。2周一疗程。完成一个疗程后，复查阴道分泌物是否还有霉菌，如果化验结果霉菌阳性，应继续治疗。每个月经周期后按上述方法使用1周。连续使用3个周期，治愈停药后即可怀孕。

除了治疗外，还要注意日常生活中避免霉菌的再感染，比如，内裤不要放在阴暗、潮湿、不通风的地方，要在日光下晒干。要按疗程使用抗霉菌药。夫妇双方同时治疗效果更好。

治疗期间不宜怀孕。有阴道炎可影响受孕。如果阴道炎治愈，停药后无复发，就可以怀孕。但如果是特殊病原菌感染的阴道炎就要根据具体情况来决定了，如淋菌性阴道炎、解脲支原体感染等。

阴道炎与卫生有关，但卫生问题并不是引起阴道炎的唯一原因，还有局部的抵抗力弱，以及其他因素，如阴道与肛门、尿道相邻，造成污染的机会增多。除此之外，丈夫的卫生问题也是其中一个原因。一般治疗普通阴道炎的疗程是1~2周，治疗特殊阴道炎的时间就更长了，到底需要多长时间，还要根据病情决定。有些阴道炎需要夫妇双方同时用药，因为避孕套不合格亦可成为引起疾病的诱因，所以要询问医生是否需要与丈夫同时治疗。

宫颈柱状上皮异位

宫颈在雌激素的作用下，宫颈口内侧柱状上皮移至宫颈管外口，由于柱状上皮非常薄，使皮下红色间质可见，肉眼看好像糜烂，所以此生理现象曾被称为"宫颈糜烂"，并被误认为是疾病所致。现在明确取消了"宫颈糜烂"这一病名，而以宫颈柱状上皮生理现象所取代。宫颈柱状上皮异位不会影响怀孕，也无须治疗。但如果患有宫颈炎、宫颈癌前病变时，则需要遵医嘱接受必要的治疗，治愈后再怀孕。女性应从有性生活开始就定期做宫颈癌筛查。接种HPV疫苗是预防宫颈癌的有效方法，目前全国各地都已启动适龄女性HPV疫苗接种工作。

盆腔炎

附件炎、子宫内膜炎、宫颈炎等都可统称为盆腔炎。这些疾病的治疗方法大同小异。应该进一步明确引起盆腔炎的病原菌，有的病原菌感染可对胎儿产生显著的危害，需要彻底治愈后方能考虑怀孕，而且患有盆腔炎本身也会影响受孕。所以，在未治愈盆腔炎，尤其是附件炎前，最好暂时不要怀孕。盆腔炎并不是难以治疗的疾病，只要明确病原菌，进行正规治疗，是完全可以治愈的。

附件囊肿和附件炎都需要治疗，应先进行抗感染治疗，附件囊肿是否需要手术，要由妇科医生来决定。建议治疗后再怀孕，否则会给怀孕带来麻烦。如果是子宫内膜异位症，会引起继发不孕，所以，明确诊断是很重要的。

前列腺炎

提起前列腺炎，大多数年轻男士会认为这是老年男性病，与自己没有多大关系。其实，年轻男士也会患此病。由于前列腺炎会影响受孕，所以，备孕前如果男性患有前列腺炎就需要先彻底治愈。

性传播疾病

男性患有性病初期可能没有明显症状，但会传染给妻子。所以，夫妇在孕前做生殖泌尿系疾病检查是非常必要的。

精子质量异常

2010年，世界卫生组织推出新的《人类精液检验与处理实验室手册》（第五版），按照该标准，当精液检查满足下列条件时（见下表），即为精液正常。

参数	参考值下限
精液体积（ml）	1.5（1.4～1.7）
精子总数（106/一次射精）	39（33～46）
精子浓度（106/ml）	15（12～16）
总活力（PR＋NP，%）	40（38～42）

前向运动（PR，%）	32（31~34）
存活率（活精子，%）	58（55~63）
精子形态学（正常形态，%）	4（3.0~4.0）
其他共识临界值pH	≥7.2
过氧化物酶阳性白细胞（106 /ml）	< 1.0 MAR
试验（与颗粒结合的活动精子，%）	< 50
免疫珠试验（与免疫珠结合的活动精子，%）	< 50
精浆锌（μmol/ 一次射精）	≥2.4
精浆果糖（μmol/ 一次射精）	≥13
精浆中性葡萄糖苷酶（mU/ 一次射精）	≥20

精子质量不好或数量不足，受精卵发生异常的概率就大，流产的确切原因难以查清，但孕早期自然流产，大多数是受精卵本身不健康。

丈夫精子质量异常时应接受男科治疗。除了服用药物外，还要从生活上注意以下几点。

· 要保证充足的睡眠，尤其不要熬夜。

· 保证膳食结构合理，坚持良好的进餐习惯，不要饥一顿饱一顿，多吃新鲜蔬菜，不要经常到饭店或快餐店就餐。饮食结构不合理，会使肥胖男士越来越多，肥胖易导致脂肪肝的发生。要合理饮食，多吃清淡的食物，偶尔在医生指导下禁食。减少在外吃饭的次数，偶尔应酬时尽量吃主食、素菜。

· 戒烟戒酒。即使是少量饮酒，也要先吃几口饭菜，空腹饮酒对胃的伤害是很大的，长期下去容易患胃溃疡和胃炎，对肝脏同样不利。备孕期夫妻双方都应该戒烟忌酒。

· 采取健康的生活方式，加强体育锻炼。现代人运动越来越少，以车代步，看电视、玩电脑占去了活动时间。多进行运动，如弃电梯走楼梯，郊外旅游、户外运动等，可有效防止胃下垂、胃溃疡、"将军肚"、疲劳综合征等。

· 保持旺盛的精力，不要等到有疲劳感的时候才休息。

· 保持心情愉快，尽量不去想烦恼的事情。

常见病预防

呼吸道感染预防要点	·平时注意锻炼身体，提高抵抗力，注意保持体温冷热适中。 ·早孕期身体抵抗力一般都比较弱，容易感冒，如果平时抵抗力就弱，最好在夏季和秋初时节怀孕，这时患感冒的机会比较小。 ·生活规律，注意休息，保证充足的睡眠，多饮温开水。不要到人多的场所逗留。不要接触感冒病人。 ·接种流感疫苗是预防流感的重要措施，每年都需要接种。
口腔疾病预防要点	·餐后用清水漱口。 ·每天晨起、睡前刷牙，要有效刷牙，刷足3分钟、刷遍牙齿各个面，把牙膏充分漱干净。 ·奶糖、果脯、年糕等容易粘在牙齿上，食后要把粘在牙齿上的东西清理干净。 ·不建议使用牙签剔牙，应选牙线或冲牙器清洁牙齿缝隙。 ·如果口腔有异味，或患齿龈炎，可坚持起床后、睡觉前用专业漱口液漱口，也可用苏打水或盐水漱口。
消化道疾病预防要点	·生吃蔬菜水果时，一定要洗净上面残留的农药、寄生虫和病原菌。洗去果蔬上的泥土后，最好用清水浸泡半小时，然后用流动水逐个冲洗。 ·食用需用手抓握的食品前，一定要有效洗手：用两遍洗手液或香皂，洗足2分钟，把手指、掌心、手背、手腕、甲沟、甲缝依次洗净，最后用流动水冲洗。 ·如果便秘，争取在孕前采取措施缓解便秘，至少要降低便秘程度。一般便秘可通过饮食、运动、建立排便习惯等来改善，严重的便秘需要医学干预。按摩腹部（每天顺时针方向按摩腹部10分钟）、散步、体操等运动可刺激胃肠蠕动。多吃杂粮、红薯、燕麦、果蔬等高纤维素食物，并保证每天摄入一定的水量。
消化道疾病预防要点	·有痔疮最好在孕前治疗，因为怀孕后，即使没有痔疮，也有可能患痔疮，如果在孕前就患有痔疮，怀孕后可能会加重，而在孕期，是难以实施痔疮手术的。

泌尿生殖系感染的预防要点	·每天睡前夫妇双方都要清洗生殖器，所用的盆和毛巾应在阳光下暴晒。如果有条件，最好用流动水冲洗，需注意的是男士常常不能认真洗净包皮处藏匿的污垢。
	·多饮水，可起到冲刷尿道的作用。
	·洗净的内裤不能放置在卫生间晾晒，应拿到有阳光的地方，不要准备过多的内裤，2~3条换洗就可以了，这样可避免穿放置过久的内裤。
	·平时最好不使用卫生护垫，每天换洗内裤是最好的。
	·最好不到外面洗浴。一次性洗浴用具的卫生状况并不总是可靠的。
贫血的预防要点	·孕期发生缺铁性贫血的概率比较高，孕前体内储存充足的铁是很必要的。多摄入含铁丰富的食物。
	·不要喝浓茶，尤其是饭前、饭后喝浓茶会影响食物中铁的吸收和利用。
	·合理配餐，比如动物肝含铁丰富，和西红柿、青椒、葱头等富含维生素C的食物搭配，可促进铁的吸收。不要偏食。

避孕药的使用须知

避孕药是目前女性选择比较广泛的一种避孕方法。其优点是方便、保险系数大，对于未生育过的女性来说，是首选的避孕方法，但长期服用避孕药对女性的身体没有任何伤害这一说法是不科学的。

避孕药可能会给女性带来如下问题：

维生素B缺乏；

新陈代谢方面的异常变化；

出现发胖、易激动、头痛、脸部粉刺等症状；

所有种类的合成孕激素避孕药都有可能出现这种情况。最新医疗观察认为避孕药与女性癌症的发生率有密切关系。

服用避孕药需要注意的问题

尽管现在已经研发出不少种类的新型避孕药，而且剂量越来越低，副作用越来越小，但在服用避孕药前，女性仍应该去看医生，经过医生的检查，听取医生的建议，选择适合你的避孕药。

如果需要长期服用避孕药，应该每半年到医院检查一次，并向医生咨询有关问题。服用避孕药最值得注意的是服药的时间和剂量。如果没有按照规定的时间服药，就会影响避孕效果，还可能会引起子宫出血或月经问题。如果服用的剂量有误，也会带来不小的麻烦。

女性不愿意把避孕药放在餐桌或客厅的茶几等显著的位置，漏服的情形非常多。最好选择一个固定并有保证的时间服药，做好记录，把药和记录单放在一个固定的地方，可放在卧室的床头柜上。

第一次服用避孕药前需要做的事情

·咨询医生，既可以到妇科门诊，也可以到妇女保健门诊就医，医生会为你做必要的检查。

·确定自己没有怀孕。

·为自己选择好一个固定的服药时间，最好把服药时间安排在你能空闲下来的时候。

·服用避孕药期间要把自己每次月经来潮的时间记在日历上。

·在月经周期之初开始服用避孕药，而不是随便哪一天。

·服用避孕药期间出现问题，如月经血过多、时间过长、停经等要及时咨询医生。

·出现漏服或多服避孕药时，要及时与医生取得联系，寻求帮助。

避孕药与妊娠

服用第一片避孕药后就开始有避孕效果了。合成口服避孕药的避孕效果是相当可靠的，只要你认真按照要求去做，服药期间怀孕的可能性非常小。关于避孕药是否会导致胎儿畸形和染色体畸变，目前尚存在争议。为了规避避孕药对胎儿的潜在危害，通常情况下，要求服用避孕药的女性，在停止服药3~6个月内不要怀孕。

不孕症

应先排除以下最常见的不孕原因。

男性精子问题：男性在正常情况下可直接到医院进行精子检查。

基础体温测定不准确：基础体温测定要注意体温测量的准确性和记录的准确性，到医院要一张基础体温表，医生会详细告诉你如何测量及正确填表方法。

输卵管堵塞：输卵管有炎症可增加宫外孕的发生率，但不会因此影响受孕，只有输卵管堵塞或狭窄时才会造成不孕。输卵管不通没有明显的自觉症状，所以不通过检查难以发现。

内分泌激素测定不准确：女性做激素检查时要记住抽血时间，因为所测结果与所处月经周期的时期有关。最好在化验单上标明是在月经周期什么时刻抽的血。

子宫内膜异位症：子宫内膜异位症也是造成不孕的原因。

影响受孕三大因素

一对夫妇未采取任何避孕措施1年以上不能怀孕生子即被诊断为不孕症，如

治疗时的温馨提示

最好找一位经验丰富的妇科内分泌医生，或专门诊治不孕症的医生，固定找这位医生看，不要今天找这位医生，明天找那位医生，那样很容易看乱。要去正规医院的不孕门诊。

不要听信别人的传言。因为自己的问题和别人的问题不一样，对别人有效的，对自己不一定有效，可能还会对自己有害。

在治疗不孕的时候，不要盲目吃一些药物，尤其是对生殖细胞和胎儿有损害的药物。一旦怀孕了，却由于吃了孕期禁忌用药而不得不放弃宝宝，这是件很令人痛心的事。所以，在你接受任何治疗和检查前都要确定自己是否怀孕了。

在治疗过程中应该先避孕，停用避孕药3~6个月后才能够安全怀孕。

果从未怀孕称为原发不孕，否则为继发不孕。如果一位女性能够怀孕，但不能把妊娠进行到底，被称为不育症，如习惯性流产、胎停育等。

在自然受孕过程中，并不像有的夫妇想象的那样，想哪个月要孩子，孩子就会来到。对于育龄女性来说，即使夫妇双方都没有任何不孕的因素，女性每月排卵受孕的机会也仅有25%，有的女性会很幸运地在当月怀孕，有的女性会等1年才能自然受孕。自然受孕机会随着年龄的增加而减少。20~24岁的女性在3~4个月时间内可自然受孕，35~40岁的女性要在1年左右才能自然受孕。

在自然受孕的情况下，有50%左右的夫妇在半年内成功怀孕，经过1年的努力，会有80%的夫妇如愿地怀孕，有10%的夫妇要用1年多的时间才能自然受孕，还有10%的夫妇可能要在医生的帮助下受孕。真的患有不孕不育症的夫妇只占4%。

影响受孕能力的原因有很多，疾病导致的需要医生诊断和治疗，在这里不做过多的讨论，这里只讨论一些非疾病因素与受孕的关系。

◎ 年龄

与男性相比，女性受孕机会与年龄的关系极其密切。25岁左右是女性受孕能力最强的时期，以后随着年龄的增长缓慢降低，到了35岁受孕能力会快速下降。加上生殖器疾病、流产等因素，使得孕和育都面临着挑战。

男性的生育年龄相对较长，甚至可持续终生，但男性的生育能力并不一直保持不变。45岁以后的男性生育能力开始呈下降趋势。

◎ 性交频率

性交频率低受孕机会小，反之则高，但如果过于频繁，会因为精子活力差而使受孕机会降低。每周3~4次比较合适。

◎ 精神因素

如果连续几个月没有如愿，就着急紧张起来，开始怀疑自己的怀孕能力，也是没有必要的，精神异常紧张会导致受孕机会减少。一旦放松精神，抱着顺其自然的态度，反而会轻而易举地受孕。

第三节
排卵预测、激素测定和受孕

排卵预测

月经周期计算法

月经来潮前14天左右为"排卵期"，排卵期前后3天为"受孕期"。

> 排卵期的计算方法是：上次月经来潮日＋月经周期−14天。
>
> 受孕期的计算方法是：排卵期±3天。

月经周期与精神状态有关。劳累、身体虚弱、精神紧张、情绪波动等都会引起功能性月经失调。女性要放松紧张的神经，用一种平静的心情迎接新生命的诞生。

如果月经不规律，就无法按月经周期计算排卵期。那么，就可以用其他方法，如基础体温测定法、黏液法等。

基础体温测定法

去购买一张基础体温表，或者自己制作一张，按照要求认真填写，计算排卵期。

排卵前1~2天和排卵当天，基础体温的曲线位置是一个月经周期中最低的。排卵后，体温开始回升并维持相对稳定的高温相，直到月经来潮，体温开始下降，并维持相对稳定的低温相，直到排卵。如果受孕了，月经停止，就会继续维持高温相。

基础体温一般要连续测试3个月，1个月内的每一天都要测量，把体温标记在基础体温表上，在体温表上可以很直观地观察体温的变化和走向，观察是否有双峰改变。判断是否有排卵以及推测排卵的大概时间。

黏液法

排卵期白带分泌增加，性质稀薄、透明，好似鸡蛋清，拉成长丝不断，这样的白带有利于精子的游动。可在每天的任何时候观察黏液的性质，性生活并不影响黏液性质。并不是所有女性的分泌物在排卵期都有典型改变，黏液是否改变不会直接影响受孕。

排卵期阴道出血

这种情况比较少见，但有的女性会在排卵期出现阴道少量出血，也称为月经中期出血，如果你常常在月经中期有极少量阴道出血，且被医生证实是排卵所致，就可以据此推测自己的排卵期。

小腹隐痛

这种情况也不多见，但确实有极个别女性在排卵期前后卵泡破裂，导致少量出血，引起小腹隐痛。

B超监测排卵

B超可监测排卵情况。这种方法通常被用于使用促排卵药后监测排卵，或卵泡成熟度不佳需要找优势卵泡时。

性格改变

有的女性在排卵期可能出现类似"经前期紧张综合征"的症状，如心情低落、脾气暴躁、情绪波动比较大。但这种情况多发生在月经来潮前几天，而不是排卵期。

受孕是个复杂的过程

即使是在你确定的排卵期同房也并不意味着百分之百的受孕率，受孕是个复杂的过程，需要许多的条件，精子的问题、卵子的问题、受精卵是否能顺利着床、子宫环境问题等。因此，即使双方都没有问题，计划怀孕的夫妇在半年内成功的可能性也只占50%，因此计划怀孕的夫妇不要着急，要放松精神，精神紧张也不易怀孕。

确定有排卵障碍或不排卵时，才需要服用促排卵药，服用此类药一定要在妇产科医生的指导下，切不可擅自服用。

卵子在排出后可存活24小时，精子可存活72小时，因此受孕期在排卵日的前2天和后1天左右。

月经周期不准确的，可采取月经结束1周后开始性生活，每隔二三天同房一次的办法增加受孕机会。

女性激素测定

女性内分泌激素测定包括：雌激素、雄激素、催乳素、人绒毛膜促性腺激素、促黄体生成素、血清促卵泡成熟激素、黄体酮。

雌激素

雌激素可唤起女性原始本能。怀孕后的女性开始更多地问自己：怎样才能更好地照顾和爱护孩子？雌二醇（E2）由卵巢产生，主要功能是刺激女性附件器官发育与生长及女性特征出现。雌三醇（E3）在妊娠后期血浆中含量变化能反映胎儿、胎盘功能。

雄激素

雄激素睾酮（T）的生理功能主要是刺激男性性征出现。睾酮增多可引起女性男性化、女性多毛症、多囊卵巢综合征、先天性肾上腺皮质增多症等疾病。

催乳素

催乳素可消除准妈妈一些负面情绪，让妈妈变得快乐起来。血清催乳素（PRL）的主要作用是促进乳腺发育生长，促进并维持泌乳功能。胎盘催乳素（PL）能降低妊娠高血压综合征和流产的发生率。

人绒毛膜促性腺激素（HCG）

这是一种怀孕激素，它在尿中的出现预示着"你怀孕了"，是由孕卵着床后分泌的一种糖蛋白激素。用于早孕及绒毛膜上皮癌、葡萄胎、宫外孕，以及流产的诊断和鉴别。

促黄体生成素（LH）

它的主要作用是促进性腺成熟。

血清促卵泡成熟激素（FSH）

它的主要作用是促进性腺成熟，可用于预测排卵时间、诊断不孕症。

黄体酮

黄体酮对孕妇起到镇静神经和稳定情绪的作用，等分娩即将到来时，这种作用更加明显。通过测定血浆黄体酮含量，可了解黄体功能，对于某些黄体功能不全而导致的习惯性流产，测定黄体酮具有诊断意义。黄体酮的测定还可了解卵巢有无排卵，卵泡期黄体酮含量低，排卵后增加，如排卵后持续增加则可能妊娠。

 受孕

精子的发生过程

精原细胞诞生于睾丸的曲细精管，经过在附睾中一系列的发育过程，形成成熟的精子。精原细胞是最幼稚的生精细胞，在垂体促性腺激素的激发下，进行活跃的细胞分裂、繁殖增生。经过多次分裂和复杂的形态结构的变化过程，最后形成蝌蚪状的精子。精子的产生受促性腺激素、睾丸内分泌活动、丘脑促性腺激素的调节。任何一个环节受到干扰都会影响生精过程。所以，男性所致的不孕不育并不少见。

精子形成需要多长时间呢？从精原细胞繁殖增生到精子的形成大约需要2个月的时间。在这期间，精子受到药物、有害射线、疾病、烟酒、有害化学品等伤害时，受精卵都可能是不健康的。这就是建议准爸爸提前3个月做孕前准备的原因。

精子的成熟过程

从精原细胞繁殖增生开始，经过2个月的时间形成的精子只是结构上的成熟，不具备使卵子受精的潜能，还需要在附睾中进一步发育达到功能上的成熟。任何影响附睾内环境稳定和雄激素水平的因素，都会影响精子的发育成熟，导致男性功能性不孕不育。

成熟的精子能使卵子受孕吗

功能成熟的精子，已经具备了使卵子受精的潜在能力。但在附睾液中存在着一些抑制因子，能够抑制精子的受精能力，使精子处于潜能状态。精子只有到了女性生殖管道中之后，才具备使卵子受精的能力。这种真正意义上的成熟精子才能游向卵子，并穿透卵子周围的放射冠和透明带，实现受精过程。

精子获能需要什么条件呢

女性生殖道的正常内环境、正常的激素水平是精子获能的必要条件。倘若女性生殖道内环境发生异常改变，或女性激素水平发生异常改变，都可能导致不孕的发生。精子在女性生殖道中可存活24~72小时。

卵子的发生过程

卵子发生于卵巢，成熟于输卵管。初级卵母细胞的第一次成熟分裂过程是在排卵期进行的，第二次成熟分裂是在排卵后进行的，且必须在精子穿入的刺激下完成。

卵子排出时间

每一个月经周期只有1个卵泡达到成熟程度，随着卵泡的发育成熟，卵泡逐渐向卵巢表面移行并向外突出，排出卵子。排卵大多发生在两次月经中间，一般在下次月经来潮前的14天左右，卵子可由两侧卵巢轮流排出，也可由一侧卵巢连续排出。卵子排出后，被输卵管伞抓拾，送入同侧输卵管中的壶腹部。

高龄孕妇，尤其高龄初产的女性，无论本人还是周围的亲朋好友，都对其妊娠结局心存担忧，最大的担忧是胎儿。因为他们了解很多这方面的知识，担心先天愚型的发生，其次是对孕妇的担心，害怕分娩时可能会发生难产。高龄孕妇存在着一些潜在的高危因素，但并不意味着所有高龄孕妇都会发生这些问题。相反，由于高龄孕妇受到更多的关注和更好的围生期保健，她们常常能够顺利地分娩一个健康的宝宝。

如果你是高龄孕妇，希望你能做到以下几点

·拥有豁达乐观的心态。年龄不是问题，如果你的心理非常健康，保持着乐观的心情，那么你与低龄孕妇相比没有什么两样，或许你的睿智和成熟给你和宝宝带来的全都是好的一面。

·认真做好孕期保健。认真对待每次产检，如测量血压、体重，化验尿液、血液，做B超或其他检查，不要因为工作或其他事情而耽误产检。高龄孕妇可能更容易合并妊娠期高血压或妊娠期糖尿病，更应该做好孕期监测。

·应该听从医生的意见，做其他有必要的项目检查。医生可能会建议你做有关遗传学的检查，如果有高风险预报，要积极配合，但不要有心理压力。

·不要过劳。大多高龄孕妇承担着比较重要的工作，如果你感觉很劳累，就暂时放下手头的工作，不要太勉强自己，你的上司或下属会理解你的。拼命地工作不是你现在的选择。

·现代女性和过去相比，生理年龄要比实际年龄年轻得多，国际上已经把青年和中年的分界定为45岁。所以，如果你已经过了35岁，很想生孩子，不要因为年龄而放弃。医生会给你做必要的检查，为你制定孕前计划、妊娠期保健措施和分娩计划。

受精卵形成——新生命诞生

精子和卵子结合后的第一周称为受精卵或受孕卵；实际意义上的胎龄为1周，临床意义上的胎龄为孕3周（距末次月经第一天来潮3周）。

精子和卵子如期而遇是受精的前提条件。进入女性生殖道的精子，要游过将近其体长2000倍的路程，相当于一个成年人游3千米的长度，才有可能遇到早已等待在那里的卵子。如果精子到达目的地后，卵子没有等待在那里，精子就原地不动，等待卵子的到来。但有一点是原则性的，精子和卵子都没有足够的耐心无限期地等待对方，双方都有时间的限定。通常情况下，卵子可等待1~2天，精子可等待1~3天。但随着等待时间的延长，受精的概率逐渐下降。女性排卵后24小时内，精子进入女性生殖道20小时内，受精卵形成的机会大。一旦相遇的精子和卵子结合形成受精卵，就宣告了新生命的开始。

精子与卵子在输卵管壶腹部结合形成受精卵。受精时精子和卵子相互激活，遗传物质相互融合，两个单倍体（各含23条染色体）结合为双倍体（含46条染色体）。受精卵具有强大的生命力，能快速地进行细胞分裂、组织分化，成为一个新的个体。

受精的模式有两种，很像恋爱的模式：卵子等精子，或精子等卵子。

第一种：卵巢释放出成熟的卵子，输卵管伞抓拾了卵子并送入输卵管壶腹部，它在那里有24~48小时的时间等待着精子的到来。当300~500个精子游动到此时，其中最快的一个精子钻入卵子使其受精——怀孕了。

第二种：当精子游动到输卵管时，卵子还没有从卵巢中释放出来，这些精子有24~72小时的时间等待卵子的到来。其中的一个精子，第一个发现卵子出来了，并以最快的速度与卵子结合——受精卵形成。

由于输卵管平滑肌的节律性收缩，管壁上皮纤毛的摆动和管

内液体的流动，受精卵逐渐向子宫方向移动。受精卵在移动过程中同时进行细胞分裂，72小时左右出现12~16个卵裂球，群集在透明带中，形状如同桑葚，故名桑葚胚。桑葚胚到达子宫腔的时间是受精后第3天（大约孕2周）。受精后第5天（大约孕3周），桑葚胚继续分裂增殖为胚泡，胚泡侵入子宫内膜，这个过程叫植入，也叫着床。植入始于受精后第5天末或第6天初（大约孕3周），完成于第11天左右（大约孕4周）。

一个细胞何以构成数亿细胞的胎儿

来自妈妈的卵子和来自爸爸的精子如期相遇，形成了一个"大细胞"——受精卵，这个用肉眼都难以看到的小小受精卵，是如何长成拥有数亿细胞的婴孩？这不能不令人惊叹！

在受精卵发育为胚胎的过程中，它首先是一团没有分化的细胞，不断发育成两个不对称结构——一个头、一个尾的轴，一个前、一个后的轴。这些不对称是受精卵内部化学反应的产物。这团细胞中的每个细胞，几乎都能"辨析"出自己的"信息"，然后把这一信息输入到一台"功能强大的微型电脑"中。显示屏上弹出这样一条信息：你位于某一特定的部位。这个细胞就按照"指令"找到它应该去的某一特定的地方去发育。然而，仅仅知道在什么地方还不行，到了该去的地方，还要知道该干什么。

也就是说，一个细胞在确定了它的位置后，或自己寻找，或在"导游"的引领下来到它的目的地。到了目的地以后，或主动发出，或被动接受一个指令——长成小手或者变成一个神经细胞。这些都是受精卵内的基因完成的，一个基因激活另一个基因，每一个细胞都带有一份完整的基因组拷贝。每个细胞都可以凭借自己拥有的信息和它的邻居送来的信息而行动。基因彼此激活或抑制，给了胚胎一个头和一个尾，然后，其他基因按顺序从头至尾开始表达，给了身体每一个区间一个特有的身份。其他基因又诠释这些信息，以制造更加复杂的器官。这是一个循序渐进的过程。从简单的不对称开始，发展出特定的结构，这就是人类的再造。

来自爸爸的精子和来自妈妈的卵子结合——受精，是形成新的生命个体的条件。通过受精卵的细胞分裂、分化，由单一的细胞形成多细胞团，逐步发育成人体不同的系统、组织和器官。生殖细胞受生物遗传、个体发育环境、性行为、社会行为等诸多因素的影响；胚胎在不同阶段，其不同形态和功能的表达，受细胞内基因调控；一旦表达不精确或有误，胎儿将不能诞生或形成先天异常。由此可见，一个健康胎儿的生长是多么不易。

胚胎在着床的过程中经历着巨变

胚胎植入到妈妈的子宫内膜后，生命的种子就开始在母亲腹内生根发芽，准妈妈开始了孕育生命的历程。

已经成为胚泡的宝宝正在你的体内着床，把自己全部埋进厚厚的子宫内膜中，与子宫内膜细胞相互黏附容纳。被称为滋胚层的胚泡部分和妈妈子宫内膜的一部分将形成胎盘等胚外组织；被称为内细胞群的胚泡部分将发展成胎儿和部分胎膜。

胚泡着床的第2天，也就是受精第7天（孕3周），内细胞群分化成两层细胞，这就是那个微型双层汉堡，医学上叫二胚层胚盘。这时用来构造胚胎和胎盘的材料分化完毕，形成一个生命所需的材料就准备齐全了。

现在，细胞和组织正在有条不紊地按照遗传指令有序地被"制造"，胚泡发生着非常重要的质变，充满着奇迹。虽然许许多多生命形成的秘密尚未破译，但是对于微型的胚盘来说，已经万物皆备于我——简单地说，胚盘就是婴儿。

在准妈妈尚未意识到自己怀孕时，胚胎神经系统已经开始酝酿着巨变。没有人知道，略呈椭圆形的胚盘，最早应该建造什么，才能使一团细胞成为生命。而这些细胞自己早已获知它该到何处去，到那里去做什么。

胚盘将在椭圆形最长的直径部位凹进去，两边卷上来形成中空管——神经管。首先建造背部的脊柱和神经。这时如果孕妇体内明显缺乏叶酸，就可能导致胎儿神经管畸形。所以，医生建议女性在孕前3个月开始小剂量补充叶酸，怀孕后继续每天服用0.4毫克叶酸。

如果你获知怀孕的消息后，想起怀孕前曾发生过很多不尽如人意的事情，如吃过药物、照射过X射线等，请你切莫因此陷入不能自拔的痛苦情绪中，那样不但于事无补，还会使腹中胎儿遭受来自母体内环境紊乱（人在消极情绪下体内会产生有害物质）的袭扰。你的那些不尽如人意的事情可能根本没伤害胎儿，而你的不佳心情则很可能真的影响了胎儿的发育。况且，胚胎受到大伤害时多是"有"和"无"的结果，即宝宝或健康地成长起来，或已不复存在。所以，准妈妈要放下包袱，快乐面对，相信腹中的孩子就是健康的宝宝。

没有人知道新生命诞生的时间

在你和丈夫全然不知的时候，来自你丈夫的精子和你的卵子悄悄地、神秘地结合在一起。等确定你怀孕的时候，已经是1个月以后，小家伙已经深深地植入到子宫内膜，并开始了器官的分化和生成，无论是你们夫妇计划好的，还是突如其来的，新生命已经在你的身体内完成由胚前期到胚胎的第一次质变。

从医学上讲，从新生命到诞生分为：胚前期（孕0~4周）、胚胎期（孕5~10周）、胎儿期（孕11~40周）。加上孕前准备（孕前3个月），到围生期结束（产后4周），这个时间坐标构成了这本书的全部内容。

几乎所有的准妈妈都是在胚胎期（停经37天以后）才能确知怀孕的消息，这也是医生最早知道的时间。其中胚前期和胚胎期至关重要，是新生命的质变时期，胎儿期以后则主要是量变。通俗地说，宝宝在妈妈肚子里的40周不是平均地一天长一点儿，更不是像有些妈妈想象的那样，临出生前才长出脚趾头。宝宝是在孕4周长成一个囊泡中的微型二层汉堡包形状，医学上叫二胚层胚盘（直径0.1~0.4厘米），在孕10周"汉堡包"长成一个5厘米长、2.27克重的微雕婴儿，90%以上的器官已形成。以后用漫长的30周，继续完善各器官的功能，逐渐长大，最终离开母体，成为独立的新生命。

孕龄的计算和表示方法

连医生也不能确切地说出胚胎诞生的准确时间，以及在妈妈的子宫中生活的时间，这就给孕龄的计算带来麻烦。那么，孕龄是怎么计算出来的呢？

中国古话说"十月怀胎一朝分娩"，那时用的是太阴历（月亮历），就是农历。按现在的公元历（太阳历）计算，月指的是阳历月。按照阳历月计算的话，胎儿在妈妈子宫内生活的时间可没有10个月那么长，而是9个多月。

如果怀孕的时间按照太阴历计算，一个太阴月为28天（4个星期），从你末次月经来潮的第一天开始算起，整个孕期要经历10个太阴月（40个星期，即280天）。你看，到了生育、月经这些和自然生命相关的事情时，我们又回归古老的传统，月亮、女性、大地，阴阳、乾坤，人类的生殖本来就是生生不息的大自然的一部分。

现在都是按公元历计算孕龄，公元历每月天数不同，有28天、30天、31天，用公式计算预产期：末次月经时间加9（或减3）为月，加15为日。举例：末次月经是2022年1月20日，预产期为月：1+9=10，日：20+15=35，预产期为2022年11月4日（10月为31天，35天−31天=4天）。

那么，孕龄和胎宝宝生长的时间是一样的吗？

孕龄和胎宝宝实际生长的时间并不一致。因为不能确定你是在哪一天怀孕的，唯一能够确知的时间是，孕前最后一次月经来潮。所以，临床上所说的孕龄，是从孕妇末次月经来潮的第一天算起，排卵期和预产期都是以此为依据估算的。

这样计算带来了两个问题：第一，月经周期可能不准确，就会导致胎儿大小、排卵期和预产期的估算不准确，一般有前后2周的误差；第二，实际上胎儿真正诞生的时间是在末次月经来潮后的2周左右，比孕龄小2周。一些医学专业著作，特别是胚胎学常常使用胎儿实际月龄来描述。

为了方便准父母阅读，避免换算中的错乱，也为了与孕妇在医院做产前检查时，与医生所说的孕龄一致，除非特别指出，本书所说的时间，无论是针对孕妇，还是针对胎儿的，均以孕妇末次月经第一天为起始时间，并且都正规描述为：孕×月、孕×周、孕×天。

防患未然，世上没有后悔药

现在准妈妈终于知道，为什么孕1月非常重要了吧？这段时间所有人都没有意识到新生命的降临，但被忽视的往往是最重要的。当孕妇挺着大肚子的时候，自己知道小心，别人知道让座，可是孕1月，许多粗心的准妈妈们会照X射线、吃药、打针、装修、旅游、染发、减肥。

准妈妈们当然不是故意的，是得知怀孕的消息后，才想起那些曾经发生过的事情，但这些事情可能已经殃及了腹中的胎宝宝。所以，从备孕开始，准妈妈们就要负起责任了。

第四节

遗传：宝宝的样貌、性格、智力到底更像谁

孕前遗传咨询

有以下情形之一者需做遗传咨询。

三代以内近亲结婚的夫妇。

高龄夫妇。35岁以上高龄女性及45岁以上高龄男性。

已生育过一个有遗传病或先天畸形患儿的夫妇。

夫妇双方或一方，或亲属是遗传病患者，或有遗传病家族史。

夫妇双方或一方可能是遗传病基因携带者。

夫妇双方或一方可能有染色体结构或功能异常。

夫妇或家族中有不明原因的不育史、不孕史、习惯流产史、原发性闭经、早产史、死胎史。

夫妇或家族中有性腺或性器官发育异常者、不明原因的智力低下患者、行为发育异常患者。

夫妇一方或双方接触有害物质。

对人类相貌遗传的解读

人类的各种生物学性状，包括皮肤色泽、高矮、胖瘦、相貌等，都是由体内的遗传物质——DNA控制的。如某些子女的脸庞像妈妈，眼睛像爸爸，这是子女接受了来自爸爸妈妈遗传特征的表现。人类遗传并非像孟德尔研究的豌豆那么简单。一个人的相貌不是单由父亲或母亲的基因决定的，所以孩子和爸爸在一起的时候，周围的人，尤其是不熟悉的人，往往会觉得孩子很像爸爸。而当孩子和妈妈在一起时，人们又觉得这个孩子像妈妈。但最终的结果是孩子就是孩子自己，在孩子的相貌中有孩子特有的东西。

胎儿的相貌不是由一个"相貌基因"决定的，而是由很多"相貌基因"决定的。同时，还有非遗传因素的影响，在某些特定的情形下，非遗传因素的影响还可能占据很重要的地位。有一种现象也说明了这一点：被领养孩子的相貌会有些像他的养父养母。决定人相貌的因素不仅仅是结构上的，表情、眼神等会带有历史的印记。一个人的内心、经历、成长环境等也会在相貌上有所反映，都可能构成这个人相貌的非遗传因素。

具体到相貌按什么规律遗传给后代，对遗传学家来说仍是未解之谜。美国心理学家克里斯坦菲认为，在相貌上，爸爸比妈妈对胎儿的影响大。这可能是由于爸爸给予子女遗传上的特征性比较多，尤其是婴儿的脸，怎么看上去都更像爸爸。有人发现，女孩像爸爸的多，男孩像妈妈的多。

新生儿刚出生时像父亲的生物学解释

有人发现，更多的新生儿刚出生的时候，其相貌像爸爸，以后则可能像妈妈。有人尝试从生物学角度认识这一现象：胎儿是在母体里被孕育的，他（她）是妈妈的孩子，这一点无须证明，而对于爸爸来说，要证明他（她）是爸爸的孩子，相貌是最直截了当的。在远古时代，得到父亲抚育的孩子具有更多的成活机会，经过漫长进化的过程，就形成了新生宝宝相貌像爸爸的现象。

混血胎儿的肤色能预知吗

皮肤色泽有着稳定的遗传物质基础。影响皮肤色泽的因素，医学认为有3种：血流密度和血流量；皮肤本身的厚度、质地和折光性能；皮肤内的色素物质。

第3个因素是影响和形成肤色的最重要因素。色素分布的数量和密度影响着人肤色的变化。统计结果显示，在每平方毫米内，白种人的色素细胞为1000个以下，黄种人为1300个左右，黑种人为1400个以上。肤色是带有遗传性的，所以，纯黄种人夫妇所生的孩子肤色不会是黑种人或白种人的肤色。不同人种的夫妇所生混血儿的肤色是像妈妈，还是像爸爸，难以在孩子出生前作出明确的预测。但绝大多数情况下，或完全像爸爸的肤色，或完全像妈妈的肤色，介于两者之间的极少。黑种人和黄种人结婚所生的孩子，可能会比黑种人肤色略显黄色，或比黄种人肤色黑。

身高的遗传回归

一般情况下，爸爸妈妈高，其宝宝大多高；爸爸妈妈矮，其宝宝大多矮。根据父母身高预测未来宝宝身高的公式有几个，最常使用的是：

男孩未来可能的身高：（父高＋母高）×1.08/2，或（父高＋母高＋13）/2
女孩未来可能的身高：（父高×0.923＋母高）/2，或（父高＋母高－13）/2

妈妈的身高更重要

奥地利遗传学家孟德尔认为，妈妈在宝宝身高的遗传中起着重要作用。妈妈高，爸爸矮，宝宝多数是高个子，至少不是矮个子；爸爸高，妈妈矮，宝宝多数是中等个子，甚至是矮个子；爸爸中等个子，妈妈矮，宝宝几乎全是矮个子。

身高的回归

爸爸妈妈高，是不是宝宝就更高？爸爸妈妈矮，是不是宝宝就更矮呢？英国生物学家葛尔顿发现：爸爸妈妈特别高的，他们的宝宝也高，但并不是特别高；爸爸妈妈特别矮的，他们的宝宝也矮，但并不是特别矮；特别高的宝宝，其爸爸妈妈的身材往往是中等偏高的，特别矮的宝宝，其爸爸妈妈的身材往往是中等偏矮的。

上述现象就叫身高的遗传回归现象。也就是说，爸妈特别高时，宝宝就向矮的方向回归；爸妈特别矮时，宝宝就向高的方向回归。这使得人类的后代不至于朝两个极端的方向发展。当然，人类平均身高居中者占绝大多数，这些人婚配所生的后代构成庞大的人口，在一定程度上限制了人类身高向极端方向发展的可能。

选择婚配对象时，高个子的男子或女子，找一个矮个子对象，仍会生育出个子比较高的后代。

当然，遗传对身高的影响不是百分之百的，也不能忽视后天的因素，如营养状况、运动、环境条件、睡眠、生活水平、基因的突变因素等。所以，不能完全根据遗传来预测宝宝的身高。

近视遗传

近年来，近视的患病率越来越高，父母更加重视对孩子视力的保护。在孕前了解近视的形成原因，可以帮助父母在孕期和孩子出生后规避引发近视的风险。

300度以下是低度近视，300~600度是中度近视，中度近视一般在600度以下会停止发展。

近视的形成是遗传因素和环境因素相叠加的结果。目前研究已经发现了200多个可导致近视的基因，它们有些会影响眼球发育，有些会影响眼对光的处理机制，但还有很多基因的具体作用尚未明确。户外活动的减少和近距离用眼增多是引发近视的两个重要的环境因素。孩子对电脑、掌上设备的使用频率越来越高，也对视力构成了不小的威胁。

600度以上为高度近视，高度近视会不断发展，甚至可达1000度以上，但其发生率比较低。目前医学认为高度近视与遗传因素密切相关，其遗传规律一般遵循以下三种之一：

1. 常染色体显性遗传：爸爸妈妈有一方是高度近视，所生宝宝很可能也是高度近视；

2. 常染色体隐性遗传：爸爸妈妈都是高度近视基因的携带者，所生宝宝很可能患高度近视；

3. X连锁遗传：高度近视基因位于X染色体上，所以，男宝宝比女宝宝更容易患高度近视。

性格与智力遗传

性格的遗传是有限的

"种瓜得瓜，种豆得豆""江山易改，禀性难移"，道出了性格与遗传的关系。

科学家研究发现，人的第11号染色体上有一种叫多巴胺受体D4基因（DRD4）的遗传基因，对人的性格有不可忽视的影响。

那些富有冒险精神和容易兴奋的人，其大脑中的DRD4比那些较为冷漠和沉默的人的结构更长。DRD4较长的人在追求新奇方面要比DRD4较短的人高出一个等级。研究者认为：人体中的DRD4含有遗传指令，能够在大脑中构成许多受体。这些受体分布在人的神经元表面，接受一种叫多巴胺的化学物质。这种物质会持续地激起人们敢于冒险、寻求新奇的欲望。

但遗传对人的性格影响是有限的，自身经历和周围环境因素显然起着重要作用。"近朱者赤，近墨者黑"，良好的教育和环境熏陶同样影响着孩子的性格形成。遗憾的是我们仍然不知道遗传与环境因素各占多大份额，而且分别是怎么起作用的。

妈妈的智力在遗传中占有重要位置

妈妈的智力在遗传中占有重要位置的说法或许只是一种理论上的推测。胎儿的智力是否与遗传有关，不但是父母关心的问题，科学家们也非常感兴趣，并进行了一系列研究。一些科学家们指出，人类与智力有关的基因主要集中在X染色体上，女性有2个X染色体，男性只有1个，所以妈妈的智力在遗传中占有更为重要的位置。另一些科学家们则认为，妈妈和爸爸的智力在遗传中占有同样重要的位置。在择偶过程中，人们除了外表，更重视另一半的"三观"、素养、文化水平，是有一定依据的。

评价一个人的智力水平并不容易

说一个人智力高，有智慧，依据是什么呢？是通过智商测定？还是有一个确切的定义？迄今为止，可能没有一个被人们普遍接受的定义，也没有一个能够判断智慧的标准。

能够反映智力水平的因素都包括哪些？思维能力？思考速度？推理能力？速算能力？记忆力？学习知识的能力？似乎哪一个也不能完全代表智力。相反，一个被普遍认为聪明的人，可能在某一方面显现出令人吃惊的"笨"。一位智力超群的数学家，在生活和社会交往中可能会显得比较"笨拙"。那么，在某方面非常聪明的人，是否在另一方面一定会比较笨拙呢？这可能是一种误解。在某一方面显现出与众不同的天赋的人，多是专注于某一件他极其感兴趣的事情，在他不感兴趣的事情上就会显得比较笨拙，从而给人一种错觉。所以，评价一个人的智力水平并不容易。

一项让我们相信智力遗传的研究

智力与遗传是怎样的关系呢？从1979年开始，一位学者在世界各地寻找被分离的孪生子，测试他们的个性与智商；比较被收养人与他们的养父母、亲生父母，以及被分离的兄弟姐妹之间的智力差异。把成千上万的智商测验结果集中起来，得出了这样的结论：在一起长大的同卵双生子和同一个人接受两次智商测验的相关性非常接近。没有血缘关系的两个人，无论是生活在一个家庭的，还是没有生活在一个家庭的，其智力完全不相关。这项研究让我们相信智力与遗传的关系是相当密切的。

子宫环境与智力

还有一项研究显示，孪生子在智力方面的相似性，有20%可以归结到子宫的环境上，而对于两个非孪生的兄弟姐妹来说，子宫的环境对智力的影响只占5%。由此说明，子宫环境对孩子的智力影响也是不可忽视的。

基因对智力影响有多大

影响智力的先天因素——基因，对后代的智力到底有多大影响？占有多大的比例？这实在是一道难题。有学者认为：孩子的智力大约有一半是由父母遗传决定的；有将近20%是由宝宝生活的家庭决定的；30%左右与子宫环境、学校的生活和教育，以及其他外部影响有关。基因对智力的影响对目前的科学界来说，仍是一道未解的难题。爸爸妈妈在孕育宝宝时，比起先天的智力，更应该关注的，是后天的养育。

第二章

孕1月（0~4周）

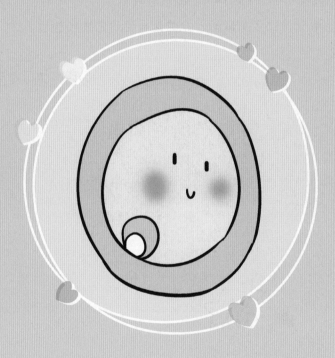

未来宝宝写给爸爸妈妈的第二封信

亲爱的爸爸妈妈：

　　当你们得知怀孕的消息时，一定激动不已，因为我不仅是你们生命的延续，也是你们爱的延续。我的到来充满了悬念和惊喜，像节日礼物一样，在睡梦中悄悄出现在你们身边。在你们还不知道怀孕的时候（到下个月你们才会明确知道我的到来），我已走过了最激动人心的第一个月的神秘旅程。

你们的胎宝宝写于孕1月

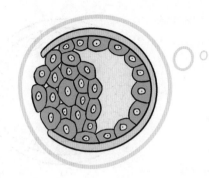

第一节
胎宝宝："我在妈妈的子宫里安家啦！"

孕1周时

实际上这一周我还没搬进"新家"呢。这一周正是妈妈末次月经进行的时候，在激素作用下，妈妈的卵巢又开始准备释放卵子了，这可是很重要的环节。

孕2周时

妈妈可能在这一周末就要排出成熟的卵子了，一旦和精子相遇，我就有了生命。这一周，妈妈的身体在为迎接我做准备，子宫内膜开始增厚，犹如肥沃的土地，我就像一颗小种子，将会"扎根"在这里。

孕3周时

我的生命在这一周开始啦！诞生后的我（受精卵）立即通过细胞分裂的方式夜以继日地高效工作，以便完成自然界最精细、最复杂、最完美的伟大工程——形成婴儿。诞生（受精）后第3天，我长得像桑葚一样，所以，生物学家和医生常叫我桑葚胚。这时，我已经从一个受精卵分裂出了12~16个细胞，我的生长速度快得惊人吧？

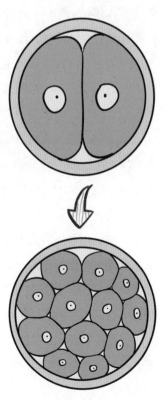

我努力地分裂增殖，受精后第5天我已经分裂出100个细胞了，细胞中间出现一个充满液体的大腔，这时的我叫胚泡。另外，我要在子宫里找到一个合适的地方安家——要营养丰富，视野开阔，居室宽敞，有足够的发展空间。我终于选好了，把家安在子宫前壁或后壁的中上部。如果我选错了地方，在输卵管或别的地方安家，就会发生宫外孕，结果是致命的。如果我选的地方不好，比如选择了宫颈口附近，就会造成前置胎盘，让产科医生头疼。

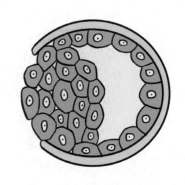

孕4周时

作为胚泡宝宝，我在子宫壁上挖了一个小洞，把自己深深地埋进去。做完这件事情我大概得用6天时间，这就叫着床。但这时的我还没有人的模样，仅仅是在妈妈子宫内膜中埋着的、一粒绿豆大小的囊泡，囊泡内壁上凸出一个大头针帽那么大的圆形双层汉堡形状，两层汉堡都是中空的。双层汉堡之间紧贴的两层壁，就叫圆形二胚层胚盘，胚盘最大长度为0.1~0.4厘米，我就是由这两层扁平状细胞变来的。遗憾的是此时爸爸妈妈并不知道我已降临，特别是已经安家落户的消息。我赶快和妈妈的子宫内膜互相黏附容纳，分泌出大量的激素——绒毛膜促性腺激素（HCG），阻止妈妈的月经（别把我冲掉），

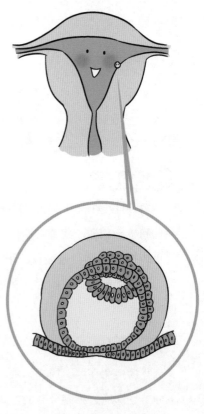

让妈妈意识到我来了。同时让妈妈的身体进入怀孕状态——轻微的早孕反应，有时妈妈比较粗心，竟然当作感冒或身体不舒服！没办法，我只好加班加点赶制更多的HCG，甚至让妈妈孕吐，让妈妈明白我降临了。

第二节
孕妈妈："我是不是怀孕了？"

易感疲倦

孕1月的孕妇大多没有什么感觉，从外观上看不出什么变化，但有些孕妇可能会出现某些征兆与不适。有的孕妇在怀孕初期感觉没有那么大精神头了，感觉到有些困倦或疲惫。如果你有这样的感觉，一定要抓紧时间休息，不要硬挺着，因为怀孕会消耗能量，当你感觉疲惫时，说明体内能量不足，需要休息或补充能量。所以，孕妇在办公室和家里备一些方便食品，感觉到疲惫或有饥饿感时及时补充。

对味道特别敏感

怀孕可能会使你变得异常敏感，总是闻到特殊的气味。你可能会特别喜欢吃某种食物，特别喜欢闻某种味道，也可能会突然特别讨厌某种食物或某种味道，这些都属于妊娠反应。

小腹发胀

你可能在怀孕初期会感到小腹发胀，甚至有一抽一抽痉挛的感觉，有的孕妇会认为可能要来月经了。

尿频或有排尿不尽感

你可能总有尿意，但排尿量很少，有尿不尽的感觉。平时不怎么爱小便的女士，逛一次街可能会去几次卫生间，这可能是怀孕了。尿频并不是怀孕的固有症状，轻微的泌尿系感染或尿道口发炎也会表现出尿频，但多同时伴有尿痛。

乳房微微胀感

你可能会感觉乳房胀痛，这是乳房向你发出的信号，乳房要为哺育宝宝做准备了。但这种感觉和月经来潮前差不多，有时你不能分辨是要来月经，还是怀孕的早期。如果你感觉乳罩有些发紧，就该换一个宽松的了；如果你还在穿紧身内衣，也该换成柔软宽松的内衣了。

骨盆腔不适感

胚胎往子宫内膜植入，准备为自己筑巢时，你的小腹可能会有些不适或疼痛，阴道分泌物看起来好像有淡淡的血丝——植入流血。当然，植入流血发生率是很低的。

情绪不定

你的情绪可能很不稳定，刚才还兴高采烈，这会儿却垂头丧气起来；刚刚还心花怒放，现在却愁容满面；一分钟前还欢声笑语，现在却沉默寡言了。你周围的人会感觉你的情绪变化很大，有时面对你的丈夫，你的情绪波动会更大。自己意识不到，但你确实变得爱急躁，有些不耐烦，看周围的人不顺眼，有时感到心情郁闷。

如果你的脾气不好，常常发怒，最好找一种方法使自己的内心变得平和起来。如果你常常感到压抑，总是闷闷不乐，最好找你信赖的朋友倾诉，或找你信任的医生谈一谈。

如果你的丈夫和家人希望未来的宝宝是男孩，给你的内心很大压力，你可要和你的丈夫及家人认真地讨论一下，生男生女应该遵循自然规律，孕育新生命是一件自然快乐的事，你不能承担也不应该承担过分的要求。

脸色苍白

卸完妆或洗完脸，镜子里的你看起来有些脸色苍白，眼睑有些水肿，有了明显的眼袋，这些状况会有所改善的，不用过分担心。

有类似感冒的症状

早孕的症状很像感冒初期，你可能感到周身发热，有些倦怠乏力；或感到周身发冷，有点儿嗜睡；清晨起来有些睡不醒的感觉，头有点儿晕。即使没有计划怀孕，你也要时刻想到可能会怀孕，不要动辄就吃药。即使没有怀孕，感冒也不是必须吃药，如果是怀孕了，就更不该随意用药了。

当你感觉不舒服的时候，不要随便用药，需要用药时，一定要向医生咨询，医生会选择对胎儿没有危害的药物，如果不需要用药，医生会告诉你的。即使是非处方药，也不能自行决定，因为，早期胚胎对大多数药物都很敏感。

第三节
生活中的注意事项

减少孕期伤害

当单位通知你去医院体检时，你要想到自己有怀孕的可能，尽管月经刚刚结束，也不要接受对胎儿有害的检查，尤其是X射线。

当你准备进行家庭装修时，要想到有一些装修材料对人体是有害的，胎儿对环境中的有害物质是非常敏感的。

当你参加朋友的生日聚会、业务应酬、重大庆典、节假日宴会时，尽量喝不含酒精、咖啡因的饮料，最好不要喝白酒。果汁、蔬菜汁、酸奶、杂粮汁、乳酸菌饮品是很好的选择。

虽然你自己不会吸烟，但仍然可能会受到二手烟的危害，被动吸烟同样有害，要远离吸烟的人。

当你正在吃减肥药或减肥食品时，请马上停掉。

当你刚刚停服避孕药时，应该继续使用非药物避孕，3个月后再怀孕是比较安全的。

你可能是个体育爱好者，常常去俱乐部或训练室健身，要向教练询问一下哪些项目适合你。

创造愉快的孕期生活

用一颗平常心对待怀孕，怀孕中出现的某些不适都是暂时的，是怀孕中出现的正常现象，不必多虑，更不要疑虑自己患了什么病。精神放松、心情愉快对你和腹中的胎儿非常重要。安排好自己的工作和学习生活，如果感到疲劳或不适，就躺下来休息；如果有精力，就听听音乐、读读书、欣赏字画、上网浏览你喜欢的内容，也可做些你喜欢的运动。多去户外活动，休息日全家到郊外游玩也是不错的选择。准备一个漂亮精美的笔记本，记录下你想留下的感受和事情，也可在网上设一个空间，留下你孕期的美好时光。总之，尽可能让生活丰富多彩，不要给自己压力。

妊娠初期胃部会有不适的感觉，原本喜欢吃的食物不但不喜欢吃了，可能还会感到厌烦；或者以前不喜欢吃的东西现在又非常喜欢；有的人却没有任何不适，饮食和平日没什么差异。有妊娠反应正常，没有明显的妊娠反应也正常，不必在意。无论你是否有妊娠反应，对现在的你来说，合理的饮食都是非常重要的。但是，如果你不愿意吃某种食物，或吃了某种食物就会加重妊娠反应，不要因为那种食物营养充分就强迫自己吃。有一点需要提醒，不进食不但不能减轻妊娠反应和妊娠呕吐，相反有可能会使妊娠反应加重。

尊重胎儿的性别

胎儿的性别是在精子和卵子结合的那一瞬间决定的。在孕12周以后通过B超可以从外观上区分胎儿性别。判断是否准确，与B超医生的经验有关。法律明文规定，不允许任何人以任何方法和手段鉴别胎儿性别，除非有医学上的需要，由医学专家提供相应证据，否则，均属于非法行为。

在人类的23对染色体中，有一对非常特别，女性的这一对染色体，两条都是X，男性的这一对染色体，一条是X，另一条是Y，这就是性染色体。

人类使用一种简单的机制决定后代的性别，胎儿的性别由精子的基因来决定。父亲在制造精子时进行减数分裂，XY性染色体被拆分成X染色体和Y染色体，将X或Y染色体随机打包到每一个精子中。带有X染色体的精子与卵子结合，就孕育出女孩；带有Y染色体的精子与卵子结合，就孕育出男孩。

从理论上来讲，出现男胎和女胎的概率没有什么差异，胎儿的性别应该是男女各半。但实际上，男胎与女胎出生率之比是105:100，男胎的出生率较女胎略高一点儿。同样，早期流产的胎儿中，男胎与女胎的比例是107:100，还有一些在未发现怀孕时就流掉的胎儿，也被认为男胎所占比例比女胎高。有人类学学者做过调查，发现男婴和男童的平均夭亡率比女婴和女童稍高，推测这是人类进化过程中残留的痕迹，认为男性比女性面临更多的意外和危险。青春期男女两性死亡率非常接近，而到老年，男性死亡率又大大高于同龄女性，真正的原因并不清楚。

计划怀孕的夫妇不要听信传言，采用各种土法以达到选择胎儿性别的目的，我们应该遵从大自然的选择。

不听信别人口中选择性别的方法

认为爸爸年龄越大，生男孩的机会就越大。

认为爸爸与妈妈年龄差异越大，就越容易生男孩，这里指的是老夫少妻。

认为春夏出生的女孩多，而在秋冬季节男孩的出生率高。

认为强壮的男性容易生男孩，体质比较弱的男性易生女孩。

认为臀部大的女性易生男孩，认为骨盆窄的女性易生女孩。

认为男强女弱的组合比女强男弱的组合更易生男孩。

认为多盐和多钾的饮食习惯有利于生男，少盐多钙多镁的饮食习惯有利于生女。

认为性交频率高，生女孩的概率会大些。

认为在弱碱性的阴道环境中，带Y染色体的精子活力强，在弱酸性的阴道环境中，带X染色体的精子活力强。活力强的精子容易和卵子结合，所以认为弱酸性阴道环境易生女孩，弱碱性阴道环境易生男孩。

有人认为，摄入较多的动物类食品，会增加阴道酸性，生女孩的机会大些。如果摄入较多的蔬菜水果，以碱性食物为主，则可使阴道内环境有所改变，更偏于碱性，生男孩的机会大些。

有人认为用小苏打水冲洗阴道，使阴道环境呈弱碱性，可增加生男孩的机会。

有人认为同房时，当女性性高潮，或性兴奋度比较高时，阴道内碱性度也随之增高，怀男孩的概率增大。

有人认为同房时，如果尽量使男性生殖器接近子宫颈口，则可避免阴道酸性环境对含有Y染色体精子的影响，可增加生男孩的机会。

事实上，上述的任何方法都是不可靠的。最好顺其自然，无论是男是女，生一个健康的孩子才是最重要的。要从内心深处接受来到这个世界的新生命，全身心地去爱孩子。从准备怀孕的那一刻开始，就应该对宝宝充满着爱护和期盼，期盼宝宝健康成长，这就是最好的胎教。

民间预测胎儿性别方法可靠吗

在古埃及，当妇女怀孕后，就备一袋大麦、一袋小麦，每天都要用孕妇的尿浇两袋麦子。如果小麦先发芽，就认为怀的是男胎；如果大麦先发芽，就认为怀的是女胎。据考证，孕妇尿液对麦子发芽确实有促进作用，但没有证据表明与男胎、女胎有何关系。

通过胎儿心率预测性别。国内外似乎都有这样的说法，认为胎儿心率在124次/分钟以下者为男胎，在144次/分钟以上者为女胎。理由是男胎心率慢，胎心跳动低沉有力；女胎心率快，搏动音调高而轻。现代医学不能证实这一说法的正确性。在这里，我要提醒孕妇注意，孕中晚期，如果胎心率低于120次/分钟或大于160次/分钟，可能预示着胎儿有异常，应及时看医生。这与胎儿性别无关。

以腹部妊娠线色素沉着轻重来判断。认为孕妇腹部妊娠线细、短、色泽淡，女胎的可能性大；如果妊娠线粗、长、色素沉着多，就可能是男胎。这也没有科学依据。

还有通过妊娠反应的轻重、胎动的强弱、腹形的差别、乳房大小及乳晕着色深浅等来预测胎儿的性别，但没有一项是得到证实的。我接触孕妇和新生儿十几年，这些形形色色的"预测术"看得太多，听得太多了。事实证明，没有哪一条是真正管用的"经验之谈"，更谈不上有科学依据了。

不该发生的事件

我接诊过这样一个病例，6个月的女婴，因外阴发育异常就诊。检查发现宝宝为肥胖儿，不能独坐，生殖器外观为女婴，但大小阴唇过度发育，阴蒂肥大，两腿并拢后大阴唇状似男婴阴囊，有较多皱褶。据女婴母亲介绍，她在孕2~3个月时服用了能使女婴变为男婴的"换胎药"（男性激素），企图达到生男孩的目的，因为她已经有一个女儿了，希望能生个男孩。

这是荒唐的做法。胎儿的性别早在精子卵子结合的那一瞬间就决定了。男女胎生殖器取决于不同的始基，于2个月左右开始分化，到3个月时外生殖器形成。因此，胎儿在孕早期，尤其是孕6~12周时受到外界不良因素影响时，生殖器官可能会停止发育或融合不全，形成各种类型的畸形。性激素类药物对生殖器的发育影响最大。

不迷信多胎妊娠

在多胎妊娠中，最常见的是双胎妊娠，三胎妊娠比较少见，四胎以上妊娠是更加罕见的。西林1985年根据大量资料统计得出多胎发生定律（西林定律），即多胎妊娠发生率的传统近似值为：双胎1:80；三胎1:6400；四胎1:512000。也就是说：每80次分娩中有1例双胎；每6400次分娩中有1例三胎；每512000次分娩中有1例四胎。

在不同地区、不同种族中，多胎妊娠的发生率也不同。黑种人中双胎妊娠比例最高；白种人居中；黄种人比较少。我国双胎的发生率为1:68。实际上，双胎妊娠的发生率远比双胎分娩的发生率高，因为一些双胎在妊娠早期就流产了。

近年由于绒毛膜促性腺激素的应用、试管婴儿和人工授精的增加，多胎妊娠发生率大大上升。非自然因素导致多胎妊娠比自然发生的多胎妊娠有更大的风险。药物诱导排卵，因每个人对药物反应不同，可能会引起"超多胎"妊娠，超多胎妊娠不但胎儿存活的概率很小，还会增加孕妇并发症的发生率。

另外，用于治疗不孕症时采取的"诱发超排卵"——一次可以有多个成熟的卵子释放并被采集，也存在一定风险，卵巢可能会由于受到过度刺激，造成黄体功能不足、分泌期子宫内膜发育延迟，导致孕卵着床失败。

我收到过不少类似的咨询，问有什么办法可以使自己怀上双胞胎。其实，她们不知道，双胎妊娠被列为高危妊娠，如果是多胎妊娠危险性更大。当然大多数双胎都能顺利出生，三胎以上妊娠都健康存活下来的案例也很多。但这毕竟冒很大的危险，孕妇多胎妊娠并发症发生率高于单胎妊娠；早产、低体重、宫内发育迟滞的发生率和围产儿死亡率均高于单胎妊娠；还可能会有连体婴的危险。所以，一定不要人为地促使自己怀双胞胎或多胞胎，这对你自己和胎儿都不安全。

多胎的危险性

流产：双胎流产发生率比单胎高2~3倍。

早产：胎儿数目越多早产机会越大，生长迟缓的程度越大。

羊水过多：双胎妊娠发生羊水过多者占5%-10%，比单胎高10倍。

妊娠高血压综合征（妊高征）：双胎妊娠孕妇发生妊高征的概率是单胎妊娠的3倍，且发生时间早、程度重，严重危害母婴健康。

前置胎盘：双胎合并前置胎盘的概率约占1.5%。

产程延长：双胎妊娠容易发生宫缩乏力而导致产程延长。

胎位异常：分娩过程中，当第一个胎儿分娩后，第二个胎儿可能会转成横位。

产后出血：双胎子宫过度扩张，导致产后子宫收缩乏力，引起产后出血。

怀双胞胎的注意事项

加强营养，应增加蛋白质的摄入，若出现水肿要适当限盐；妊高征的发生率高于单胎妊娠，应注意预防。

双胎妊娠贫血的发生率约为40%，应常规补充铁剂和叶酸；双胞胎需要母体供给更多的营养和氧气，有呼吸不畅时要注意局部环境，可向医生咨询是否需要定期吸氧。

双胎妊娠早产的发生率高于单胎妊娠，不要过于劳累，妊娠中期以后应避免房事。提前4周做好分娩前的准备工作。如果时常感到疲劳或有肚子发紧、腹痛等不适症状，要及时就医。

专栏：受孕的过程

亲爱的爸爸妈妈，你们一定非常想听一听我是怎么来到这个世界上的吧！虽然你们对我的到来可能全然不知，但我是真正的高等生命宝贝，我的前身分别是精子和卵子。

前半个月，我还没有合体，精子和卵子都在成熟和释放的过程中。人们都说精子像蝌蚪，可能是蝌蚪比较可爱的缘故吧。精子产生于睾丸，变成带着超长尾巴的蝌蚪模样时，已经历了64天。在这64天中，疾病、药物、X射线、烟酒等是何等危险，所以在孕前准备时，医生总是劝告要提早规避这些危险。

多达两三亿的精子，将作为同批选手参加马拉松游泳大赛，多么壮观。冠军将与卵子结合。如果选手不足一千万名，或者有超过20%的选手有欠缺，这场比赛将意味着失败，或者有可能产生不健康的胚胎。

大赛是这样开始的：在睾丸中蛰伏已久的选手（精子），被同时送到一条陌生却温暖的跑道——阴道。对于精子来说，这是奔向生命的旅途。他们没有一个示弱，都争先恐后地游向最终的目标——卵子。

说起来真让人难以置信，这两三亿精子，从外观上看没有什么差别，但他们都各自带有不同的基因，每一个精子与卵子结合后的生命都将产生不同的特征——尽管只有两种性别。

大多数选手能游过这段漫长的跑道，游到第一关——狭小的通道——子宫颈口，之后，多数选手退出比赛。少数选手游过狭小的子宫颈口，可谓是柳暗花明又一村——到达了宽敞的倒鸭梨形的子宫腔内。进入这个赛程的选手已经消耗了很大体力，有一些选手慢慢落后了，甚至停止了游动。

坚持下来的选手继续勇往直前，游过子宫腔，到达鸭梨形最宽处两边的洞口——输卵管，可就在胜利在望之际，他们要面临着一场哈姆雷特式的抉择：两个输卵管口，往左还是往右？成功的概率是50%。他们带着成败各半的风险游向最后一段赛程，就要到达终点。准备冲向终点线的选手，在进入输卵管的一刹那，突然遇到一股与行进方向相反的巨大阻力，怎么办？决不能退缩，迎着强大的阻力逆流而上是唯一的选择！逆流而游，消耗的体力非常之大，他们游动的速度开始减慢。但最优秀的游泳健将最终冲破层层险阻，到达终点——输卵管全程2/3处的壶腹部，去找寻他们的目标——卵子。这时入围决赛的选手只剩下300~500名，几亿名选手都被淘汰出局，冠军将在这些优胜者中产生。

卵子产生于卵巢。精子和卵子是那样的不同，如同男人和女人，差异鲜明。每批精子数目巨大，卵子每月却只有一个。精子体积小，卵子直径约有0.1毫米，肉眼几乎可见，是精子的无数倍。精子快速灵敏，卵子缓慢稳重。精子成熟期为64天，卵子则在妈妈还是胎儿时就在体内了，和妈妈的年龄一样大。精子构造简单，基因被紧紧包裹在头部，卵子构造极其复杂，相当于一座大型生化工厂，足以制造胚胎。

显然，精子是走低成本、高数量、薄利多销、占领市场的大众产品路线；卵子则是走高投资、高回报、生产极品的高端产品路线。所以一旦受精，妈妈会花更大的精力来保护她的"昂贵投资"。这正是人类的生殖策略：精子通过竞争保证下一代的质量。

卵子到青春期分批发育，随着月经周期，每隔28天（通常情况下）成熟一个并且释放。排卵发生在两次月经的中间，也就是上次月经来潮后的第14天，距下次月经来潮也是14天。卵巢在输卵管伞下方，向上排卵，卵子可能是两侧卵巢交替释放出来的，也可能是一侧卵巢连续释放出来的。释放出来的卵子被输卵管伞（形如海葵）拾起来，送入输卵管中1/3处的壶腹部，那里就是精子大赛决赛现场。

接下来发生的事件是最惊心动魄的——冠军的产生和新生命的诞生。这些都在爸爸妈妈毫不知晓的情景下上演。

精子和卵子的结合只有一天的时间。如果历尽险阻，到达输卵管壶腹部参加决赛的精子，3天也没有等到卵子；或者到达壶腹部的卵子，在这里等了整整1天，最终没有遇到一个进入决赛的精子，精子和卵子只好分别退场，最终退化凋亡。

遇到卵子的精子，还要接受一次更大的考验，只有穿透卵子外面的那件水晶般晶莹剔透、绸缎般柔软密实的衣服——透明带，进入卵子体内，才是最终的获胜者。大多数的卵子都只允许一个精子进入。精子拼命地摇摆着长长的尾巴，头部释放出化学物质，破坏透明带结构。

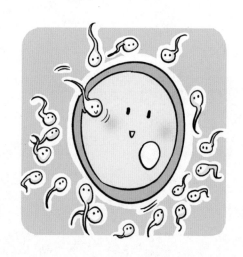

被挤压得扁扁的精子终于进入卵子。与此同时，卵子立即启动快速防御屏障，阻止其他精子进入。卵子的一半基因和来自精子的另一半基因融合成为受精卵。

一个新的生命诞生，那就是我。我是爸爸妈妈造就的最伟大的工程、最辉煌的事业，令人赞叹，让人惊奇！

第三章

孕2月（5~8周）

未来宝宝写给爸爸妈妈的第三封信

亲爱的爸爸妈妈：

在上个月的最后1周，我顺利地把自己埋植在妈妈的子宫内膜中，并紧锣密鼓地进行着细胞分化和器官的形成。我就要安居乐业，一直住到瓜熟蒂落的那一天才从妈妈温暖舒适的小屋里出来。

无论对于我的爸爸，还是爷爷奶奶、外公外婆，我"落户"的消息一定会给他们带来欢乐。尤其是我的爸爸更是乐在心里。如果妈妈您没有从爸爸的表情上看到您所期待的变化，您可千万不要生气，爸爸的内心是激动的，只是爸爸还没有醒过神来。尽管你们已经计划好了要我，我的出现已经是你们预料之中的事情，然而一旦变成事实，往往还是会有突如其来的感觉。许多要做爸爸的人不知道如何表达他们的心情，会像个大男孩一样不知所措，甚至变得沉默寡言。您不要认为他不高兴，这是常有的反应。给爸爸一点儿时间，您就会感受到他心里的高兴和激动。

此时的我还很弱小，就像一个初出茅庐的打工仔，非常缺乏工作经验，千头万绪的遗传指令可不能弄错一个，我要让自己变得结实强壮，有足够的力量，在未来构建自己聪明的头脑、健康的身体。

你们的胎宝宝写于孕2月

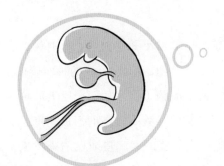

第一节
胎宝宝："我有黄豆那么大啦！"

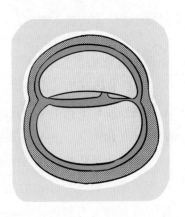

孕5周时

我现在看起来像一个梨形的三层汉堡，这个结构可不简单哦，上层形成皮肤，下层形成肠道的内壁，中层将形成其余全部。我要像捏面人一样扭曲、折叠、缠绕。三层汉堡最上面正中会凹进去，变成一长条中空的脊椎（现在叫神经管，吃叶酸就是预防神经管畸形），一端为口腔，另一端为肛门。沿着神经管两侧长出一连串体节，直到尾巴，共有40对。鱼类就是这样的，这叫"幼形遗留"。我的脑部形成大脑半球并迅速增大，最初的脑囊形成，我的心脏也开始跳动了。

孕6周时

我的身体表面首次出现四肢的突起，开始是扁平的，像鱼鳍，后来变成圆的，到月末肢芽已经分为两节，末节顶端出现手板和足板，就像不分指的手套和袜子。我的头部隐约可见。眼睑几乎盖住眼睛，视网膜已经有了颜色，我的眼睛就是在这个时候有了黑色。我的耳斑已经鼓出来，叫耳廓突。舌头也开始形成。我的大脑半球不断增长起来，血液循环系统也建立起来，已经开始工作了，肝、脾、肺、甲状腺都有了最初的形态。

孕7周时

我的头部特别发达并屈曲向胸膛，尾部细小并卷曲着，这时候，我的外形终于像许多书上画的小海马了（长7毫米–12毫米）。我的神经管前端4个突起发育为脑，分别是后脑、中脑、两个前脑（将来的两个巨大的脑半球）。神经系统迅速发育，所以我需要妈妈储备好叶酸。大脑的形成速度是非常快的，平均每分钟有10000个神经细胞产生，我的大脑皮质已清晰可见，我正在为将来拥有聪明的头脑做准备工作呢。我的眼睑正在形成，舌头也逐渐形成了，没有它不但不能说话，也不能吃饭喝水，这可是很重要的部分呢。我的心脏已经全部建成，妈妈再也不用担心我的心脏会受到外界因素的干扰了。我知道不能一直依靠妈妈的供养，所以，我正在紧锣密鼓地建造自己的胃和食管。随着我不断地长大，前面已经形成的器官开始不断拉长增大。

孕8周时

我的肢体开始长出来了，可以看到大腿、脚、手臂和手的模样，上肢和下肢的长度有多长了呢？我测一测哦，大概刚好能够在我的胸腹部相遇。我的脖子长出来了，但从外观上看，好像只有后脖颈，因为我的头是向前屈的，下颌紧紧贴着胸部，根本看不到前脖颈。妈妈很辛苦，所以我正在给妈妈鞠躬呢。到这周，我的脑干已经能够被辨认出来，脑干可是个重要的部位，所有的大血管神经都通过它与躯体相连。我的眼皮差不多可以把眼球盖起来，嗅觉的基础部分开始建立。我的生殖腺和生殖器官正在构建，此时妈妈可不要随便吃药，尤其不要吃性激素类的药物，以免我的生殖器官发生畸变。

第二节
孕妈妈："感觉不太有食欲。"

早期妊娠反应

许多孕妇从这个月开始，会感到从未有过的食而无味、嘴苦、不想吃饭的感觉。早晨起床刷牙，会干呕几口，有一股酸水出来。对食物开始挑剔，常感到胃部有一阵阵的烧灼感。过去，民间把妊娠反应叫"害喜"，是胎儿以这样的方式通知妈妈——怀孕了。

为什么会出现妊娠反应？

· HCG大量增加可能是原因之一；

· 胎儿为了保护自己，不断提醒妈妈已经怀孕；

· 胎儿告诉妈妈进食的时候要注意；

· 不适宜胎儿的毒素成分以这种方式排出；

· 母亲对胎儿这一"入侵者"的排异反应。

目前世界对妊娠反应发生的真正原因尚不清楚，但大多数孕妇的妊娠反应都是比较轻的。有的孕妇从早到晚都恶心，但也能进食，并不会把吃进去的饭菜吐出来，只是吐些黏液或酸水，即使每顿都发生呕吐，也不是把所有的饭菜都吐出来，营养丢失不严重。由于孕妇孕早期的基础代谢与正常人没有显著差别，膳食中营养素供给量与非孕妇时差不多，所以，轻度妊娠呕吐不会影响胚胎发育。孕妇不必过于担心，少食多餐，喜欢吃什么就吃什么，不必刻意追求食物的品种和数量。尽管有妊娠反应的孕妇不能吃更多的东西，甚至还发生呕吐，但没有证据表明这会影响胚胎发育。

没有妊娠反应也正常

并非所有孕妇都有妊娠反应，没有妊娠反应是很正常的，也是很幸福的事。如果没有妊娠反应，不要去想象妊娠反应是怎样的感觉，更不要认为没有妊娠反应就不正常，甚至认为没有妊娠反应就说明胎儿发育不好。妊娠反应与心理作用有关，本来没有什么反应，却努力去想，就会加重胃肠道症状。

口味的改变

并不是所有孕妇都爱吃酸的或爱吃辣的，"酸儿辣女"只是想象而已。因为相信"酸儿辣女"的说法，就会从潜意识里支持吃酸或吃辣，但这并不能决定什么。

重度妊娠反应

有的孕妇妊娠呕吐比较厉害，无论是否进食都发生呕吐，而且呕吐次数比较多，不但会把吃进去的饭菜吐出来，还会呕吐胃液胆汁，甚至伴有血丝，好像要把整个胃肠都吐出来似的。

这种程度的呕吐，孕妇会丢失比较多的水分和电解质，化验尿酮体会出现阳性结果。由于不能正常进食，营养物质供应不足，孕妇会消耗自身营养，体重减轻。这不仅影响孕妇的健康，还会影响胚胎发育。怀孕早期，正是胚胎各器官形成和发育的阶段，需要包括蛋白质、脂肪、碳水化合物、矿物质、维生素和水在内的全面营养。这时，孕妇就要及时看医生，请医生帮助纠正水电解质紊乱和酸碱失衡。

爱发脾气

这种现象很常见。怀孕的妻子变得郁郁寡欢、愁眉不展，常常因为生活中的小事大动肝火，脾气暴躁。这是为什么呢？

孕期焦虑是一种心理变化，即将成为"母亲"会成为一种压力，心情错综复杂，文化层次较高的女性更为突出。身心经历着重大变化，一些平时没有的担心全都袭上心头，诸如：胎儿是什么样的？胎儿会有什么问题吗？会因为怀孕发胖变丑吗？妈妈的角色是什么样的？如果无法胜任目前紧张的工作，该如何面对上司？还有婆媳关系、经济压力、工作安排等问题困扰着她们。

有些孕妇脾气变坏也有身体的原因。约60%~80%的孕妇有不同程度的肠胃不适，有些会持续整个妊娠过程。

请准爸爸注意

胎儿正处于快速发育阶段，各器官在不断分化形成，愉快的心情是最好的胎教。你的妻子可能会因为妊娠反应而难受；可能会因为从未有过的便秘而烦恼；可能会因为体内激素的变化而情绪波动；可能会因担心体形的变化而不安。这些都是你们未来的宝宝带给妻子的改变，作为丈夫的你，可要多多体谅妻子，孕育胎儿是你们夫妇共同的责任。如果你的妻子总是占着洗手间，你应该关切地问一问：是否便秘或尿频，是否有些恶心干呕。妻子会感觉到你在关心着她，她不是孤军奋战，这对她是很重要的。

如果你不知道妻子为什么流泪，不要烦恼，更不要生气，这是孕期体内激素变化导致的生物效应，而非成心和你闹别扭，给予安慰是你应该做的。如果妻子无端脾气暴躁，丈夫要理解妻子，不和妻子争执，吵架后一定要主动认错。平时，要多注意和妻子的沟通交流，许多问题要坦诚地说出来，两人乐观地共同面对。情形严重的，可寻求心理医生和精神科医生的帮助。

过多的唾液

这也是妊娠反应的一种表现，过多的唾液多发生于晨起有恶心感的孕妇，唾液增多也是孕期的正常反应，不必担心。如果你厌烦过多的唾液，或感觉在同事面前流唾液让你难堪，你可试着含口香糖，或用含有薄荷的牙膏刷牙。用薄荷牙膏刷牙不会影响胎儿的健康，刷牙后用清水漱口即可。

阴道分泌物增多

在整个孕期，你可能都会感觉阴道分泌物比孕前明显增多了，这是正常现象，阴道分泌物可以阻止病原菌感染阴道和子宫，对你具有保护作用。你只需注意分泌物的性质是否正常。通常情况下，阴道分泌物有点儿轻微的、让你闻起来不太愉快的气味，但不是臭味或让你难以忍受的气味；分泌物是白色的，或略有些发黄。如果气味和颜色都不正常，就要看医生。保持局部清洁，但不要随便使用一些洗液，应该购买孕妇专用洗液。使用有药物成分的洗液前要得到医生的允许。

腰围增粗

这个月，你的腰围可能还没有什么变化，但你要有充分的心理准备，怀孕会使你暂时失去苗条的身材。不要再留恋你以前穿的衣服，重新选择适合你的新衣服吧。最好买休闲款式的衣服吧，可以买有松紧带、可自由调节腰身的款式。穿丈夫的T恤或买一件宽松的T恤，也是不错的选择。

第三节
生活中的注意事项

科学进食

多数孕妇在妊娠早期，由于体内激素改变，会或多或少出现食欲不振，甚至恶心呕吐的现象。尤其是晨起，孕妇易感觉胃部不适，有烧灼感，不愿意进食。一些孕妇由于晨起胃部不适，全天茶不思饭不想，又担心腹中胎儿缺乏营养，只好勉强进食。其实，你大可不必勉强自己。因为，你在怀孕前，身体已经储备了足够的营养，且在妊娠早期，胎儿主要是在进行自我构建，并不需要太多的营养，即使你进食很少，胎儿也能从你那里获取足够的营养。所以，你只要不是妊娠剧吐，只要不是一点儿也不能进食，就不必担心胎儿的健康。他会勇敢面对妈妈的妊娠反应，健康地成长起来。你千万不要因为担心腹中的胎儿，吃自己很不想吃的食物。

脂肪

提到脂肪，你可能马上想到的是油脂和肉类食物，其次是乳类食物。许多人认为动物源性脂肪不利于人体健康，所以，人们常常"谈脂色变"，尤其是希望有苗条身材的女性，更是忌讳摄入脂肪。其实，脂肪是人体必不可少的营养成分，并非一无是处，只是人体所需脂肪量很少，不能摄入过多而已。怀孕后，你可不要像孕前那样忌讳脂肪了。因为，深海鱼、坚果、乳制品和植物油等食物内的脂肪酸有助于胎儿脑和神经系统的形成与再生。成人最忌讳的胆固醇也是胎儿必不可少的营养，所以，孕妇也要适当摄入蛋黄、动物肝脏等高胆固醇食物。每周最好吃3次鱼、1次动物肝脏，每天吃1个鸡蛋和一点儿坚果，炒菜用植物油，凉拌菜用橄榄油或胡麻油，也可用山茶油。妊娠早期，胎儿还不需要妈妈为他提供如此丰富的食物。如果你不想吃这些，也不会影响胎儿的健康成长。等到你妊娠反应消失了，再进行合理的饮食搭配也为时不晚。

蛋白质

蛋白质是由众多氨基酸组成的。在众多氨基酸中，大部分可以在体内自行合成，这些能在体内自行合成的氨基酸被称为非必需氨基酸。有些氨基酸不能在体内自行合成，需要每天从食物中获取，这些必须从食物中获取的氨基酸被称为

必需氨基酸。如果不能从食物中获取这些必需氨基酸，机体就不能正常生长。胎儿所有组织与器官的生长都离不开含有必需氨基酸的蛋白质。含有所有必需氨基酸的蛋白质食物包括肉类、蛋类和乳类，所以，这几类食物也被称为全蛋白质食物，换言之，全蛋白质食物主要来源于动物。谷物、豆类和蔬菜含有部分必需氨基酸，这几类食物也被称为不全蛋白质食物，换言之，不全蛋白质食物主要来源于植物。因此，要想摄入全部的必需氨基酸，应将植物类和动物类食物结合起来进行合理搭配。如果你没有特别的饮食偏好，没有特殊饮食禁忌，没有明显的偏食和挑食的话，孕期并不需要很特殊的饮食安排，你和胎儿都会很健康的。如果你是素食者，要计算每日蛋白质摄入量，看看是否能达到100克。乳类、蛋类、豆类可提供你每日所需蛋白质，素食者不要再放弃这类食物。

碳水化合物

怀孕期间，孕妇每天所需热量中有大约50%以上都是由碳水化合物提供的，就是我们最熟悉的"糖"，它是人体能量的主要来源。不同食物中所含的糖分不尽相同，烹饪时用的白糖和红糖为蔗糖，营养价值最低，它极易被肠道吸收，引起血糖快速升高，刺激胰岛素分泌，促使血糖迅速下降，导致血糖忽升忽降。由于孕期激素变化，改变糖的新陈代谢，致使原本对血糖升降不敏感的孕妇敏感起来，由此产生情绪上的波动。所以，孕期最好少吃或不吃蔗糖和含蔗糖的甜食。天然水果中的果糖和乳类中的乳糖营养价值较高，能快速提供人体所需热量，不像蔗糖那样刺激胰岛素分泌而引起血糖水平骤降。谷物、马铃薯、淀粉、豆类和坚果内的复合糖分子量大，吸收慢，能保持血糖水平稳定，可持续提供热量。

钙质

孕期钙质的需求比未孕期的2倍还多（1600毫克/日）。孕期缺钙影响的不仅是胎儿牙齿和骨骼的发育，还会影响孕妇自身的骨骼健康，导致骨质疏松，引起腰腿痛和全身肌肉酸痛。怀孕后期，胎儿对钙的需求量大增，孕妇自身也需要大量钙，所以从现在开始就应该储存钙质。充足钙质的摄入不能单靠营养剂，而要把食补放在第一位。

毋庸置疑，奶制品是很好的高钙食物，除非你对奶过敏，否则每天最好能喝500毫升以上的鲜奶，以及其他奶品，如酸奶、奶酪、配方奶粉等。

特殊情况下的补钙方法

如果你对奶中的乳糖不耐受，可选择含乳糖酶的奶品，或者在奶里放乳糖酶。

如果你对乳蛋白过敏，可选择水解蛋白奶，也可选择氨基酸奶，或者选择非奶制品，比如豆浆。

如果你体重增长比较快，希望控制体重，不想摄入过多的脂肪，可以选择低脂奶或脱脂奶。

如果你不喜欢奶的味道，可以选择改变了奶的口味的奶品，也可以用鲜奶或奶粉制作某些食物，如奶糕、蛋糕、奶昔、奶馒头、奶粥等。

虾皮和骨头是高钙食物，但吸收困难，虾皮食量有限，骨头不能直接食用，骨头汤中含钙量有限。豆浆和米浆也富含钙质，但远不如奶含钙丰富，如果你的确不能喝奶，可适当多喝豆浆和米浆弥补钙质不足。

补充钙剂需同时补充维生素D，促进钙的吸收。另外，充足的阳光照射和适宜的运动也是促进钙吸收和利用不可或缺的环节，所以孕妇要适当运动，多参加户外活动。

铁质

胎儿在妈妈腹中成长的过程中，至少需要几十亿个红细胞，铁是红细胞生成的主要原材料，铁缺乏无疑会影响红细胞生产。孕期每日所需铁量约为非孕期的2倍（60毫克/日），如果检查发现你有贫血或双胞胎，铁的需求量就更大了。除了铁质外，叶酸和维生素B12等营养素也是造血原料。可见，孕期需要比非孕期摄入更多的铁质、叶酸和维生素B12等营养素。与钙剂一样，对于孕妇来说，既需要额外补充铁剂，也不能忽视食补。在食补中有哪些需要注意的呢？

食物中的铁质并非都能被人体吸收利用。有些食物虽然含铁量比较高，但由于人体对其所含铁的吸收差，起不到高铁食物的作用。相反，有些食物含铁量可能不是最高的，但其中所含的铁容易被吸收利用。食物中的铁是否吸收和利用除与食物自身有关外，还与食物搭配有关，有些食物会促进另一食物中铁的吸收，而有些食物则会妨碍铁的吸收。所以，要合理搭配食物以最大程度上吸收利用铁质。

菠菜等一些绿叶蔬菜含铁量高，但其中大部分铁质都不能被人体吸收；蛋黄含铁量也不低，但吸收率很低。所以，你不能完全根据食物营养素含量的高低选择高铁食物。

富含维生素C的食物，如橘子、草莓、甜椒、奇异果、葱头等，与含铁食物同食时，可促进铁的吸收。绿叶蔬菜、奶、咖啡和茶等食物因含有草酸、植酸及抗酸剂，会阻碍铁的吸收。动物肝（血）、芝麻酱、红枣、瘦肉、鱼肉和燕麦面包等食物，含铁量比较高且容易吸收，孕期可适当增加这些食物的摄入。

服用铁质补充剂补充铁时，要看清说明书中铁质的真正含量。比如，药盒上标明：硫酸亚铁片，每片300毫克，如果你一天吃1片，并非一天补充了300毫克的铁，而仅仅补充了60毫克的铁，因为每片硫酸亚铁片含铁质60毫克，不是300毫克。补充钙质也是同样道理，药盒上标明：碳酸钙片，每片5克（5000毫克），如果你一天吃2片，并非一天补充了10克（10000毫克）钙质，而仅仅补充了1.2克（1200毫克）钙质。

最好从怀孕前就开始小剂量补充铁剂，每天50~100毫克。如果你在妊娠早期胃部不舒服，补充铁剂后使妊娠反应更严重了，可暂时不补充铁质，等妊娠反应过后再补充，可适当增加量，达到每天100~150毫克。具体补充多少，要根据你的具体情况决定，如是否贫血？是否怀双胎？饮食状况如何？但孕期铁质的补充是非常重要的，不要忽视。怀孕后期（36周以后）胎儿肝脏要储存大量铁剂留待出生后，添加辅食前使用。所以，孕后期一定要保证充足的铁质供应。不但孕期需要注意铁质补充，分娩后哺乳期仍要重视铁质的补充，以免导致产妇和婴儿缺铁。

含碘盐

有人认为怀孕期限盐是因为盐会加重孕妇水肿。事实上，孕期水肿与盐摄入多少并无密切关系，怀孕不需要特别限制盐的摄入量，按常规量摄入就可以了，但不要过多摄入食盐。一定要吃含碘盐，因为孕期缺碘会影响胎儿生长发育，除了吃含碘盐外，还要适当增加含碘食物的摄入，如海带等海产品。烹饪时要最后放盐，以免碘挥发。

维生素

维生素几乎存在于所有的食物中，正常饮食情况下，基本不需要额外补充。怀孕早期，由于妊娠反应，孕妇进食量少，食物种类也比较少，可额外补充多种维生素。无论是否有妊娠反应，怀孕后都需要常规补充叶酸3个月，每天0.4毫克，为的是避免胎儿神经管畸形。实际上，在怀孕前3个月就应该开始补充叶酸了。如果你在孕前没有补充叶酸，怀孕后可适当增加补充量，每天0.8毫克。有报道称，孕期缺乏叶酸会导致早产，所以，建议整个孕期都要额外补充叶酸。

但是，过多补充维生素并非有益无害，如果你打算在整个孕期都补充叶酸，建议从怀孕中期开始，把叶酸补充量降到0.4毫克/天。如果你每天服用的钙片中含有维生素D600IU，就不需要再额外补充维生素D了。妊娠最后一个月补充维生素E有利于乳汁分泌，可每天补充50毫克。

纤维素和水

纤维素缺乏会导致便秘，如无特殊情况，怀孕期间不需要额外补充纤维素，但要注意食物中纤维素的摄入。如果有便秘倾向，要适当增加高纤维素食物的摄入量。水也是营养素中的重要一员，不可忽视。孕期血液比非孕期增加约40%，要保证如此大的血液量，水的供应是不可缺少的。除此以外，胎儿的羊水需要补充水量，孕妇本身也需要补充水量。所以，孕妇每天的饮水量要在2500毫升左右。如果你确实喝不了这么多的水，可通过多喝汤，适当喝些用新鲜水果榨的果汁补充，但白开水是最好的。

温馨提示

孕期缺乏营养素不行，但营养素补充过量对孕妇和胎儿无益，甚至有害。所以，切莫过量补充营养素。孕妇在补充任何营养素前都应该向医生咨询，征得医生同意，个性化补充是很重要的。

妊娠呕吐缓解方法

孕妇要保持乐观情绪。调节饮食，保证营养，满足自身和胎儿的需要。

进食的嗜好如有改变不必忌讳，吃酸、吃辣都可以。

要细嚼慢咽，每一口食物的分量要少，要完全咀嚼。

少下厨，避免闻到让自己不舒服的气味。

不要以咖啡、糖果、蛋糕来提神。短暂的兴奋一过，血糖会直线下降，反而比以前更加倦怠。

要避免任何让你不舒服的食物，如辛辣、油腻、加工过的肉类、巧克力、咖啡、碳酸饮料等。

由于妊娠反应，食量减少，不必按一日三餐进食，根据需求调整即可。

轻度妊娠呕吐的缓解方法

以少食多餐代替三餐，多吃富含蛋白质和维生素的食物。

饭前少饮水，饭后足量饮水，能喝多少就喝多少，可吃流质、半流质食物。

有妊娠呕吐的孕妇往往喜欢吃冷食，有的书上认为孕妇吃冷食对胎儿发育有害，这样的说法没有依据。如果吃冷食能让你感到呕吐减轻，那么可适量吃一些。

尽量避开令你恶心的味道，少吃甚至不吃你非常不想吃的食物，如果某一食物你一想起来就想吐，索性不吃。妊娠早期，胎儿对妈妈摄入营养要求不高，没有非吃不可的食物。

不要让自己感到饥饿，即使已经睡下或半夜醒来，只要胃里有空空的感觉或恶心反酸的感觉，就吃点儿食物，能减轻晨吐的程度。

吃容易消化的食物，过于油腻、高纤维、辛辣的食物不易消化，要尽量少吃。但是也有例外，有的孕妇在妊娠反应期非常喜欢吃肉类食物。如果你很喜欢吃这类食物，而且吃后并未加重胃部不适，你就放开吃好了。

如果孕期补充的营养素会加重你的恶心，甚至引起呕吐，那就暂时停止服用，等到反应过后再服用。

找到一两种含到嘴里或吃下去能减轻恶心的食物，常带在身边，一旦感到胃部不适就放在嘴里或吃下去，如柠檬片、香蕉片、山楂片、薄荷糖、奶片等。

通常情况下，谷物，也就是我们说的粮食，比较容易消化，营养价值也不低，可尝试煮各种谷物粥喝。

太闲可能会让你有更多的时间想你如何不舒服，如果你辞职在家，要尽量让自己的生活丰富起来。

应对妊娠反应，最重要的一点就是放松心情，妊娠反应只是暂时的，很快就会过去。不要担心胎儿，轻度的妊娠反应不会影响胎儿的健康。

按压内关穴，按压手腕内侧距手掌三指处，可缓解恶心呕吐症状，你不妨试一试。

重度妊娠呕吐的缓解方法

多吃清淡食品，少吃油腻、过甜和辛辣的食品。

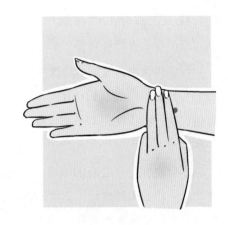

自己喜欢吃的就不用过于在乎品种和口味，孕期没有那么多的禁忌，不要在意一些书上所说的酸性食物对胎儿有害的说法。即使你喜欢吃的食品营养价值并不是很高，也总比不吃，或吃了呕吐要好得多。

如果早晨一起床就开始恶心，甚至呕吐，就不要急于穿衣服、洗漱，而是坐起来先吃些东西，可挑选你想吃的东西，感觉不那么恶心了再起床。无论是否呕吐，只要能吃进去就大胆地吃，不要怕吐，吐了再吃就行。

重度妊娠呕吐最需要注意的一点是防止脱水和电解质紊乱，如果你呕吐得很严重且吃喝得很少，要及时看医生，不要在家硬撑。

可缓解孕吐又有营养的食物

饮料：柠檬水、苏打水、热奶、冰镇酸奶、纯果汁等。

谷物类：面包、麦片、绿豆大米粥、八宝粥、玉米粥、煮玉米、玉米饼子、玉米菜团等。

蛋白质类：以清炖、清蒸、水煮、爆炒为主要烹饪方法的肉类，水煎蛋、奶酪、奶片等。

蔬菜、水果类：各种新鲜的蔬菜，可凉拌、素炒、醋熘，如清炖萝卜、白菜肉卷等；还可直接吃新鲜水果或做成水果沙拉。

妊娠反应的心因性因素

妊娠呕吐时胃肠并没有器质性损害，心理因素影响着妊娠反应的轻重。要抱有这样的信念：我很健康，只要我吃，腹内的胎儿就能得到母体供应的营养。过去欧美孕妇曾经因为服用止孕吐的药物"反应停"，导致大批短肢畸形的"海豹胎"出生，留给人类沉痛的教训。妊娠呕吐不是病，不可随意用药物干预，尤其不可以相信某些偏方。要学会接受，这是自然给母亲的一份特殊经历。

当孕妇认为胎儿有可能会因为妊娠呕吐而发生营养问题时，会非常难过和担心，这种担心可加重妊娠呕吐。孕吐非常常见，而且很快就会过去。乐观的情绪会使妊娠呕吐程度减轻、时间缩短。

在这个月里，胎儿飞速发育，尽管你可能因妊娠反应不爱吃饭，你腹中的胎儿也在按照自己设定的目标不断成长着。这时的胎儿在进行组织和器官分化，一旦受到外界不良因素干扰，或自身遗传密码出错，就会使胎儿出现身体建构上的差错。爸爸妈妈要共同努力，避免胎儿受到外来不良因素的影响。孕妇总是神经质地担心或情绪焦虑，、不但对妊娠反应于事无补，还会影响你的心情，你只要规避对胎儿有害的因素就可以了。

孕妇在妊娠6周左右常有挑食、食欲不振、轻度恶心呕吐、头晕、倦怠、厌油腻、喜酸食的反应，晨起空腹时较重，一般于妊娠12周左右自然消失。但有的孕妇没有妊娠反应；也有的孕妇会持续整个妊娠期；有的某一天清晨起来有些恶心，次日就没有了；有的比较轻，只是恶心；有的比较重，以至发生剧吐；有的停经30天左右出现；有的停经50天后方出现妊娠反应。怀孕早期，有的孕妇总感觉冷，这也是妊娠反应的一种表现。如果你感觉冷，就多穿点儿，不必在意你比周围的人穿得厚。

不宜用过热的水泡澡

怀孕早期不宜用过热的水泡澡，孕3个月前的胎儿对高温比较敏感，如果孕妇在40℃以上的热水中泡澡会对胎儿不利，建议用温水泡澡，时间不超过15分钟。怀孕期间洗淋浴比较好。孕妇，尤其是怀孕早期孕妇，最好暂时停止洗桑拿浴。

适度运动

运动，尤其是有氧运动会使体温升高，在炎热的季节，运动时间不要超过30分钟。当然了，有的女性即使在非孕期也不做什么运动，怀孕后就更少运动了，多是散散步、逛逛街，不会做比较剧烈的运动。喜欢游泳的人，怀孕后可以继续此项运动，但要适当控制时间和游泳距离，不宜长时间（超过30分钟）或长距离（1000米以上）游泳。

少喝浓咖啡和浓茶

喜欢喝浓咖啡和浓茶的女士，怀孕期间最好放弃这种习惯，可以在很想念时喝点儿淡茶，但不能像怀孕前那样每天喝浓咖啡或浓茶。因为，长期喝浓咖啡会导致骨钙流失、精神兴奋、睡眠减少。有研究显示，在怀孕的前3个月，每天喝3杯以上的咖啡或浓茶，会使流产的风险加倍。孕期体内代谢咖啡因的速度降低，使得咖啡因刺激体内过多释放肾上腺素，对胎儿和孕妇都没好处。无论浓咖啡和浓茶对胎儿是否有不良影响，都要少喝为好。如果你对咖啡过于依赖，可通过降低咖啡浓度、减少次数等方法，把每天的咖啡摄入量降到最低。喜欢喝茶的孕妇，可以用花茶代替茶叶，也可让自己慢慢养成喝淡茶的习惯。孕妇也要少吃可乐、巧克力和其他含咖啡因的食品。

远离浓重气味和杀虫剂

家有孕妇时，建议停止使用各种有强烈气味的喷剂和清洁剂，可以用食品类清洁剂，如醋、淀粉、碱面和苏打粉等，用淘米水洗碗刷锅也是不错的选择。最好不用香薰改变卫生间的气味。首先要保持卫生间清洁，清洁的卫生间少有不良气味；常打开排气扇；可在卫生间放置竹炭包。怀孕期间不要使用杀虫剂，如果必须使用，请暂时避开一两天，等到味道散去再回来。如果小区正在为植物喷洒杀虫剂，请立即离开。

避免宠物带来的病菌感染

如果家里养宠物，就要保证宠物是健康的，定期带宠物进行健康检查、接种疫苗。不要惹恼宠物以免宠物情急之下抓破你的皮肤。家中养猫的话，要确定猫不携带弓形虫，你也应该检查血液，确定体内有弓形虫抗体。怀孕期间最好不清理宠物窝，不为宠物洗澡和清理排泄物。如果必须做，就要戴上口罩和手套，以免被分泌物中可能存在的病菌感染。

专栏：孕妈妈和胎宝宝——相偎相依

胎儿与妈妈血脉相连的通道——脐带

从胎儿诞生到分娩，妈妈和胎儿是紧密联系、不可分割的整体。胎儿没有自主呼吸，没有独立的循环和消化系统，不能自己摄入营养，所有需要都由妈妈供给。为此，就有了使胎儿和妈妈联系在一起的组织——胎盘、脐带、胎膜、羊水。脐带是连接胎儿和胎盘的生命之桥，是胎儿与妈妈相连的象征。

脐带最早的演化过程

脐带组织来自胚胎的尿囊。人类胚胎的尿囊出现仅数周后即退化，即将退化的尿囊壁上出现了两对血管，这两对血管并未随着尿囊的退化而消失，而是越来越发达，最终形成胎儿与母体进行物质交换的唯一通道——脐动脉和脐静脉。

脐动脉和脐静脉形成后，尿囊就完成了使命，开始退化，在退化过程中，先形成细管，后完全闭锁成为细胞索，构成韧带。与此同时，胚盘向腹侧卷折，背侧的羊膜囊也迅速生长，并向腹侧包卷成条状。卵黄囊、脐动脉、脐静脉、韧带等都被卷折其中，这就是脐带。随着胎儿的发育，脐带逐渐增长。

脐带的形成及结构

脐带是一条索状物，一端连于胎儿腹壁（就是以后的肚脐），另一端连于胎盘的胎儿面。如果把胎盘比作一把雨伞的话，脐带就是伞把。足月胎儿的脐带长约45~55厘米，直径1.5~2厘米，一条脐静脉和两条脐动脉呈"品"字形排列，表面被覆羊膜，空隙被胶状结缔组织充填。

脐带的作用

将胎儿排泄的代谢废物和二氧化碳等送到胎盘，由妈妈帮助处理。这是由脐动脉完成的，也就是说，脐动脉中流的是胎儿的静脉血。

从妈妈那里获取氧气和营养物质供给胎儿。这是由脐静脉完成输送的。也就是说，脐静脉中流的是胎儿的动脉血。

脐带是胎儿与妈妈之间的通道，如果脐带受压，致使血流受阻，胎儿的生命就受到了威胁，脐带是胎儿的生命线。

脐带异常

脐带长度超过80厘米，为脐带过长，可引起脐带打结、缠绕、脱垂。脐带长度短于30厘米，为脐带过短，可引起脐带过伸，影响胎儿与妈妈之间的血流交换。脐带不在胎盘的中央，而在胎盘的边缘附着，则称为球拍状胎盘，还有帆状附着胎盘。这些异常结构，都会对胎儿造成不同程度的影响。值得庆幸的是，这些异常情况极少发生，妈妈不必担心。

脐带绕颈的危险

因脐带本身有补偿性伸展的功能，不拉紧至一定程度，不会发生临床症状，所以对胎儿的危害不大。但脐带绕颈后，相对来说脐带就变短了。如果胎儿在子宫内翻身或做大幅度运动时，可能会造成脐带过短的现象，导致胎儿缺氧窒息。另外，脐带绕颈与脐带本身的长短、绕颈的圈数和程度等诸多因素有关，其危险性需要医生根据检查时的具体情况来判定。

假性脐带绕颈

脐带绕颈是通过B超发现的，有时，脐带只是挡在胎儿的颈部，并没有缠绕到胎儿的颈部，但在B超下，可以显示出脐带绕颈的影像。所以，当发现脐带绕颈时，应进一步复查，排除假性脐带绕颈。

胎儿与妈妈物质交换的平台——胎盘

遗传自父亲的基因负责生成胎盘，遗传自母亲的基因负责胚胎大部分的发育，特别是头部。胎盘为什么由父亲负责生成呢？我的猜想是，来自父亲的基因不相信母体能够造一个胎盘，任由一个外来物侵入自己——胎盘植入。所以，父亲的基因要亲自完成这项工作。

胎盘不是用来维持胎儿生命的母体器官，而应该被看作是胎儿的一个器官，胎儿借助这一器官寄生于母体，达到吸取养分、排泄废物的目的。

胎盘的形成

受精卵在子宫内膜着床后，胚泡滋胚层细胞向子宫内膜伸出数百根树根一样的"触手"——绒毛组织（绒毛膜），并迅速形成分支，在肥沃的子宫内膜牢牢地扎根，和子宫内膜细胞组织相互黏附容纳，不断生长，最终生成圆盘状的胎盘。所以胎盘是由两部分组成的，一部分是胎儿的绒毛膜，另一部分是妈妈的子宫内膜。胎盘像树的细根紧紧抓牢沃土，形成盘状。树根就是胎盘，树干就是脐带，树冠就是胎儿。

胎盘的发育

胎盘在受精卵形成后12天（孕26天）内出现并发挥功能，但直到孕3月，整个胎盘才完成全部构建，以后随着胎儿的增长而逐渐增大。胎儿足月时，胎盘重量一般可达500克，直径可达20厘米，平均厚度2.5厘米。

朝向胎儿面的胎盘光滑，表面覆有羊膜。朝向母体面的胎盘粗糙，可见15~30个胎盘小叶像吸盘一样固定在妈妈的子宫内膜上。脐带自胎盘的中央延伸出来，脐血管和绒毛血管靠渗透作用与母体交换血液。胎盘内有母体和胎儿体两套血液循环，呈封闭循环，一般不相混。

胎盘的重要作用

·为胎儿的发育提供必要的营养和氧气。

·帮助胎儿排泄二氧化碳及新陈代谢所产生的废弃物质。

·代替胎儿行使尚未发育完成的肺、心、肾、胃肠等内脏的功能。

·胎盘可分泌多种激素，如绒毛膜促性腺激素、绒毛膜促乳腺生长激素、孕激素、雌激素等，以维持整个孕期的稳定。这些激素对促进胎儿成长、母体健康、分娩、乳汁分泌等都起着非常重要的作用。

胎盘的位置

胎盘的正常位置在子宫腔上部的前壁或后壁。如果在子宫下部或宫颈管内口，则会因为胎盘位置异常，不能维持胎儿的正常发育。

胎盘老化

随着孕龄的增加，胎盘逐渐成熟，孕36周以后，胎盘开始出现生理性退行性变化，即胎盘老化。

可借助B超来观察胎盘成熟度，分为0级胎盘、1级胎盘、2级胎盘、3级胎盘。一般认为2级胎盘为成熟胎盘，3级胎盘为过度成熟胎盘。我们也可通过血生化指标检查胎盘的成熟度。

胎盘钙化

胎盘钙化也是胎盘的一种生理退变形式，在老化的胎盘上常有钙沉积，几乎在每个足月胎盘上都可见到钙化点。有学者认为胎盘钙化是胎盘发展的必然过程。

胎儿柔软的被褥——羊水

羊水的形成

羊水被包裹在羊膜腔内。随着孕期的不同，羊水的来源、量与成分也发生着不同的变化。孕早期，羊水主要来源于妈妈血液流经胎膜渗入到羊膜腔的液体。到了孕中期，胎儿的尿就成为羊水的重要来源了。胎儿不但通过排尿生产羊水，还通过消化道吞咽羊水。羊水以每小时600毫升的速度不断更换，保持着动态平衡。羊水的成分随着胎儿的生长不断变化，胎儿早期和中期时，羊水是清澈透明的，晚期羊水逐渐变成碱性的、白色稍混浊液体，其中含有小片的混悬物质，这是因为胎儿把越来越多的分泌物、排泄物、脱落的上皮、胎脂、毳毛等物质排泄到羊水中。但羊水不像我们想象的那样浑浊，因为羊水是动态循环的，母体会帮助宝宝清除一部分废物。

随着胎儿的生长，羊水不断增多。孕10周仅为30毫升，孕20周便增加到了350毫升，胎儿临近足月时，羊水可达500~1000毫升。羊水多于2000毫升为羊水过多，少于500毫升为羊水过少。通过羊水检查，可进行胎儿性别鉴定；了解胎儿成熟度；判断有无胎儿畸形及遗传性疾病。羊水检查已成为产前诊断的重要手段。

羊水的作用

·羊水是胎儿的防震装置，一定容量的羊水能为胎儿提供较大的活动空间，使胎儿在子宫内做适度的呼吸和肢体运动，有利于胎儿的发育，降低来自妈妈体内和外界的噪声、震动。

·羊水能保持胎囊内的温度，使胎儿的代谢活动在正常稳定的环境下进行。

·羊水有缓冲和平衡外界压力的作用，减少突如其来的外界力量对胎儿的直接影响。避免子宫壁和胎儿对脐带直接压迫而导致胎儿缺氧。

·羊水可保持胎儿体液平衡。当胎儿体内水分过多时，胎儿可以排尿的方式将多余的水分排入羊水中；当胎儿缺水时，可吞咽羊水以补充水分。

·羊水使胎儿皮肤保持适宜的湿度。

·羊水可防止胎盘早期剥离。羊水对胎盘有挤压的作用，以防止胎盘提早剥离。

·羊水帮助胎儿顺利娩出。临产时子宫收缩，宫内压力增高，羊水可向子宫颈部传导压力，扩张宫颈口，并可以保护妈妈，减少因胎体直接压迫引起的子宫、阴道损伤。也可避免子宫收缩时产生的压力直接作用于胎儿。

·羊水可保护胎儿免受感染，并顺利通过产道。分娩时，羊水先破膜流出，一是可润滑产道，使胎儿易于通过；二是可清洗产道，减少胎儿被妈妈产道内病原菌感染的可能。

胎儿温馨的家园——子宫

妈妈没有怀孕时，子宫像个倒长的鸭梨，长度只有7~8厘米，宫腔内仅仅有个窄小的缝隙，假如往子宫腔内放置物体，只能容纳核桃大小的东西。一旦怀孕，子宫的增长幅度简直令人难以置信。

不但可容纳胎儿，还同时要容纳胎儿的附属物——胎盘、脐带、羊水、羊膜腔。

子宫比任何一所房子都高级，能随着居住者的需求而变化。随着胎儿不断长大，子宫容积不断扩大，子宫壁不断增厚，胎儿在子宫里受到层层保护。最外层是妈妈的腹壁；向内是妈妈的大网膜、肠管、腹腔液；再向内是结实、富有弹性、能保暖的子宫肌壁；然后是包蜕膜、绒毛膜、羊膜的保护；羊膜腔内还有能防震、防皮肤干裂、能自由畅游的羊水。子宫是胎儿温馨的家园，也是人类的第一住所。

子宫的神奇确实令我们赞叹，当胎儿在子宫中生长发育的时候，子宫颈口如同一道结实的防盗门，紧紧关闭着。可当胎儿要娩出时，这扇紧闭的大门全部打开，让胎儿顺利通过，子宫颈口竟然可以在原来的基础上扩张100倍！

分娩时，宫颈口打开需要比较长的一段时间。宫颈口从打开1厘米到6厘米，是产妇最疼痛难熬的时刻，一旦开到6厘米，宫口的打开速度就会加快，产妇对疼痛的耐受性也会增强。

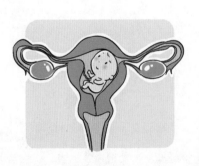

所以，已经坚持到宫口打开6厘米，因无法忍受分娩痛而由顺产转剖宫产是很不明智的选择，既经历了顺产的痛，又承受了剖宫产的痛和风险。

第四章

孕3月（9~12周）

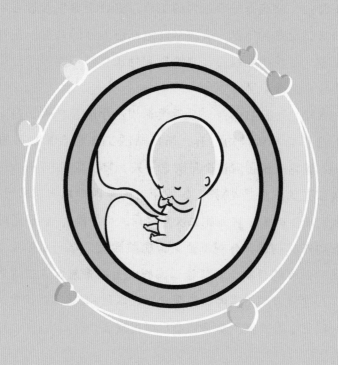

未来宝宝写给爸爸妈妈的第四封信

亲爱的爸爸妈妈：

在上个月，我已经把自己打造得初具规模了。在这个月里，妈妈已经知道自己怀孕了，有了爸爸妈妈的呵护，我不再是孤单地悄悄生长。接下来的孕9~12周，是我发育极其关键的时期。孕9~10周，我要从"小海马"发育成一个初具外形的小婴儿，这可是一个巨大的工程。这也是我生长过程中要完成的第二次质的飞跃，我将从胚胎期进入到胎儿期，在今后的日子里，我将稳扎稳打，踏踏实实地工作，被妈妈"退货"的可能性已经很小了。

我要把自己打造成一个活灵活现的小胎儿，哪怕是一个环节出错都会导致前功尽弃，所以我的工作将会更加困难和细致。对妈妈来说，到这个月的第一天，我也仅仅57天大（实际上我真正的年龄是43天，妈妈所讲的孕期是从末次月经算起，而我的诞生时间是在妈妈末次月经后大约2周）。我要完成90%以上的器官构造，外观上也更像微雕婴儿，唯一从外观上看不出来的是我的性别。我要告诉妈妈一个好消息，走过这段艰难岁月，迎接我的将是胜利的曙光。在以后30周的时间里我只是长大而已，最关键的器官构造已经完成了。

你们的胎宝宝写于孕3月

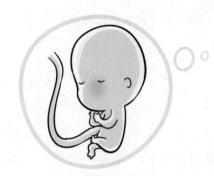

第一节
胎宝宝："我要进入
胎儿期啦！"

孕9周时

　　妈妈您可能不知道，在之前，我的胸腔和腹腔是相通的，当膈肌形成后，我的胸腔和腹腔之间才相互分开，成为独立的胸腔和腹腔。早在前几周，我的眼皮就长出来了，可是我并不能主动把眼皮闭合或睁开，因为眼皮的运动需要眼肌和神经的参与，这周我的眼肌就开始形成了，我是不是很棒？等到神经发育好了，我就能自如地闭眼和睁眼啦。现在我的手指和脚趾都长出来了，可以在B超下看到我在活动哦。

孕10周时

　　在我小小的身体里，中枢神经系统各部的基本结构建立起来了，90%的器官也已经形成。我的眼睛慢慢向脸部中央并拢，我的齿根、声带、上牙床和上腭开始形成。与此同时，我的味觉芽也开始形成，我的颈部肌肉正在不断变得发达起来，以支撑我的大脑袋。胃已经被放置到正常位置，我要为吃奶做准备了。妈妈，您产检的时候可以数数我的心跳哦，每分钟可

以跳125次左右。我的两个肺叶长出了许多的细支气管。我的肾脏和输尿管开始发育，有时我还能悄悄在羊水里"嘘嘘"。

孕11周时

这周开始，我的生长速度加快啦，对营养的需求也随之增大。我变得更加强壮，所以对外界干扰的抵抗能力也增强了。我的骨骼逐渐变硬。现在的我，头部占整个身体的一半，可以说是大脑袋、小身子。我的皮肤正在长毛囊，等毛囊长好了，就开始长毳毛了，是不是很神奇呀？

孕12周时

我已经有了触感，妈妈可以隔着肚皮轻轻地抚摸我，因为我太爱妈妈啦。

这周，我的肺脏已经构造好了。我已经有了结构完整的甲状腺和胰腺，只是还不具备完整的功能，甲状腺可是主要的内分泌腺，它所分泌的甲状腺素是维持人体基础代谢的重要物质。我已经开始分泌胆汁了，出生后好消化奶中的脂肪。妈妈您知道吗？我的肝脏现在主要是用来制造血液的，而解毒主要靠妈妈的肝脏，等到我离开母体，肝脏就开始承担解毒功能了，造血的工作逐渐被脾脏和骨髓接替。对成人来说，脾脏是免疫系统的成员之一，但对于我来说它还是很重要的造血器官哦！

第二节
孕妈妈："身体出现了变化。"

乳房胀痛

不少孕妈妈在怀孕早期，会有乳房胀痛或轻微的乳腺增生，这时不需要治疗，更不能服用治疗乳腺增生的药物。

除了乳房不断增大，你还会发现，乳晕的色泽变黑了，周围长了很多小疙瘩，透过乳房皮肤能很清晰地看到静脉血管，这都是孕期的正常表现。穿孕妇乳罩是非常有必要的，这样可避免增大的乳房组织受到牵拉而下垂。有些女士洗澡时，喜欢用力搓澡，把皮肤搓得通红，甚至出现皮下出血点。这种习惯可不好，尤其是乳房部位，不能再这样搓了。怀孕后，乳腺组织快速增生，要轻柔地对待乳房，不要用力清洗乳头，更不能用力擦洗乳头开口，以免哺乳期发生漏乳现象。

臀部变宽

为了胎儿的生长和分娩，你的臀部会变得宽大，腰部、臀部、腿部肌肉增加且结实有力，这些部位的脂肪也会增厚，这些变化使你看起来不再那样娇小、苗条，你需要买尺寸更大的内衣和外套了。这是怀孕给你带来的变化，在人们眼里，孕妇是美丽的。分娩后，你的身材会很快恢复到孕前水平。

基础体温偏高

这个阶段，你的基础体温可能会比平时高些，可能会波动在37℃~37.5℃。你可不要认为自己感冒发热了，更不要随便吃药，这个时期胎儿还处在敏感期，如果吃了对胎儿有害的药物，可能会导致胎儿发育异常。

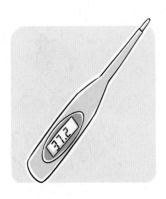

头晕

怀孕初期，你可能会时常感到头晕，尤其是在体位发生改变时，如从坐位变成站位，或躺着时突然起身。这是由于怀孕后，需要更多的血液供应，突然改变体位，大脑没有得到充足的血液，所以引起头晕。如果没有改变体位却常感头晕，要及时看医生，检查是否有低血糖或贫血。

神经紧张

由于这样或那样的原因导致的精神紧张，可能会对腹中的胎儿造成伤害，所以要尽量避免。如果是工作让你紧张，最好早一些告诉你的领导和同事你怀孕的消息，这样会得到领导的谅解和同事的帮助，减轻你工作中的压力。如果是因为担心胎儿的健康导致你精神紧张，最好找你信任的医生谈一谈，解决你的疑虑。准妈妈有多快乐，胎儿就有多快乐。希望做了准妈妈的你快乐起来，为了你自己，更为了你腹中的胎儿。

如何放松紧张的神经？

把手放在脐部，深吸一口气，吸到不能再吸时，慢慢把手抬起。憋住气，不要呼出，默数："1、2、3、4、5。"再慢慢地呼出气体。连续做深吸气和深呼气两次，然后恢复到正常呼吸。2分钟后再重复1次，这样能缓解精神紧张。

阴道分泌物增多

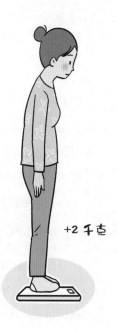

+2 千克

阴道分泌物增多并不一定是病，如果分泌物有难闻的气味或色泽异常时再看医生也不迟。不要轻易使用药物，不要随意使用市场上购买的洗液，不要轻易相信别人的推荐，用清水冲洗是最好的办法。

体重上升

现在，人们还看不出你怀孕了。如果前一段时间你的妊娠反应明显，体重可能有所下降，随着妊娠反应的消失，食欲好转，食量增加，体重开始恢复。

孕妇在整个孕期体重可增加15千克左右。增加的体重主要是胎儿及胎盘、乳房、体内储存的蛋白质、脂肪和其他营养物质。但是，孕期增加的体重值也存在着个体差异，并不是所有的孕妇都按上述规律增重。

倦怠感

你可能在上个月就已经出现了倦怠感，有些平时喜欢做的事情，现在也不喜欢做了。有时心血来潮，很想做某件事，但做到一半你可能就因为倦怠或心情烦乱而停下来，甚至不知道什么原因，突然感到莫名其妙的烦恼。这都是妊娠期间的正常现象，你不必放在心上，更不要强求自己。不愿意或不耐烦时，索性不去做，可以躺下来休息，听听音乐、看看电视，也可以到户外散步。总之，要尽量让自己感到轻松愉快。

皮肤干燥瘙痒

多数情况下，怀孕后期，腹部皮肤会感到瘙痒，甚至有麻、疼的感觉，但有的孕妇在怀孕早期就有这种感觉。如果你现在就有这种感觉，要尽量缩短洗澡时间，不用肥皂或香皂洗浴。可用中性或弱酸性的浴液（婴儿浴液多是弱酸性），然后用牛奶涂抹皮肤，等待两三分钟后用清水冲

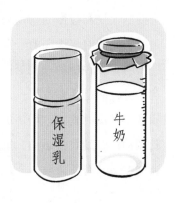

保湿乳

牛奶

洗，擦干皮肤后涂抹保湿乳液，缓解干燥引起的皮肤瘙痒。

尿频

增大的子宫压迫膀胱，使你常有尿意，好像有排尿不尽的感觉，这种感觉在怀孕的前3个月尤为明显。如果你感觉排尿不像原来那么痛快了，是怀孕期的正常现象，不必担心膀胱发炎。膀胱发炎除了尿频，还会有尿痛、尿急、小腹痛等症状。要想减少去卫生间的次数，每次排尿后再稍用力排尿一两下，争取将膀胱内的余尿排尽。

口渴

怀孕期的你需要更多的水分，所以，一定要注意多喝水。即使频繁去卫生间，也不要因此拒绝喝水。不但怀孕的你需要更多的水分，胎儿也需要更多的水分，每天饮水量不要少于2000毫升。如果你非常不喜欢喝白开水，可以喝稀释后的菜汁或果汁（最好是菜汁），也可以通过多喝汤补充水分。

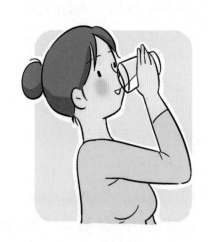

便秘

怀孕早期，体内激素的改变导致胃肠蠕动减缓，食物在消化道中停留的时间延长，有更多的水分被吸收，大便变得干硬，干硬的大便和缓慢的肠蠕动使便秘越发严重。与此同时，增大的子宫压迫结肠，进一步阻碍了大便的顺利通过。所以，要缓解便秘，一是要多饮水；二是要多吃水果和纤维素高的食物，增加肠内容积，刺激肠蠕动；三是要多运动。不要错过转瞬即逝的便意，有便意时不要耽搁，要立即坐

在便盆上，对于便秘的人来说，没有比把大便排出去更重要的事了。

腹胀

增大的子宫和胀气的肠管把有限的腹内空间占得满满的，不但会让孕妇感到不舒服，还会影响食欲。所以，如果你时常感到腹胀，就要想办法缓解。首先解决便秘的问题，其次吃饭要细嚼慢咽，狼吞虎咽会加重腹胀。不要饮用碳酸饮料等易产气的饮料，少吃易产气的食物，如豆芽、青椒、紫甘蓝、大头菜等。不吃过于油腻的食物。如果你感觉胃肠胀气，不想吃饭，要说服自己少吃点儿，可少吃多餐，这样既不会让你感到不舒服，又能保证营养摄入。

阴道出血和腹痛

阴道出血和腹痛并非意味着妊娠异常，多数有阴道出血的孕妇都生下了健康的宝宝。不要紧张害怕，出现不适时要及时看医生。即使真的出现流产，绝大多数情况下是遵循了优胜劣汰的生育原则，也是不幸中的万幸。不要心事重重、忐忑不安，总紧张胎儿是否有什么问题。这会扰乱你的心情，给你幸福的怀孕生活蒙上阴影。即使你曾经有过不愉快的妊娠经历，从现在开始也要放松心情，因为你已经顺利度过了前3个月，应该是自信地享受孕期美好生活的时候了。

第三节
生活中的注意事项

🐨 食物种类多样化

孕3月的胎儿进入了快速发育的阶段，需要的营养开始增加。这个月母体输送的营养对胎儿大脑的发育可是非常重要的。这里所说的营养，不单单是指食物的量，更重要的是食物的质。

适当增加蛋白质的摄入量，如奶、瘦肉、鱼肉等，适当增加含铁、钙、锌丰富的食物。只要对胎儿无害，最好什么都吃，只有食品种类多样化，才能保证营养均衡全面。

🐨 选择合适的胸罩

整个怀孕期和哺乳期，你都应该重视胸罩的选择和穿戴，这对你不断增大的乳房，以及防止乳房下垂都很重要。

舒适度	其实，你早在少女时期就开始穿戴胸罩，已经拥有很多选择胸罩的经验，你曾经积累的经验在怀孕期和哺乳期仍然适用。所谓合适的胸罩，是指胸罩的罩杯与你的乳房密切接触，胸罩的中央紧贴胸部，肩带和吊环都不能让你有不适的感觉。试穿时，要扣在最内侧的钩环上，以便随着乳房的增大逐渐扣在外侧的钩环上。孕期和哺乳期不宜穿塑形胸衣和胸罩。
材质	选择透气性好的棉质胸罩，带有蕾丝边的胸罩有引起皮肤过敏的可能，最好不选用太过花哨的胸罩。

选择合适的衣服和鞋子

尽管你现在看起来还不像孕妇，身材可能还没有明显的变化，怀孕前的衣服都还能穿，也建议你有所改变。至少不要再穿牛仔裤和紧身内衣了。内衣最好穿棉质贴身但不紧绷的，外衣最好穿稍微宽松或贴身但有弹力的衣裤。总之，要让自己感到舒适。如果感觉到原来的衣服穿起来不舒服，就该为自己准备孕妇服了。如果你还不想这么早就穿上孕妇服，也没关系，可以买能随着胖瘦变换的衣服。在家里就好说了，可以穿宽松的睡衣。

怀孕后不宜再穿高跟鞋，可以选择矮跟鞋或平跟鞋。最好买一脚蹬的鞋子，因为随着孕龄的增加，蹲下来或弯下腰来穿鞋子会让你感觉费力。

吃你喜欢的食物

孕妇不要强迫自己吃不喜欢的东西，这样可能会使妊娠反应加重，或时间延长，反而对胎儿不利。平时吃饭快的孕妇，这时进食要尽量减慢速度，最好能细嚼慢咽，如果狼吞虎咽，可能会导致胃部不适，引发恶心呕吐。

	孕中期	孕晚期
加碘食盐	6克	6克
油	25~30克	25~30克
奶类	300~500克	300~500克
大豆/坚果	20克/10克	20克/10克
鱼禽蛋类	150~200克	200~250克
家畜禽肉	50~75克	75~100克
		每周1~2次动物血或肝脏
鱼虾类	50~75克	75~100克
蛋类	50克	50克
蔬菜类	300~500克	300~500克
		每周至少一次海藻类蔬菜
水果类	200~400克	200~400克
谷薯类	275~325克	300~350克
全谷物和杂豆	75~100克	75~100克
薯类	75~100克	75~100克
水	1700~1900毫升	1700~1900毫升

医生可能会建议你补充一些营养品，如含有多种维生素和微量元素的营养补充剂，这是有必要的。但任何营养品都不能代替自然食物，要合理膳食，保持愉快的心情。要相信，妊娠反应是正常的生理表现，下个月会明显减轻，甚至消失。这只是在你妊娠中的一个小小的插曲。

如何预防由饮食不当引发的孕吐

孕妇即使没有妊娠反应，在饮食上也不能无所顾忌，一定要注意饮食卫生，要注意预防饮食不当引发的孕吐。

- 最好不在饭店吃饭，偶尔到饭店应酬，也不能毫无顾忌、暴饮暴食。
- 不吃油腻的东西，一顿不吃2种以上的肉食，不多吃煎、炸、烤的食物。
- 不过多饮用冰镇饮料，尤其是碳酸类饮料。
- 不要尝试没吃过的食物，特别是生腌类食物。
- 夏季饭店空调温度普遍比较低，孕妇胃部和腹部会遭受冷气刺激，倘若再吃肉类等油腻食物，很可能会导致呕吐，出现急性胃肠炎症状。
- 平时除了注意上述情况外，还要注意有的孕妇把腹中的胎儿看得很重，为了胎儿吃自己非常不想吃的东西，导致恶心呕吐。

如何减轻胃部烧灼感

有的孕妇既不恶心，也不呕吐，只是胃部有烧灼感，尤其是饿的时候和刚刚吃完饭后。说是胃部烧灼感，不如说胸部烧灼感，因为有胃部烧灼感的孕妇多数感觉烧灼点是在胸骨后方，也就是靠近腹部的胸部正前方的位置。所以，有此感的孕妇常常用手捂着胸口处，而不是腹部。这种感觉主要是因为怀孕后体内黄体酮分泌增多，使消化道运动减缓，导致胃部肌肉松弛，由此导致食物和胃酸的排出时间延长，滞留在胃内的食物和胃酸通过松弛的胃入口——贲门，返流到食道，食道不能耐受胃酸，从而引起烧灼感。如果你有胃部烧灼感，不妨尝试下面的方法，可能会有所缓解。

- 不吃辛辣和油腻的食物。
- 喝一小杯热牛奶，如果喜食凉食，可喝杯酸奶或低脂奶酪。

·少食多餐，饭后不要马上躺下，可以坐着歇一会儿或溜达着散步，不要喝太多的汤。

妊娠反应严重要看医生

妊娠反应比较严重的孕妇要寻找一下原因。是否心因性妊娠反应？是否有胃肠道疾病？是否饮食不合理？这些都需要看医生，在医生指导下纠正呕吐所导致的水电解质丢失，缓解呕吐症状。

妊娠反应严重的主要表现是：

·频繁呕吐，呕吐物除食物、黏液外，还会有胆汁或咖啡色血样物；

·没有食欲，不能进食、进水，吃了就吐；

·全身乏力，精神萎靡，需要别人搀扶行走，不能坚持正常的工作和学习；

·明显消瘦，尿酮体阳性，甚至脱水、电解质紊乱。

如果你在孕期出现上述表现中的任何一项，都需要及时就医。

专栏：解决睡眠问题

"怀孕后会出现睡眠障碍"的说法，给了原本没有睡眠障碍的孕妇一个错误的暗示。你千万不要认为怀孕一定会导致睡眠障碍。如果你用一颗平常心面对妊娠，一切都往好的方面想，放松的状态会让身体正常运转。不要忽视心理作用的影响，它真的能左右你的状态，切莫预想没有发生的不适。怀孕后，孕妇更多的睡眠时间处于浅睡眠状态，也就是易醒阶段。所以，如果你常常感到睡不踏实，对周围环境的变化变得敏感起来，请不要为此担心，这是怀孕期的正常反应。你需要做的是：

当你处于似醒非醒状态时，不要想事，不要让自己的头脑活跃起来，要放松身心，均匀呼吸。

如果你感觉头脑渐渐清晰起来，不要着急，什么也别想，只想着你的呼吸，把所有精力都用在调整呼吸上，让一呼一吸有节奏地进行，尽量放缓呼吸节律，吸到不能吸，呼到不能呼，慢慢你的头脑会开始模糊，转入睡眠状态。

睡前吃些全麦面包或喝杯热奶，泡泡脚有助于睡眠，水温控制在38℃~42℃，泡5~10分钟，如果泡脚让你感到不适，尤其是腹部有微痛感时，就马上停止，以后也不要再泡了。

如果夜间常常醒来，白天就不要喝茶和咖啡。

睡前不要喝太多的水，晚上不要吃有利尿作用的食物，以免被尿意惊醒。一旦被尿意惊醒，马上起床排尿，不要憋着，憋着尿不但不能让你睡得踏实，还会让你真的醒来，难以再次入睡。睡觉前，无论有无尿意，都要去卫生间方便一下。

不要为睡软床好还是睡硬床好而纠结，也不要为左侧卧位睡姿比右侧卧位睡姿好而忧虑。你感觉睡着舒服的床就是最好的，如果你感觉右侧卧位比左侧卧位睡姿更适合你，让你睡得更踏实，就采取右侧卧位睡姿好了。千万不要让"应该怎么样"的说法烦扰你，让你寝食难安。南方气候炎热潮湿，南方人多喜欢睡在铺有凉席的木板床上，感觉凉爽舒服；北方人则更喜欢睡在铺着厚厚棉垫子的床上，感觉暖和舒适。某些生活习惯和习俗都有其形成的理由，适合就好。

睡觉前不要谈论工作或令你紧张的事，谈些轻松的话题，听听音乐，看看轻松的电视节目，读读轻松有趣的文章。让身心轻松下来，对睡眠很有帮助。

放松心情是最重要的，即使昨晚没睡好，也不要紧张。切莫还没上床睡觉，就开始担心今晚是否能睡个好觉，是否会再次失眠或半夜醒来难以入睡。这是导致睡眠越来越不好的主要原因，一定要放松心情，把睡觉当成一件平常事。睡不着或半夜醒来后千万不要着急，更不能生气，也不要有什么企盼。醒着就让自己醒着好了，用一颗平静心面对暂时清醒的头脑，如果你能做到心静如水，睡意就会不自觉地袭来。

第五章

孕4月（13~16周）

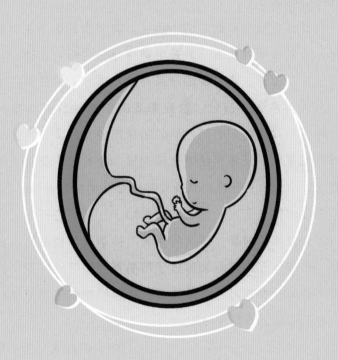

未来宝宝写给爸爸妈妈的第五封信

亲爱的爸爸妈妈：

　　我已经从一个肉眼看不到的细胞发育成具有人的特征且五脏俱全的小小胎儿了，不但拥有了器官，还出现了最初始的功能，对外界不良刺激和有害物质的抵御能力也越来越强了。我已经会在子宫内翻滚，并时常伸伸小手和小脚，妈妈，您感觉到轻微的胎动了吗？

　　我已经会吸吮我灵巧的小手了。如果我的小手碰到我的小嘴唇，我就会吸吮几下，我开始锻炼自己的吸吮能力。我的心脏咚咚地跳动着。我的肾脏已经开始产尿了，我还会把尿排出来，成为羊水的一部分，这证明我的泌尿系统开始投入试运行。为了测试我精心组装完毕的消化系统是否能正常运转，我会喝一些羊水，使羊水快速循环起来，免得羊水变得浑浊。也就是说，从这个月开始，我要让已经造好的机器开始运行。

　　爸爸妈妈该庆祝一下我们的成功了。从现在开始，我已经度过了最危险的时期，不再对外界不良刺激如此敏感，变得越来越"皮实"了。妈妈也度过了最易发生流产的时期，妊娠反应基本消失，而这时，正是我真正需要妈妈供给充足营养的时候。我们即将进入黄金时期。

你们的胎宝宝写于孕4月

第一节
胎宝宝："这个月我大概和妈妈的手掌一样长。"

孕13周时

我的乳牙牙体开始出现了，声带也开始形成。我的手指和脚趾纹印开始形成了，在我出生时，出生记录单上会印上我的小脚印和妈妈的拇指印。这个印在出生记录单上的小脚印可是唯一的哦，不会有第二个宝宝的脚印和我的相同。妈妈可要好好保存，留作永久的纪念哦。

孕14周时

这周，我的心率最快，可达180次/分钟。妈妈可以在B超下清晰地看到我在动，如果我是妈妈的第一个宝宝，那妈妈可能还感觉不到我在子宫中的活动。我的口腔内唾液腺和胃内消化腺形成，而且医生通过观察性器官，已经完全能区分我是男孩还是女孩了，但是爸爸妈妈可不要私自去做性别鉴定哦，我相信无论我是男孩还是女孩，爸爸妈妈都同样爱我。

孕15周时

我的个头长得飞快，大脑已经开始发育，腹壁开始增厚，有了一定的防御能力，以保护内脏。我对妈妈的营养需求也大了起来。不过妈妈可不要认为你需要吃两人份的食物，我只不过需要相当于一杯牛奶那么多的热量。所以，我所需要的不是量，而是质，是富含优质蛋白、矿物质和维生素的食物。

 孕16周时

我的头部占全身长度的1/3，头上可见很短的小绒毛，我开始长头发了。我的两只眼睛逐渐靠拢，不再像鱼的眼睛一样长在头的两侧了。眼皮可以完全盖住眼球，绝大多数时间，我的眼睛都是轻轻闭着的。我有两个大大的鼻孔，嘴巴也有了比较完整的形状。我的心跳为117~157次/分钟，胃里开始产生胃液，肾脏开始产生尿液。我会把尿液排到羊水中，妈妈不用担心，我的尿液可没有毒，也不会使羊水变得浑浊不清，因为您的身体系统会为我清理羊水中的废弃物，我也会时不时喝几口羊水。

第二节
孕妈妈："感觉到胎动了。"

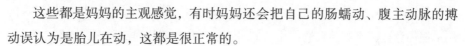

感受到胎动

有过生育经历的孕妇会比较早地感觉到胎动，不同的孕妇对最初胎动的描述存在较大差异：

·感觉像鱼在水中游；

·像小猪一样在拱；

·像小青蛙在跳；

·好像小鸟在飞；

·像血管搏动的感觉。

这些都是妈妈的主观感觉，有时妈妈还会把自己的肠蠕动、腹主动脉的搏动误认为是胎儿在动，这都是很正常的。

感觉胎动的时间有早有晚，如果你感觉下腹部跳动，有可能是胎动。如果你的腹部皮下脂肪比较薄，可以在下腹部触摸到增大的子宫，尤其是膀胱充盈时会比较明显。

一般情况下，如果是初次怀孕，你可能会在孕4个月后感觉到胎动，这时的胎动还不规律，也不明显，这时通过记录胎动了解胎儿的发育情况不是很可靠。所以，你还不需要记录每天胎动的次数。

乳头有淡黄色液体溢出

怀孕后你的乳房会明显增大，乳头和乳晕颜色加深，如果这时乳头孔有少许的淡黄色液体，是正常现象，千万不要去挤、捏乳头，擦洗时也要注意保护乳头，不要用力擦。如果你的乳头有些凹陷，或乳头过小、过大，要在医生指导下进行纠正。但要注意，刺激乳房可能会引起子宫收缩，如果你曾经有过自然流产史，要防止因纠正乳头凹陷而引发流产，这时重要的是要保住胎儿，而不是纠正乳头凹陷，等到胎儿大一些再纠正也来得及。

鼻塞

怀孕后体内血流量不断增加，鼻黏膜容易充血肿胀，很容易流鼻涕，不要使劲擤鼻涕，以免加重鼻肿胀甚至导致出血。最好用手帕或纸巾捂一会儿鼻子，再轻轻擦拭鼻涕，如果还感到有鼻涕，要先堵住一个鼻孔，再轻轻擤鼻涕。也可用淡盐水清洗鼻孔，市面上能够购买到专门清洗鼻孔的洗鼻液和洗鼻器。既往有过敏性鼻炎的孕妇，怀孕后鼻塞症状会更明显，不要擅自服用治疗鼻炎的药物，一定要在医生指导下选择对胎儿安全的药物。不要把怀孕期的鼻塞误认为是鼻炎，不必着急，分娩后鼻塞会不治而愈。

鼻出血

在气候干燥的春冬季节，尤其是室内有取暖设备的北方，孕妇可能会出现鼻出血。这可能会使孕妇感到紧张，过去从来没有这种现象呀。不要着急，这是由于孕激素分泌导致身体血流量增加，脆弱且肿胀的鼻黏膜血管在你不经意地擤鼻涕或揉鼻子时破裂出血。一旦发生鼻出血，要立即用湿毛巾冷敷鼻根部，用手捏住鼻孔，流血会很快停止。如果不能止住，或流血比较多，或经常发生，就需要看医生了。

鼻出血的预防方法如下。

· 多吃富含维生素C的食物，也可补充维生素C，100毫克/次，每日3次，增加毛细血管强度。

· 改变室内湿度，可使用加湿器保持室内适宜的湿度。

· 可用淡盐水或鼻腔清洗液清洗鼻腔。

· 可涂少许橄榄油或甘油缓解鼻黏膜干燥。

牙龈出血和牙龈炎

如果你感觉牙龈有些肿胀，刷牙时很容易出血，多是孕期激素作用的结果。尽管牙龈改变是怀孕所致，也不能顺其自然，因为这可能会导致牙龈发炎，甚至导致牙周病。所以，一旦有此情况就需要看牙科医生，尽早解决问题。值得注意的是，你一定要告诉牙科医生你已经怀孕，确保实施的检查和治疗对胎儿都是安全的。

预防牙龈出血有以下几种方法。

· 多吃富含维生素C的食物，如橘子、草莓、猕猴桃等水果，还有甜椒、西红柿等蔬菜。

· 早晚用淡盐水漱口，餐后用清水漱口。

· 选择软毛刷，刷牙时不要太过用力。

· 少吃粘牙的食物，如奶糖、年糕或甜点等。

呼吸不畅

如果你平时缺乏锻炼，此时可能会感到有些心悸、气不够用，尤其是运动时表现明显，所以要注意控制运动强度。

有的孕妇可能会感到阵阵头晕，尤其是改变体位时，这可能是发生了体位性低血压，有条件的话，可以请医生测量一下。平时从坐位变立位，起床或从坐便器上站起来时，都要注意动作缓慢，不要猛地起来，以免发生体位性低血压，导致晕厥摔倒。

频繁起夜

你可能晚上开始频繁起来小便了，甚至比白天还要勤，这是由于胎儿的代谢产物增多，肾脏负担加重，不要因为频繁起夜而不敢喝水，补充足够的水分对你是非常必要的。

下肢静脉曲张

很多人见过下肢静脉曲张，也就是在小腿肚上有蜿蜒曲折的蓝青色的静脉团。老年人或长期从事站立工作的人比较常见。这种情况也会出现在孕妇身上，因为怀孕后血容量逐渐增加，孕妇体重也逐渐增加，子宫体积增大。这些都会对盆腔的静脉和下肢静脉造成压迫，使静脉血液回流受阻，出现下肢静脉曲张。从这个月开始，孕妇就要注意预防下肢静脉曲张了，可尽量抬高下肢。下肢和心脏水平一致不但能预防静脉曲张，还可减轻下肢水肿。

预防下肢静脉曲张的建议如下。

· 减少站立时间。

· 尽量不仰卧。

· 可用枕头把腿适当垫高些。

· 坐着时，最好抬高下肢与心脏成水平位。

· 有静脉曲张趋势，或水肿明显，白天走路、站立时可穿上弹力袜。

· 一旦发生静脉曲张就要看医生。

便秘

妊娠期因运动量减少，肠蠕动减少，肠张力减弱，加之子宫及胎头压迫，孕妇会感觉排便困难。故怀孕后很容易便秘，甚至导致痔疮。孕前就有便秘史的孕妇，怀孕后便秘会更加严重，要尽量纠正。最好的办法就是注意饮食结构，多运动，定时排便，不能使用泻药，使用任何治疗便秘的药物前都必须取得医生的同意，在医生的指导下使用，切不可自行采用医疗措施治疗便秘，包括使用开塞露。

缓解便秘的方法如下。

· 多吃含纤维素高的蔬菜，如芹菜、菠菜、白菜、萝卜、胡萝卜、黄瓜等。

· 适当吃些粗粮，如红薯、玉米面、小米和燕麦，不要吃太精细的面粉，最好吃全麦粉，对缓解便秘有帮助。

· 每天晨起喝一杯凉白开水会刺激肠蠕动，也可在水中放一勺蜂蜜，每天喝胡萝卜水也有润肠作用。

· 可在汤中多加些香油。

· 每天要坚持散步。

黄褐斑

到了孕中期，有的孕妇面部会出现黄褐斑，不要着急，一般分娩后这些斑会逐渐消退，至少会变淡。尽管如此，孕妇还是要好好保护皮肤，整个孕期都要做好防晒。要使用优质、化学添加成分少、符合国家标准的产品。应注意不是只有阳光普照的时候才有紫外线，即使在阴雨天，也有一定量的紫外线，照射时间长了，也会增加对皮肤的损害，使黄褐斑加重。孕期皮肤容易干燥，要

注意补充水分，使用具有保湿功效的护肤品，也要注意保持室内环境的湿度。晚上睡觉时，可以使用加湿器保持室内适宜的湿度。

痤疮

痤疮有个好听的名字——青春痘，有的孕妇会再次长青春痘，但不要紧，无论如何，孕期长的青春痘都不会像青春期那时的青春痘那么厉害。而且，也不需要使用治疗青春痘的药物，用温和的洗面奶多洗几次脸就可以了，分娩后青春痘会自然消退的。

皮肤瘙痒

孕期皮肤瘙痒的主要原因是皮肤干燥和敏感，容易瘙痒的部位主要分布在腹部、臀部和大腿内侧。用手抓挠或用"痒痒挠"虽然可以快速缓解瘙痒，但这是最不可取的方法。缓解瘙痒的有效方法就是皮肤保湿。有的孕妇习惯每天洗澡，但洗澡次数越多，皮肤越干燥；越多地使用浴液，皮肤就越干燥。所以，如果处于冬季，不必每天洗澡，隔一两天洗一次就可以了，不需要每次都用浴液，一周用一两次比较好，选择温和的中性或弱酸性浴液。洗澡后用干爽的毛巾沾干身体后涂抹保湿乳膏。皮肤瘙痒时，不要用手抓挠，可用炉甘石洗剂涂擦，也可涂氧化锌软膏或维生素B6软膏缓解瘙痒。有的孕妇会出痒疹，分娩后

会自行消失，不需要做特殊处理，如有痒感可按处理皮肤瘙痒的方法处理。

头发变得黑又亮

原本稀疏发黄的头发，怀孕后可能变得浓密黑亮，这要归功于你的宝宝。但随之发生的汗毛增多或隐隐的胡须也会让你烦恼，不要紧，这都是怀孕带给你的变化，是暂时的。如果你的头发变得发黄或稀疏了，并不能说明你的营养不好，就像由稀疏变浓密一样，都是孕期的暂时现象。是否会发生永久的变化？目前还没有这方面的研究资料，但我知道有的女性从此就改变了发质。

胎儿在妈妈子宫内迅速生长发育，使妈妈的头发也处在"生长"阶段，让妈妈的头发变得浓密，和丰满的体形相映衬；分娩后3个月的婴儿，开始认识了自己的母亲，母亲的头发进入"休息"阶段，长出的头发开始脱落，这是妈妈体内激素变化的结果。

第三节
生活中的注意事项

保持体重合理增长

　　孕后体重增加的幅度和时间各异，有的孕妇从怀孕初期体重就开始稳步增加，到胎儿足月时可增加到15千克以上。有的孕妇体重增长成跳跃性，一段时间增长慢，一段时间增长快。有的孕妇到了孕4个月，体重已经有了明显的增加。早期体重增加显著的，并不一定代表整个孕期体重的增长都呈现这种趋势，而早期体重增加并不很显著的孕妇，到了后期可能会后来居上。孕妇的体重并不总是按照书本上所说的那样每月均衡地增长着。如果体重出现异常情况，在产检时，医生会告诉你，并给予相应的检查和处理，孕妇本人不要为你"不理想的体重变化"而犯愁。在妊娠早期，如果早孕反应比较严重，食量很小的孕妇，体重不但不会增加，可能还会有所下降，这是正常的。但如果一个月内体重下降了2千克以上，就需要咨询医生。

　　测量体重时容易忽视以下影响因素。

　　·冬季不爱出汗，水分丢失少，多数人喜欢吃荤菜，进食食盐的量相对多，储存在体内的水分比较多，再加上穿戴比较多，占有一定的分量。所以，冬季体重要高些。相反，夏季体重要低些。

　　·吃饭与否和体重高低有关系，饭后和空腹测量的体重会有所不同。

　　·排泄前后也同样影响体重的高低。

　　·体重秤不总是准确无误的，即使你每次都到同一所医院，用同一台磅秤称量，也要考虑秤的准确性。

宫底高度与预测的孕龄不符时不要惊慌

胎儿进入了快速增长阶段，子宫开始增大，已出盆腔。可在耻骨联合上缘触及子宫底。在你做产检时，医生会告诉你宫底位置是否符合你的孕龄。如果医生说你的宫底高度与预测的孕龄不很符合，但并没有建议你做进一步检查，你就不必担心。医生会判断是异常情况还是个体差异。到了16周末，你的腹部可能会微微隆起，但如果你比较瘦，或个子比较高，就还看不出来。如果你周围的孕妇和你的孕期一样，但却与你的变化不同，也不必着急，每个孕妇的反应、表现和变化都是不一样的，没有两个孕妇的怀孕过程完全一样。

预防腹泻

孕期腹泻对孕妇健康有很大的影响。除此以外，腹泻会使肠蠕动加快，甚至出现肠痉挛，这些反应会影响子宫，可刺激子宫收缩导致流产、早产等不良后果。所以孕期预防腹泻也是很重要的。

· 每顿饭要保质保量。

· 饮食搭配要合理，不能只吃高蛋白食物，而忽视谷物的摄入，要保证食物多样性。

· 冷热食品要隔开食用，吃完热食，不能马上就吃冷食，至少要间隔1个小时。

· 不要进食过于油腻、辛辣的食物和不易消化的食物。

· 补铁剂时，一定要在饭后服用，空腹服用会刺激胃肠道。

· 仔细观察一下，在什么情况下、吃什么食物会出现腹泻，要注意规避。

· 要排除疾病所致的腹泻，及时看医生，切莫自行服用药物。

腹泻时的饮食调整

停食生冷食物	暂停食用畜类肉、绿叶青菜。
喝口服补液盐	口服补液盐的主要成分是葡萄糖、氯化钠、氯化钾、碳酸氢钠，这四种成分都是血液中的营养物，腹泻时会有部分丢失，口服补液盐不但能补充丢失的水和电解质，还能起到止泻的作用。

补充益生菌	腹泻时，肠道益生菌消耗增大，补充益生菌可改善肠道功能，缓解腹泻。
服用蒙脱石散	蒙脱石散有吸附肠道菌和水分、保护肠黏膜的作用，基本不吸收入血，绝大多数经粪便排出，不足之处是能吸附益生菌。

切记！孕期出现任何异常，服用任何药物，都要听从医生的指导，包括服用益生菌。

避免强烈的阳光照射

孕期皮肤比较敏感，容易发生日光性皮炎，要做好防晒，一定不要让皮肤裸露在阳光下。在烈日下除了涂防晒霜，还要戴防晒帽，穿防晒衣。

适当运动

怀孕4个月后，绝大多数孕妇的妊娠反应消失，体力恢复，精神抖擞，从现在开始可以适当运动了。选择什么样的运动是很个性化的，不可一概而论。比如，游泳是孕期很好的运动项目，可你在孕前就不会游泳，孕后现学就不太现实。打羽毛球也是一项不错的运动项目，但如果你在孕前很少做这项运动，怀孕后也不适宜做。选择运动项目还与你的体质、目前健康状况以及怀孕情况有关。所以，最好向医生咨询，让医生帮助你分析。

专栏：学着测量腹围

孕16周开始测量腹围，取立位，以肚脐为准，水平绕腹一周，测得的数值即为腹围。腹围平均每周增长0.8厘米。孕20~24周增长最快；怀孕34周后腹围增长速度减慢。如果以妊娠16周测量的腹围为基数，到足月，平均增长值为21厘米。腹围不按数值增长时，会给孕妇带来担忧和困惑。实际上，每个孕妇腹围的增长情况并不完全相同。这是因为：

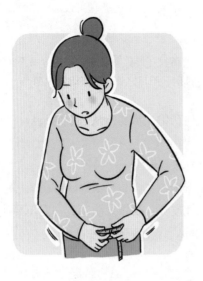

·未孕前，每个人的胖瘦不同，腹围也不同；

·孕后腹围的增长不仅是胎儿和子宫的增大所致，孕妇本人体重增长也是一个重要原因；

·有的孕妇有妊娠反应，进食不是很好，早期腹围增加并不明显。待反应消失，食欲增加后，孕妇的体重才开始增加，腹围也就随之增大；

·有的孕妇自孕后体重迅速增加，腹部皮下脂肪较快增厚，腹围增速也较其他人更快；

·有的孕妇水钠潴留明显，也会使腹围增加明显。

所以，单以腹围的增长来衡量子宫和胎儿的情况是片面的，应该结合其他检查结果综合分析。

第六章

孕5月（17~20周）

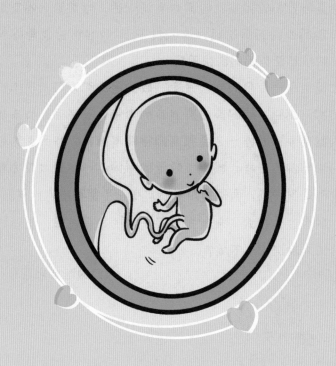

未来宝宝写给爸爸妈妈的第六封信

亲爱的爸爸妈妈：

我像一条能在水中听到声音的鱼，能够听到来自妈妈身体内部的声音：妈妈的心跳声，还有血液在血管中流动的声音。不仅如此，我还能够听到来自外界的声音呢。妈妈和爸爸的说话声最能引起我的注意，妈妈的歌声最能刺激我的听觉神经，我希望爸爸妈妈抽点儿时间和我说说话，时常给我唱支歌。我是爸爸妈妈的超级粉丝，这么说吧，"我悲伤着爸爸妈妈的悲伤，快乐着爸爸妈妈的快乐"。

通过这一个月的生长发育，我的运动能力可长进不少，一伸胳膊一踢腿，妈妈都会感到我的力气大了许多。如果我在小屋内翻筋斗，妈妈一定会被我闹得睡不着觉。我的生物钟和妈妈的生物钟不一样，妈妈要睡觉的时候不一定是我想休息的时候。不是我淘气，而是因为我还太小，不能和成人一样。

到了这个月末，我就走过了一半的孕育过程，爸爸妈妈是不是该为我庆祝一下呢？

你们的胎宝宝写于孕5月

第一节
胎宝宝："我现在大概和一个大梨子一样重。"

孕17周时

这周我的听觉开始发育了，我可以听到妈妈内部器官活动和外面世界的声音了。我的牙龈开始发育，胳膊比腿长得快，开始出现肘关节。我的手指清晰可见，但还不能分辨出指关节。我的心脏基本发育完成，心搏有力，大约每分钟跳动145次。妈妈可以从B超里看到我排列整齐的脊柱。我的棕色脂肪开始形成，当我离开温暖的子宫后，受到突如其来的冷刺激，棕色脂肪就可以大显身手释放热量，维持我的体温。

什么是棕色脂肪？

人体中的脂肪组织分为棕色脂肪组织和白色脂肪组织。棕色脂肪细胞内含有大量的血红蛋白和血红素卟啉，故呈棕色。新生儿体内存在较多的棕色脂肪，其主要作用是释放热能，而非保温。

孕18周时

我的大脑发育趋于完善，两个大脑半球扩张，盖过间脑和中脑，与正在发育的小脑逐渐贴近。我的大脑神经元树突形成，这让我产生了最原始的意识。小脑两半球也开始形成，虽然我的大脑正在快速发育，但延髓上方的中脑部分还没有很好地发育，所以我还不具备支配动作的能力，对外来的刺激反应还不够灵敏，妈妈要注意保护我哦。我开始练习呼吸，但肺仍没有换气携氧的功能，我的肺内充满的是液体，而不是气体。

孕19周时

我的皮脂腺开始分泌皮脂，这些皮脂与脱落的上皮细胞形成了一层胎脂，把我裹住，以保护我体表的皮肤，这样，我在羊水的浸泡中不至于皲裂、硬化和擦伤。我开始喝羊水，使胃慢慢增大。我的十二指肠和大肠开始固定，消化器官开始发挥作用。肝脏和脾脏也先后有了造血功能。

孕20周时

我消化道中的腺体开始发挥作用，胃内出现制造黏液的细胞，肠道内的胎便开始积聚。我的肺泡上皮开始分化。我的骨骼发育在这个时期开始加快，四肢、脊柱已进入骨化阶段。这时的妈妈需要补充足够的钙，以保证我的骨骼生长。我可以像鱼一样慢慢游动，头颈部可以转动。会张开嘴喝羊水，并有了微弱的吞咽能力。我还会握起自己的小拳头，小手会无意识地触摸脸和身体的其他部位。

第二节
孕妈妈："妊娠反应消失了。"

体重明显增加

从第5个月开始，你的体重可能会明显增加，甚至一周能增加500克。腹部变得滚圆，腰围和臀围增加，孕前的裤子穿起来紧绷绷的，甚至穿不进去了。

腹部中线着色

你的腹部中线开始着色，从耻骨联合处开始，逐渐向上延伸，有人根据这条线猜测胎儿是男孩还是女孩，这没有科学依据。

腹部皮肤干痒

你可能会出现腹部皮肤瘙痒，这是因为随着胎儿的长大，腹部皮肤受到牵拉所致，除了腹部皮肤，其他部位的皮肤也可能发干，可从以下几方面加以注意。

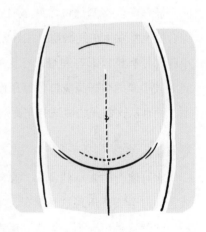

· 感到皮肤瘙痒时，涂抹炉甘石洗剂，也可涂氧化锌或维生素B6软膏，还可以涂保湿霜。如果在户外不方便涂抹，可用手轻轻拍打止痒，不要用手搔抓。孕期皮肤变得敏感脆弱，容易受伤，要尽可能避免抓挠皮肤。给予皮肤充分保湿可有效改善皮肤瘙痒状况。

· 不要过多使用浴液和香皂，尽量清水淋浴，可每3天使用1次浴液。

· 不要用过热的水洗澡，建议水温在38℃~42℃。可以根据自己的习惯调整水温，但不要过热或过凉。喜欢洗热水澡的话，水温最好不要超过45℃；喜欢洗冷水澡的话，水温最好不要低于体温。不要搓澡，洗澡时间不要过长，15分钟左右比较合适。洗澡后3分钟内涂保湿乳。

多喝水，保持环境湿润，可通过加湿器、小鱼缸、水生植物盆景等保持室内适宜的湿度，建议室内湿度保持在50%左右。

皮肤干痒情形严重的应咨询皮肤科医生。

夜间下肢痉挛

孕妇发生夜间下肢痉挛的原因尚不清楚，有的专家认为与缺乏维生素D和钙有关，也有的专家认为与迷走神经兴奋有关。曾有人对4例重度夜间下肢痉挛的孕妇测定血清钙，均在正常范围内。夜间下肢痉挛的孕妇多是初孕妇，痉挛大多发生于妊娠16~18周，最早发生于妊娠第4周，多发生于夜间，所以称为夜间下肢痉挛。痉挛部位多见小腿肌，需要与之鉴别的是不安腿综合征。不安腿综合征也常发生在妊娠期，在妊娠后3个月以内多见。多在临睡觉时，孕妇感觉小腿深处有难以形容和难以忍受的不适感，越静止越明显，活动后可减轻。夜间下肢痉挛的孕妇睡觉前最好用温水洗脚，按摩小腿10分钟有助于缓解腿部不适，而且从这月开始应该补充钙剂和维生素D。

牵扯痛

你可能会时常感到背部、腹部、盆腔等处有牵扯痛，尤其是当你变换体位或运动时会突然出现这种情况，甚至迫使你停止活动，身体保持一个特定的姿势。遇到这种情况不要紧张，慢慢活动身体，找到一个感到舒适的体位，静一会儿就会好的。导致牵扯痛的原因是，在子宫两侧有两条韧带，分别与骨盆两侧相连，随着子宫的增大，这两条韧带受到牵拉，当你活动或处于某一体位时，韧带受到过度牵拉，导致疼痛，当你停止活动或再次改变体位时，过度牵拉的韧带得到松解，疼痛自然就消失了。

眼睛不适

如果你感觉眼睛干涩，可以购买一瓶润眼液，也可以在晚上睡觉前，敷一

张眼膜。如果你感觉视力比孕前差了，要先去看眼科医生，听一听眼科医生的建议。通常情况下，孕期视力的改变是暂时的，分娩后视力还会恢复到孕前水平。孕期和产后保护视力是非常必要的，少看手机、电脑、ipad和电视屏幕，也不要长时间看书，更不要躺在床上看书、看电视，每天做一做眼保健操是不错的选择。

蝴蝶斑

如果你的脸上出现了蝴蝶斑，可能是怀孕后体内激素水平过高所致，但并非所有孕妇都会出现面部皮肤的改变，其原因不得而知。民间有这样的说法：怀女孩会使妈妈长蝴蝶斑；怀男孩的孕妇则不长，这种说法显然站不住脚。不必为孕期的变化而烦恼，孩子出生后不久，你就会恢复原样的。注重面部防晒可减轻蝴蝶斑的程度。

第三节
生活中的注意事项

防止摔倒

随着腹部的增大，孕妇开始感到活动不便，不要勉强自己做不想做的事情，更不能勉强自己做胜任不了的事情。要学会保护自己，保护自己就是在保护胎儿。要想防止摔倒和滑倒，首先要穿一双合脚的鞋子，走起路来感到稳妥，如果感到鞋子不合适，走路不稳当，就要马上更换一双合适的鞋子。上下车时最好用手扶住把手，上下楼梯时要抓住扶手，这些看起来不起眼的小事，对于现在的你来说都是很重要的。

出行注意事项

如果乘出租车或搭乘丈夫的车上班，最好坐在后排座位上，并系好安全带。如果你自己开车上班，不要因为担心安全带挤压腹部而拒绝系安全带。开车时要注意车速，减少超车和并线次数。拉开车距，以免急刹车。等待红灯或堵车时，不要开车窗，以免吸入过多尾气。不要在车库久留，打开发动机后尽快驶离车库，这样可减少尾气的吸入。如果方便的话最好让丈夫去加油站加油。

不要过度关注体重的增长

孕妇体重的增长不是评估胎儿发育的可靠指标，这是因为胎儿、胎盘和羊水只占孕妇体重的25%，其余75%的重量都来源于孕妇本身；每个孕妇孕期的变化不同，有的孕妇怀孕后体重增长非常明显，而有的孕妇却不会因为怀孕而长胖，只是比孕前略胖；每个孕妇怀孕前的体重不同，怀孕后体重变化也各有差异。因此，不能单纯凭借孕妇体重的增长而断言胎儿发育状况，这个问题很容易理解，但有的孕妇仍然会因为孕期体重变化与书上所讲的不同而担心腹中的胎儿，尤其是体重增长少，或不怎么增长的孕妇，普遍担心胎儿会发育不良或营养不良。

理论上讲，孕妇在整个孕期的体重是按照一定的规律增长的，但实际上，每个孕妇体重的增长情况存在着一定的差异。如果你的体重没有按照规律增长，也不能认为这是不正常的，更不能因此认为胎儿发育有问题。每次孕期体检时，医生都会为你测量体重，如果有问题，医生会做出解释和判断，也会给予相应的处理，如果医生认为是正常的，你就不必担心了。

体重的增长规律	
孕16~24周	每周增加0.6千克
孕25~40周	每周增加0.4千克
整个孕期	体重增长11~15千克

不过度担心腹围的大小

从孕16周开始测量腹围，和体重一样，尽管在整个孕期腹围的增长遵循着一定的规律，但也并不完全一致，这个月你的腹围可能会比书上写的增加多了些，也可能少了些。只要不是很离谱，医生未告知你有什么问题，你就不必忧心忡忡的，总是怀疑胎儿不正常，这样的心态对你和胎儿都不好，也没有任何意义。

腹围的增长规律	
孕20~24周	每周可增长1.6厘米
孕24~36周	每周增长0.8厘米
孕36周以后	增长速度减慢，每周增长0.3厘米
孕16~40周	大约增长21厘米，每周平均增长0.8厘米

单纯测量腹围的大小不能作为评估胎儿发育的指标，主要是看腹围增长的速度，应该动态观察腹围增长情况。

学习测量宫高

子宫底由耻骨联合下缘逐渐向上升，到了这个月末，可能会达到耻骨与肚脐之间。一般情况下是在孕16周开始测量子宫高度（宫高）。孕妇自己可以摸出子宫底的位置，子宫底的高度在18厘米左右。

宫高的增长规律	
孕16~36周	每周增长0.8~1.0厘米，平均增长0.9厘米
孕36~40周	每周增长0.4厘米
孕40周后	宫高不但不再增长，反而会下降，是因为胎头入盆的缘故

如果连续两次或间断三次测量的宫高在警戒区，则提示异常

宫高在低值多提示胎儿宫内发育迟缓或畸形

宫高在高值多提示多胎、羊水过多、胎儿畸形、巨大儿、臀位、胎头高浮、骨盆狭窄、头盆不称和前置胎盘

重视监测血压

通常情况下，这个月孕妇的血压是比较平稳的，孕20周是监测血压的关键期。如果在孕20周前，孕妇出现高血压，多考虑是原发性高血压。如果孕20周以前血压正常，孕20周以后出现高血压，就要警惕是否并发了妊娠期高血压疾病（妊高征）。所以，每次产检孕妇都要重视血压的测量。

不建议使用卫生护垫

没有了每月一次的月经，让你省事多了，但孕期阴道分泌物增多可能会让你觉得有些不舒服。孕期阴道分泌物增多是正常现象，你可能想使用卫生护垫，但作为医生，我不赞成这样做，因为再好的卫生护垫也会影响局部透气。穿纯棉的内裤，每天换1~2次，并把洗净的内裤在阳光下暴晒是比较好的选择。

乳头保养

从这个月开始进行乳头保养，可极大地减少乳头皲裂、乳腺炎等现象的发生，为顺利进行母乳喂养打下良好基础。

· 选择合适的胸罩，不要穿塑形、过紧和不透气的内衣。

· 洗澡时不要用毛巾或手搓揉乳房和乳头，每次洗澡后，可在乳头上涂少许橄榄油。

· 如果乳头扁平或乳头凹陷，请不要担心，宝宝出生后，在医生的指导下，你一定能够顺利进行母乳喂养的。

· 值得注意的是，一些孕妇在孕期有极少的乳汁溢出，在乳头上形成白色乳痂，有的孕妇会用手去抠，以便清除乳痂，这样做很可能会导致哺乳时漏奶。

能否一夜保持左侧卧位

建议孕妇左侧卧位睡眠的理由

孕妇采取左侧卧位睡眠对胎儿的生长发育和孕妇的身体健康都有益处。

为什么子宫会右旋？

腹腔左下方有乙状结肠，怀孕后子宫不断增大，为了肠管，尤其是乙状结肠正常运动，子宫会有不同程度的右旋。

当孕妇采取左侧卧位时	
直接反应	间接反应
右旋的子宫得到缓解； 减少增大的子宫对腹主动脉及下腔静脉和输尿管的压迫。	增加子宫胎盘血流的灌注量和肾血流量； 使回心血量增加，增加各器官的血供； 预防妊高征的发生； 减轻水钠潴留，即减轻孕妇水肿。

当孕妇采取右侧卧位时	
直接反应	间接反应
子宫进一步右旋。	子宫血管和韧带受到的牵拉或扭曲加重； 子宫胎盘供血减少。

当孕妇采取仰卧位时	
直接反应	间接反应
增大的子宫压迫脊柱侧前方的腹主动脉和下腔静脉。	子宫胎盘血流灌注减少； 回心血量、心排血量减少，各器官血供减少； 肾血流量减少； 加重或诱发妊高征； 加重水钠潴留。

什么时候开始采取左侧卧位睡眠

睡眠姿势对胎儿和孕妇的影响并不是从怀孕那一刻开始的。睡眠姿势对胎儿和孕妇的影响来源于子宫对腹主动脉、下腔静脉、输尿管的压迫，而只有增大的子宫才产生这样的影响。所以，妊娠早期，在子宫未增大前没有这些影响，也就不存在睡眠姿势的问题了。那么，增大到什么程度才能产生这些影响呢？一般来说，妊娠5个月以后，子宫迅速增大，增大的子宫会因为不同的睡眠姿势产生不同的影响。但睡姿只是影响胎儿生长发育和孕妇健康很小的因素。任何人都不可能、也不必要一夜保持一个睡眠姿势，这会导致孕妇睡眠不适、担忧、焦虑，最终发展到睡眠障碍。不能安心睡眠，没有好的睡眠质量，对胎儿和孕妇的健康是最大的威胁。不要为了"孕妇应该采取左侧卧位睡眠"而降低你的睡眠质量。

孕妇应该怎么做

没人能一夜采取一个姿势睡觉。曾经有人用摄像机给睡眠中的人拍摄一夜的睡眠姿势，发现了这样一种现象：一个人在整晚有几百次的睡姿变换，最重要的是睡眠的人自己要感到舒适，要求孕妇一夜都采取左侧卧位睡姿是不现实的。每个人都有自我保护能力，包括孕妇和胎儿，当你睡觉时采取的体位对胎儿有影响时，胎儿就会发出信号，让你醒来，或让你在睡梦中采取适宜的体位。针对这一问题，我认为做到以下几点就足够了。

· 当躺下休息时，要尽可能采取左侧卧位。

· 如果你醒来，就采取左侧卧位；如果你感到不舒服时，就采取你感到舒服的体位。

· 你感到舒服的睡眠姿势是最好的，不要因为你不能保持左侧卧位而烦恼。

· 为了给增大的子宫腾出更多的空间，要定时排便，积极改善便秘问题。

· 不要长时间静坐、站立和行走，不要躺在向后倾斜的沙发背或椅背上，以免影响静脉血回流和腹主动脉供血。

专栏：胎动

孕妇感觉到的最早胎儿活动——胎动初感，是妈妈对孕育在自己体内新生命客观上的觉察。第一胎大多在孕18周以后才能感觉到胎动，第二、三胎多在孕16周左右感到胎动。但情形并不总是这样，有的孕妇会比较早地感到胎动，而有的孕妇则在孕20周以后才感到。胎儿每天的胎动是有一定规律的，通常情况下，晚上胎动比较频繁，到了下半夜胎动明显减少，早晨又有所增加，上午胎动比较少，而且常常出现波动，可能会忽少忽多。另外，随着胎儿睡眠周期的改变，胎动也发生相应的变化，胎儿觉醒时，胎动多而有力；胎儿睡眠时，胎动则少而弱，有时孕妇可能20分钟，甚至近1个小时都不会感觉到胎动。

医学上把胎动分为几种，分别描述为：

翻滚运动：是胎儿的全身运动，包括在子宫内游动、翻身、踢腿、挥舞等运动，妈妈可明显感觉到胎儿的翻滚运动；

单纯运动：为某一肢体的运动，大多数妈妈能够感觉到胎儿的这种运动；

高频运动：是胎儿胸部或腹部的突然运动，与新生儿打嗝相似。妈妈基本感觉不到；

呼吸样运动：是胎儿胸壁、膈肌类似呼吸的运动。妈妈基本察觉不到这样的胎动。

胎儿还有一些未被归类的运动形式，如握拳、伸手、吸吮手指、吞咽羊水、咂嘴、睁眼、闭眼、摇头、抬头、低头、用手触摸自己等，妈妈都感觉不到，尤其是当妈妈忙于事务时，即使是翻滚运动，妈妈也可能感觉不到。

可见，胎儿在妈妈的子宫内除了休息，几乎闲不着，即使妈妈感觉不到胎动，也不能证明胎儿安安静静地待在那儿。

孕5月胎儿胎动是什么样的呢

随着胎儿肌肉、骨骼的发育，胎儿已经会伸伸他的小手、小胳膊，还会踢踢腿，甚至会在子宫里游动了。其实，胎儿早在第11周时就会做很多动作了，只是那时妈妈还感觉不到。现在妈妈终于能够感觉到胎儿的运动了。

绝大多数孕妇到了这个月会明显感觉到胎动。关于胎动，孕妇在这个月有比较多的疑问：胎儿应该怎样动？一天动多少次正常？动的幅度足够吗？这些问题一股脑儿地冒了出来。不用着急，我会在这里为你解答。

孕妇对胎动有着不同的感觉

每位孕妇对第一次胎动的描述可能不尽相同：有的孕妇感觉像小鱼在水中游动；有的孕妇感觉像蝴蝶在拍动翅膀；有的孕妇感觉像一个可爱的小精灵在踢她的肚子；有的孕妇把胎儿的运动误认为是"饥肠辘辘"。孕妇感觉不到胎儿诸如打嗝、吸吮等一些小的动作，只能感觉到幅度和力量比较大的动作。所以，妈妈所感觉的胎动并不能完全反映胎儿在子宫内的运动情况。胎儿在子宫内每天有几十次，甚至几百次的活动，可妈妈只能感觉到几次、十几次的胎动。所以，这个月记录的胎动不能作为监测的可靠指标。

反映胎儿生存状况的胎儿监护

胎儿监护主要是监测胎儿在子宫内的生存状况。有学者曾把胎儿生存的环境——子宫内环境——比作珠穆朗玛峰，意思是说胎儿是生活在低氧环境中的。一个正常胎儿的动脉氧分压为20毫米汞柱左右，而成人的动脉氧分压为75~100毫米汞柱。无论是胎儿、婴儿，还是成人，中枢神经系统对缺氧的耐受性都比较差，也就是说中枢神经系统的氧储备能力低，一旦缺氧，首当其冲的是中枢神经系统，因此产科医生非常重视胎儿是否发生缺氧。胎动和胎心是最主要的监护指标，所以，每次做产检时，产科医生都会询问并观察胎动情况，听诊胎心率。单纯的胎心率监测或单纯的胎动监测都具有重要的临床意义。胎心率与胎动两者结合到一起进行综合分析，其临床意义更大——伴随胎动发生的胎心率加速是胎儿健康的表现。胎儿安静状态下胎心率减慢，胎儿活动时胎心率加快，这是正常的表现。如果胎儿活动时胎心率没有相应加快，提示没有伴随胎动发生的胎心率加速现象，预示胎儿很可能发生了缺氧。

孕妇不同状态与胎动

一般情况下，胎儿每小时胎动不少于3次，12小时胎动不少于20次。但每个胎儿之间存在着个体差异，有的好动，有的就比较安静。另外，孕妇在安静状态时，会更多感到胎动，而在活动、工作、谈话等注意力不集中的状态下，会忽视胎动，因此较少感觉到胎动。所以，在你怀孕7个月前，记数胎动的意义都不是很大，只要你感觉到有胎动就足够了。如果你的宝宝还没有到该让你感到胎动的周龄，或比你预期的晚一些，都很正常。

一般情况下正常的胎动

胎动的次数：孕妇能感觉到的胎动是每天3小时平均30~40次（这里所说的每天3小时是指白天12小时中的3小时）。孕20周时的胎动可达200次/天，孕29周时的胎动可达700次/天，孕38周时的胎动又减少到200多次/天。

胎动的周期性：孕中期，不是很明显；孕晚期，由于胎儿睡眠周期比较明显，胎动的周期性也比较明显了，8:00~12:00时胎动比较均匀；14:00~15:00时胎动降至最少；20:00~23:00时胎动又增至最多。

胎动的规律：每个孕妇记数胎动的方法、对胎动的感觉存在着差异性；每个孕妇的生活规律不同；每个胎儿的运动幅度、频率、生理周期等都不尽相同。所以，每个孕妇都应找出自己胎儿的胎动规律。一般来说，早期胎动频率快，时间短。随着胎儿长大，胎动频率相对减慢，每次的胎动时间都会延长。

记录胎动的时间：从孕28周开始记录胎动，每周记数1次。从孕32周开始，每周记数2次。从孕37周开始每天记数1次。

胎动的记数方法：每天早、中、晚在固定的时间记数胎动，如每次都是在早8:00、午13:00、晚19:00时；都是在三餐前；都是采取左侧卧位，躺下休息5分钟后开始记数胎动；都是记数1小时的胎动。

胎动异常的表现

·把一天早、中、晚3个1小时的胎动次数相加，再乘4，计算出的结果是白天12小时内的平均胎动数，平均胎动数10次为最低界限，低于此数值属于胎动异常。

·倘若1小时内胎动次数少于3次，则应该继续连续记数，记数第二个1小时的胎动数。如果仍少于3次，则再继续往下记数第三个1小时的胎动数，如果连续记数6个小时，每个1小时的胎数都少于3次，则视为胎动异常。

·如果第二次胎动次数与前一次的胎动次数相比，胎动减少了50%，则视为胎动异常。

·胎动突然急剧，应视为胎动异常。

·胎动比平时明显增多，而后又明显减少，应视为胎动异常。

·胎动幅度突然显著增大，而后又变得微弱，应视为胎动异常。

值得注意的是：记数胎动没有任何客观指标可供参考，主要是根据你的主观判断，如果通过记数胎动，没有上述胎动异常指标，但凭借一种做母亲的直觉，你确实感觉到腹中的胎儿动得有些异样，你就应该相信自己，视为胎动异常，及时去看医生。在这一点上，连医生也宁愿相信孕妇对胎动的直觉，而不会轻易做出"平安无事"的判断。

第七章

孕6月（21~24周）

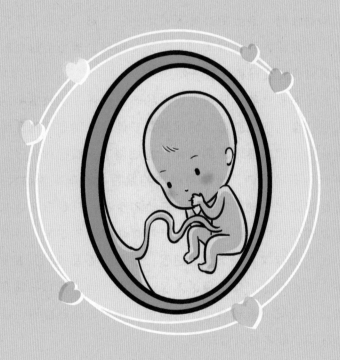

亲爱的爸爸妈妈：

我在妈妈的子宫中生活了20周，几乎所有的器官都成形了，接下来是一些细微的调整，我正在一步步走向成熟。我通过自己的运动告诉妈妈我的状况，如果感觉不好了，我会发出信号——剧烈的胎动、少动或不动。

对于来自外界的刺激，我已经能够做出快速反应，当妈妈有大的动作时，我会把身体紧紧地抱在一起，保护自己不受到伤害，如果妈妈路过噪声很大的施工现场，我也会这样做，因为噪声对我实在没有什么好处。

妈妈为我建的小屋对于现在的我来说还是比较宽敞的，所以，我还会来回地翻滚。妈妈越是安静我就越是活蹦乱跳，尤其是在晚上妈妈要睡觉的时候，妈妈躺下，腹壁放松了，我有了更大的活动空间，也不用时常抱紧自己躲避妈妈的大动作，我开始尽情地活动。其实我白天也不少动，只是没有像晚上这样容易被妈妈察觉，妈妈可千万不要认为我不正常，带我上医院，医生可能又要给我做B超了，我可不愿意长时间接触B超探头，它太热了。我已经进入了胎动期，爸爸把耳朵贴在妈妈肚皮上，就可以听到我运动的声音，如果妈妈肚皮薄，还可以看到妈妈的肚皮被我震动呢。

你们的胎宝宝写于孕6月

第一节
胎宝宝："我现在接近一个哈密瓜的大小。"

孕21周时

我的体内基本构造已进入最后完成阶段啦！整体看来比以前匀称些了。我的头部占全身约1/4，仍是头大身子小的状态。大脑皱褶逐步出现，小脑发育，出现海马沟，延髓的呼吸中枢开始活动。我的眼睛、鼻子、嘴形状已经完整，有了外耳形状。虽然我的牙齿没有长出来，但我的牙釉质和牙质开始沉积。我的呼吸系统功能正在不断发育完善，为出生做准备。

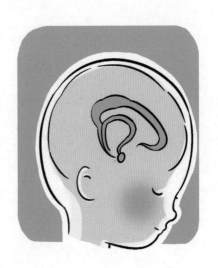

孕22周时

我已经有了初步的呼吸运动和吞咽活动，但这些运动和活动尚不能产生功效，如果这个时候我被生出来了，将会面临巨大的生存压力。我的肢体活动增加，开心的时候我会挥挥手，如果妈妈的腹壁薄，就可以看到胎动时引起的腹壁震动，甚至还可以摸到我的肢体。这个阶段，妈妈的子宫对于我来说比较宽敞，我可以频繁地在羊水内改变姿势。

孕23周时

目前我的身体比较瘦，因为缺乏皮下脂肪，皮肤呈半透明状，透出粉红色。

我的心跳有力而规律，为120~160次/分钟。如果妈妈的腹壁比较薄，爸爸的听力也比较好，把耳朵紧紧贴在腹壁上仔细听，有可能会听到我的胎心搏动，借助纸筒会听得更清楚哦。

孕24周时

我的皮肤出现了皱纹，肺血管也已经开始发育。我的全身开始长出细细的绒毛，叫作毳毛，覆盖了我的头和身躯，这证明我的皮肤和毛囊已经发育好了。浑身的毳毛让我看起来很像人类的祖先，这就是幼形遗留，不过妈妈不用担心，我的毳毛会在孕38周左右消失。

第二节
孕妈妈："我是一个孕味十足的准妈妈了。"

子宫底达脐上两指

子宫进一步增大，可达脐上两指，使你的下腹部看起来明显隆起。在别人看起来，孕妇活动不如以前灵活了，但孕妇本人却感觉不到自己有多大的变化，可能走得还会很快。如果孕妇自己并不觉得笨拙，尽可按照自己的意愿行事，过度休养不利于胎儿发育和顺利分娩。

爱出汗

怀孕后，孕妇的基础代谢率增加了约20%，这使孕妇到了孕中期以后很少会感觉到冷，甚至比男士更耐寒，不过，孕期适当保暖还是有必要的。大多数孕妇在孕早期都有怕冷的感觉，到了孕中、晚期就开始怕热了。

乳房变化

在孕期，你的乳房会发生一系列变化，妊娠之初的几周你会感觉乳房发胀，有触痛感，妊娠8周后乳房明显增大。妊娠期间有多种激素参与乳腺发育，为分泌乳汁做准备。妊娠后期挤压乳房时可得到数滴稀薄的黄色液体，个别孕妇在孕中期挤压乳房时可见少量清液，但妊娠期并无真正的乳汁分泌。

头晕

有的孕妇会感觉阵阵头晕，尤其是变换体位时，试试下面的方法，或许能改善你的不适。

· 不要长时间站立。

· 不要长时间走路，尤其长时间逛街，你可能会在不知不觉中走很长的路。

· 当你坐着时，如果有人叫你，你千万不要突然起身，动作一定要放缓慢。

· 躺着时，如果你要起来，最好先侧着翻身，以膝盖和前臂支撑身体，然后再慢慢起来。

· 血糖低会使你头晕，如果你感觉头晕，吃点儿东西是否能够缓解头晕？能的话，就在三餐以外，加一两次点心。

· 天气热、气压低会使你感觉到头晕，你要尽量避开闷热的房间。

· 如果你感觉有些头晕，就躺下来休息一下，如果不能缓解，或头晕愈发严重，要及时与医生联系。

手腕疼痛

怀孕中后期，你可能会出现手腕部疼痛的情况，有时连带手指、胳膊和肩部都感到疼痛。这多是由于"手腕综合征"所致。由于怀孕后体内积蓄过多的液体，积聚在腕部，导致腕部肿胀，压迫韧带下方的神经引起胀痛感。其实，"手腕综合征"并非是怀孕期特有的现象，而是一种疾病，多是由于过多使用手腕，如长时间在电脑键盘上操作。其主要表现是手腕部沉重和酸胀感，有时会感到闷痛或刺痛，严重时会波及整个手臂，甚至肩部。如果你在孕期出现了"手腕综合征"的症状，可尝试以下方法缓解症状。

· 减少使用手腕的工作。使用电脑时，手臂、手腕和手掌保持在一个水平面，手腕可稍向下弯曲，而不要向上弯曲，可借助"鼠标垫"让手腕处于舒适的位置。

· 走路或站立时，尽量把两手放在上衣口袋里；坐着时，尽量把手抬高；睡觉时，不要把手压在头下，也不要蜷起手腕，而是让手腕自然伸展放在枕头上。如果手腕疼得厉害，已影响睡眠，请看骨科医生，医生会有办法缓解你的疼痛。

小腿抽筋

睡到半夜时，你可能会被突如其来的小腿抽筋惊醒；走路或游泳时，你的小腿也可能会突然抽筋。小腿抽筋的原因大致有两种，一是缺钙，二是增大的子宫压迫血管神经。你可以尝试以下几种方法来缓解小腿抽筋。

· 摄入充足的钙剂，每天喝500毫升奶，酸奶、酸乳酪等奶制品也可提供孕妇每日所需大部分的钙质；每天额外补充钙质600毫克（是说明书中每片所含钙元素的量，不是每片钙片的量）；增加户外活动，如果不能保证户外活动，要补充含有维生素D的钙片。

· 不要长时间站立或坐着不动，散步比站立好，躺着比坐着好。

· 睡觉前用温水泡脚，按摩腿部肌肉。

· 坐着时把腿抬高，躺下或睡觉时，用枕头或垫子把腿部垫起来。

· 感到腿麻时，最好活动活动。

憋不住尿

你可能不再像原来那样能憋尿了，有尿必须马上排，否则就会尿裤子，甚至打个喷嚏，咳嗽一声都有尿液流出来。这是因为增大的子宫压迫膀胱所致，也可能是因为盆底肌肉松弛所致。不管是什么原因，你都不要过于担心，尽量不让自己憋尿，有尿意及时去卫生间。排尿后再坐一会儿，尽可能地把膀胱中的残余尿排出来。打喷嚏或咳嗽时，不要紧闭嘴唇，这样会使腹压增高，压迫膀胱，使尿液流出。另外，打喷嚏或咳嗽时，把腰弯下来，膝盖略弯曲，使腹部放松，也可防止尿液流出。你也可以通过做盆底肌运动，加强盆底肌强度，减少尿液流出。

痔疮

怀孕期出现痔疮并不少见，这是因为怀孕后胃肠道蠕动减慢，从而形成便秘，便秘是导致痔疮最常见的原因。还有增大的子宫压迫结肠和直肠，一方面导致排便困难，另一方面导致直肠充血静脉扩张。孕妇患痔疮会给孕期和生活带来烦恼，建议采取以下措施预防痔疮的发生。

·预防便秘是防止痔疮的重要环节，要多喝水，吃高纤维素和有润肠作用的食物，如燕麦、全麦粉、红薯、萝卜、白菜、芹菜、西梅和火龙果等。养成每天定时排便的习惯。散步是预防便秘的好方法，每天坚持散步一个小时。

·如果你的工作需要长时间坐着，要定时站起来走几步。晚上不要坐在电视或电脑前，连续几个小时不活动。

·进行盆底肌运动也有助于排便和防止痔疮。

·如果感觉肛门不舒服或有痛感，晚上可用热毛巾热敷，这样可缓解疼痛，预防痔疮。

·一旦患了痔疮就需要看肛肠科医生，由肛肠科医生根据痔疮程度采取相应的处理方法。

腰腿、骶骨、耻骨痛

随着子宫增大，你可能会出现腰腿痛，也可能会出现骶骨（骨盆后部，尾椎骨上方的部位）痛，还有可能出现耻骨联合处（骨盆前部，生殖器上方的部位）疼痛。每位孕妇出现疼痛的时间都不一样，有的孕妇一直都不会疼痛。如果你出现了这些情况，请尝试采用以下方法缓解。

·尽量减轻子宫对骨盆的压力，站立位、坐位会增加子宫对骨盆的压力，休息时尽量采取你感到舒适的卧位。

·尽可能不长时间站立，站立时要缓慢移动身体或慢走。

·坐着时，不要仰靠在沙发背或椅背上，应采取上身挺直或略向前倾的坐姿。

·如果疼痛明显，产检时应向医生咨询解决办法。

第三节
生活中的注意事项

有习惯流产史的孕妇不宜做乳房护理

孕期乳房进一步增大，在乳房的周围可能会出现一些小斑点，乳晕范围扩大，不要把它看成是不正常的表现。如果你要做乳房护理，或者纠正乳头凹陷，都要记住一点：如果有腹部不适，甚至腹痛的感觉，应马上停止，并且以后也不要再做了。洗澡时可用干净的湿毛巾轻轻擦洗乳头，以免溢出的少量乳液堵塞乳头上的乳腺管开口。擦的时候动作一定要轻柔，以免把乳头擦破。有习惯流产史和早产史的孕妇不宜做乳房护理。实际上，在整个孕期，你都可以不做任何乳房护理，顺其自然就好。保护乳房的正确方法是戴合适的胸罩，别挤压到乳房，洗澡时不要用力揉搓乳房、乳晕和乳头。

预防早产

如果出现这些现象，你要想到早产的可能，一定要与你的医生取得联系。

- 阴道分泌物异常，分泌物为粉红色、褐色、血色或水样质地。
- 小腹阵阵疼痛，或像痛经，或像拉肚子，或总有便意。
- 腰骶部阵痛。

便秘腹泻刺激子宫收缩

孕期腹泻对孕妇健康有很大的影响，腹泻会使肠蠕动加快，甚至会出现肠痉挛，这些改变会影响子宫，刺激子宫收缩，导致流产、早产等不良后果。所以孕期预防腹泻是很重要的。

专栏：营养素补充重点

铁的补充极为重要

血红蛋白能把氧运送给细胞，铁是生产血红蛋白的必备原料。随着孕龄的增加，孕妇对铁的需求量会不断增加，胎儿也要从妈妈的身体中吸取铁，以满足自己生长发育的需要，胎儿还要在体内储存一定量的铁，以满足出生后的需要。孕妇需比平时多补充铁，除了要多吃含铁丰富的食物外，还需要额外补充含铁的营养品。

生产血红蛋白不仅需要铁，还需要有充足的叶酸和维生素B12，另外维生素C也可促进铁的吸收。所以，为了保证铁的吸收和利用，孕妇不但需要补充足够的铁，还需要同时补充足够的叶酸、维生素B12和维生素C。孕前和孕初期补充小剂量的叶酸是为了预防胎儿神经管畸形，而现在补充叶酸是为了预防和纠正孕妇贫血。预防胎儿神经管畸形需要补充的叶酸量为每日0.4~0.8毫克，预防和纠正贫血需要补充的叶酸剂量为每日5毫克。食用大叶青菜和含蛋白质高的食物也有利于补充叶酸。如果有需要的话，医生可能会让你吃维生素、铁剂和叶酸复合胶囊或药片。

缺铁性贫血

缺铁性贫血是缺铁的晚期表现，是体内铁储备告急的信号，是贫血中最常见的类型，育龄女性、孕妇、婴儿发病率最高。

贫血对孕妇的影响

如果只是慢性或轻度贫血，机体能够逐渐适应，孕妇多没有不适症状，对孕妇影响不大；如果贫血明显，孕妇则会出现心跳加快、疲乏无力、食欲减退、情绪低落等症状；如果贫血严重，则可导致贫血性心脏病。贫血可使妊高征的发病率增高；机体抵抗病原菌的能力下降；分娩时宫缩不良；产后出血概率加大；失血性休克的危险增加。

贫血对胎儿的影响

孕妇贫血，胎盘供血不足，可导致胎儿宫内发育迟缓及早产。

孕期贫血妈妈所生的新生儿患病率和死亡率都极高。胎死宫内的发生率是普通人的6倍，胎儿宫内窘迫发生率可高达36%。铁的运输是单方向由胎盘输送给胎儿的，即使孕妇缺铁，仍然会不断地将铁通过胎盘供给胎儿，但如果孕妇严重缺铁，就无法满足胎儿铁的需要，胎儿就会缺铁，胎儿铁储备不足，出生后发生缺铁性贫血的概率增高，并且胎儿缺铁会影响胎儿大脑发育。

缺铁性贫血的预防

预防缺铁性贫血并不难，但为什么仍然有如此高的发病率呢？主要原因是重视不够。孕妇平常可以多摄取含铁丰富的食物，如动物肝脏、动物血、牛肉、黑芝麻等。孕20周以后开始服用铁剂100毫克~500毫克，医生会根据孕妇缺铁程度给出医嘱，铁剂一定要在饭后服用，以免伤胃。补铁时还要注意搭配：茶叶、咖啡可影响铁的吸收；一些植物含铁量虽然不低，但不易吸收，动物铁易吸收；多吃富含维生素C的食物可促进铁的吸收。

钙的需求量增加

到了孕中期，孕妇每日钙的需求量为1500~1800毫克。我国的膳食结构特点决定了，人们从食物中摄取的钙量约为800毫克，不能满足孕妇的需要，孕妇应该额外补充钙剂。

常常有孕妇问：到底吃什么钙好？首先要明确，从食物中摄取钙是最佳途径，不要因为市场上琳琅满目的补钙品而忽视食补。无论什么样的钙剂，都比食物钙的吸收利用率低，而奶是补钙的佳品。钙的吸收利用还需要有维生素D的参与，所以，在补充钙的同时不要忘记补充维生素D。过多补钙，不但不能吸收，造成药源的浪费，还会引起大便干硬，孕妇本来就容易出现便秘，服用过多的钙剂可加重便秘。所以，补钙不是越多越好，应适量补充。

小腿抽筋不一定都是缺钙所致，由于增大的子宫压迫下腔静脉、大隐静脉及坐骨神经等神经血管、肌肉组织，也可出现小腿抽筋现象。

第八章

孕7月（25~28周）

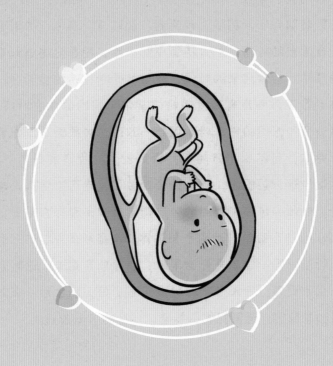

宝宝写给爸爸妈妈的第八封信

亲爱的爸爸妈妈：

我能感觉到我在你们的心中已经占据了重要的位置，你们无论做什么事，首先想到的都是我，尽管我还没有出生，但你们已经把我当成家庭的一员了。

我真想让你们看看我的表情，我会张开嘴、皱眉头、眨眼睛、打哈欠、嘟嘴、吸吮手指，还会做"鬼脸"。我的活动能力已经特别强了，踢腿、挥胳膊、翻筋斗、游泳、伸懒腰样样行。我睡觉的时候，总是抱着小腿小手，把自己蜷缩起来，安静地睡着。当我醒来的时候，我可就开始尽情地运动了。妈妈的体会最深，因为我的运动时间常常与妈妈的休息时间重合，慢慢我会和妈妈的作息时间保持一致的。如果爸爸妈妈要对我进行胎教，可不要不分时候，否则就会打扰我的好梦。对了，我还没告诉爸爸妈妈，我已经会做梦了，我可不像成人常常做噩梦，我做的可都是香甜的梦！睡觉对我来说非常重要，我几乎24小时都在睡觉，为的是长身体，这是我最重要的任务。所以，爸爸妈妈不要着急开始早教，我要休息生长，这对我来说比什么都重要。如果我的身体没有发育好，出生后，我怎么能生活和学习啊。爸爸妈妈不要急，以后的时间长着呢。

你们的胎宝宝写于孕7月

第一节
胎宝宝："我的样子
接近新生儿了。"

孕25周时

我的大脑在继续发育着，脑沟和脑回明显增多，大脑皮质面积逐渐增加。我可以利用羊水吸收水分，羊水可随着我的呼吸进出呼吸道，不过妈妈不用担心，这不会对我造成伤害。我的骨骼不断发育变硬，骨关节开始发育。我的运动能力不断增强，开始会挥舞手臂，对外界刺激更加敏感了。

孕26周时

我的身体各部分比例相称。妈妈可以根据胎动来判断我在宫内的活动情况。妈妈的子宫对于现在的我来说还是很大，我可以在里面翻来滚去的，所以，我现在如果是臀位不要紧，明天，甚至一会儿我就又变成头位了。

孕27周时

我继续快速发育，除了有点儿消瘦外，从外观上看与足月儿已经没有太大区别了。我的皮肤仍然比较红，毳毛明显，皮下脂肪仍然比较薄，皮肤有很多皱褶。我的大脑在继续发育，已经具有了和成人一样的脑沟和脑回，但神经系统的发育还有点儿落后。为了出生后能自由呼吸，我已经开始练习呼吸动作了。此时我的视网膜还没有完全形成，所以如果妈妈现在把我生下来，我可能会患早产儿视网膜症。

孕28周时

　　我的皮下脂肪进一步增多。此时我的肺发育得还不够成熟，如果妈妈现在把我生下来，医生通常会给我戴呼吸器辅助呼吸。我睡着和醒着的时间变得有规律了，妈妈你能感觉到吗？

　　这个月我身长35~38厘米，体重1000克左右，脸和身体呈现出新生儿出生时的外貌。因为皮下脂肪薄，皮肤皱褶比较多，面貌如同老人。头发已经长出5毫米，我已经有吸吮能力，但吸吮的力量还很弱。

第二节
孕妈妈："马上就要进入围生期了。"

妊娠纹

妊娠纹的产生，主要是由于皮肤过度扩张，使得弹力纤维断裂形成的纹路。如果你的皮肤弹性足够好，能抵抗皮肤张力的增大，没有发生弹力纤维断裂，或你的皮肤没有过度扩张，皮肤没有达到弹力纤维断裂的程度就不会产生妊娠纹。按摩霜或许能使你的皮肤更具弹性，但并不能保证弹力纤维不被逐渐增大的皮肤张力撑断。其实，妊娠纹并没有那么可怕，新的妊娠纹发红发紫，产后颜色就慢慢变浅了，况且，并不是所有的孕妇都有妊娠纹。

身体笨拙

你有可能直到临产都觉得很灵活，也有可能到了孕后期就感觉到身体很笨拙了，坐下后起身困难，从床上起来时需要有人帮忙，就连上卫生间都感觉费劲。每个孕妇在孕期的表现和感觉都不一样，感觉笨拙不能证明什么，即使感觉还很灵活，也不能像没怀孕时那样无所顾忌。到了孕后期要注意安全，洗澡时一定要防止滑倒，随着腹部增大，你的重心发生改变，洗澡间的地板比较滑，如果你穿着拖鞋，不注意就容易摔倒。尽管胎儿有羊水保护，也有导致早产的危险。平时最好不穿拖鞋，尽管拖鞋很方便，但却存在不安全因素。无论你是否感觉笨拙，都不要登高，站立时，两脚稍微分开，重心落在两脚中间是最保险的。由于重心的改变，你很容易被脚下的障碍绊倒，即使是一根小树枝、一块小石子也要避开，所以，不要在光线不好的晚上逛街散步。现在的你寻求帮助是很正常的，你不要羞于启齿，勉强做你难以胜任的事情。安全是第一位的，纵使胎儿没有那么娇嫩，你没有那样娇气，防患于未然总是好的。因为，预防早产仍是当下很重要的事。

骨盆和阴部疼痛

当你处于某一体位时，可能会突感骨盆周围或阴部一阵疼痛，可能是针刺感，也可能是牵扯感；有时是一瞬间，有时会持续一段时间。这种疼痛是怀孕期的正常表现，与子宫增大压迫子宫颈、挤压盆腔韧带等周围组织有关。如果你突然感到疼痛，不要紧张，可尝试着慢慢变换体位，找到可以缓解疼痛的姿势，等到痛感消失了再起来活动。

眩晕

当你变换体位，尤其是由卧位突然变为站立位时会出现眩晕症状。所以，变换体位时要放慢速度，不要突然变换体位，出现眩晕时要马上坐下来或躺下休息。如果身边有人，请人帮你倒杯水或拿点吃的，如点心或糖果，避免低血糖。产检时要把你常发生眩晕的情况告诉医生，医生会为你做些必要的检查。记住，去产检之前要仔细想一想，你在这段时间都出现过哪些异常情况，一一记在本子上，以便向医生咨询，解决孕期出现的问题。

阴道分泌物增多和排尿痛

孕期你的阴道分泌物会增多，但没有特殊气味，分泌物为白色，这是怀孕期的正常现象，不需要治疗。如果分泌物有异味，且颜色质地不正常，如呈黄色或豆腐渣样，产检时要告诉医生，医生会取一点儿分泌物化验，确定你是否有阴道炎。怀孕期尿频是正常现象，但如果出现尿痛就是异常情况了，可留取晨起第一泡尿送检，如果有问题，医生会给予相应处理。多饮水可减轻尿痛症状。

副乳

怀孕期你可能会出现副乳，副乳多出现在腋下靠近乳房的部位，腋下会有疼痛感，有时会被误认为是腋下淋巴结肿大，或被误认为是乳腺增生。如果产科医生不能确定，可让乳腺科医生帮助诊断和处理。

胃胀

增大的子宫压迫胃部，使胃部出现胀满感，甚至引起烧灼感。如果你出现这些胃部症状，不必着急，也无须服用药物，少食多餐会有效缓解胃胀和烧灼感。吃饭后不要坐着不动，站起来在室内散步，可减轻胃部胀满感。到了孕中晚期吃得过饱会让你很不舒服，只要感觉不饿了就停止进食，什么时候感到饿了再吃。每天除了一日三餐，可在上午、下午和晚上加餐三次。

心悸气短

随着子宫在腹腔中所占的位置越来越大，膈肌上移，你的胸部两侧会有被向上顶的感觉。有时，你会感觉两肋痛，就像有股气顶在那里一样，甚至使你不敢呼吸。痛感坐着会加重，躺下来会减轻。但躺下来会让你觉得呼吸不畅，有些心悸气短。所以，你越来越不愿意坐着，也不喜欢躺着，而是喜欢到处散步。要找到缓解不适感的方法，采取你感到舒适的体位，不必在意别人的劝告和书上的指导，只要你感到舒服就行。

引起心悸气短的另一个原因是血容量的增加。整个孕期，你的血容量比平时增加50%，心脏输出的血量增多，心率加快，心脏负荷加重。所以，怀孕中后期会出现心悸气短，尤其是活动时更明显。如果你感到明显的心悸气短，要停下来休息，如果你时常感到心悸气短，产检时要告诉医生。

你可以试试用胸式呼吸来缓解心悸气短的问题，吸气时，使胸廓充分扩张，呼气时，使气体充分排出，减少肺内残气量，使下次吸气时，吸入更多新鲜氧气。这样的练习不但可提高心肺功能，也有助于分娩。

水肿

随着子宫的增大，你的肚子越来越大，身体重心移到了腹部下方，可能会出现腰酸腰痛、腿时常发麻、坐下起身不灵活等现象，以及由于水钠潴留而使手脚和周身有些发胀等状况。你可能从外观上看有些臃肿，到了傍晚用手压脚踝时，可能会出现指压痕或明显的凹陷。这是由于增大的子宫压迫了下腔静脉，使血液回流受阻，属孕中晚期的正常现象。

孕期肿胀是常见现象。在整个孕期一点儿都没有水肿的孕妇并不多，有的水肿很难被发现。有的孕妇在孕中期即出现脚踝和小腿肿胀；有的孕妇在孕后期出现；有的孕妇直到分娩也没有肿胀。多数情况下，面部水肿出现在起床时，起床后活动一个小时左右，水肿就消失了；脚踝部和小腿水肿出现在晚上，早晨起来水肿就自行消退了，到了晚上再次出现水肿。这种水肿是孕期的正常现象，不必治疗。

如果水肿比较明显，整个小腿、眼睑或手等都有明显的水肿，则有发生妊娠高血压综合征的可能。如果水肿伴血压增高、尿蛋白阳性、体重短期迅速增加，则很可能患上了妊娠高血压综合征。医生会让你卧床休息或让你服用药物，必要时会建议你住院观察。不要担心，即使出现这些异常情况，医生也会妥善处理，不会影响到胎儿的。

如果你有明显的水肿，可尝试使用以下方法减轻水肿。

· 合理饮食，吃富含蛋白质的食物。水肿既然是水钠潴留引起的，那就要少喝水吗？不对，多喝水反而会减轻水钠潴留。你不需要控制食盐量，但也不能摄入过多食盐，按照日常摄入食盐量就可以了。有的孕妇因为水肿不敢喝水，这是错误的，要正常喝水，每天至少喝水1600毫升。

· 注意休息。中午要午休1个小时左右，即使睡不着也要躺下来休息。晚上不要熬夜，不要长时间坐在电视机或电脑前，晚饭后出去散散步，回来冲个温水澡，泡泡脚，喝杯热奶再睡觉。不要长时间逛超市或商场，尽管你感觉不到累，也不能长时间在超市和商场逗留，尽量多到户外活动。

· 穿宽松舒适的衣服和鞋子，不穿塑身和紧身内衣内裤。

· 为了缓解水肿和下肢静脉曲张，尽量把腿抬高，如坐在沙发上时，可以把腿放在沙发墩上，手和胳膊也尽量放在高处。睡觉时，把腿脚放在枕头或叠着的被子上。

· 可适当进行你喜欢的运动项目，如散步、游泳等，有利于手脚血液循环，减轻水肿。

第三节
生活中的注意事项

继续补充铁和钙

随着胎儿的长大，妈妈需要摄入比平时高出一倍多的铁，钙的需求量也会相应增加。不要忽视食物中铁和钙的摄入，因为食物中的铁和钙吸收利用率都比较高。当然，仅仅通过食物补充已经不能满足胎儿和孕妇的需要了，为你做定期检查的医生会给你推荐铁、钙等营养素补充剂。

无须过度关注体重的变化

孕24~36周时，腹围每周大约增长0.84厘米。刚刚知道怀孕的消息时，一些孕妇有些害怕体重的增长，那是因为一时接受不了怀孕带给你的变化——眼睑肿、腰变粗、小腹凸起、臀部脂肪增多。但现在你不太害怕体重的增长，如果产检时，体重较上一次增加不明显，你还会担心，是否胎儿没有生长。无须过度关注体重的变化，如果医生没有对你的体重和饮食提出要求，你就不要过多摄入食物，以免你和胎儿都额外增加体重。

注意休息

如果你的孕期非常顺利，医生从未嘱咐过你要卧床休息，是再好不过的了。尽管如此，到了孕后期，你也要适当休息，增加卧床时间，减少逛街和做家务的时间，工作强度也要有所减轻，这是对你和胎儿必要的保护。如果有妊娠期并发症或有早产的迹象，医生会嘱咐你卧床休息，这对工作忙碌的孕妇来说或许是件好事，不用再奔波于上班途中，不用再操心工作，可以享受难得的清闲。

缓解紧张情绪

和腹中的宝宝进行沟通是孕妇缓解紧张情绪最好的方法，常和宝宝说说话，把心事告诉宝宝，你会觉得轻松了很多，心情也愉快了很多。你也可以给宝宝缝制小衣服、小被子，给宝宝编织小袜子、小手套，或者给宝宝制作一件精美的纪念品。你还可以乘此机会读一读很想读，却苦于没时间读的书籍，看一看平时很想看，却没时间看的经典剧目和电影大片。总之，让这段休息时间成为一段美好的养胎时光，当你找到快乐时，最大的受益者就是你和你腹中的胎儿。

关于腹带使用问题

有的孕妇对是否可以在孕期使用腹带存在疑问，结论是没有医学指征不可以使用腹带。过松的腹带起不到托腹的效果；过紧的腹带会影响胎儿的发育。第一次使用时，一定要让医生指导，丈夫或家人在旁边学习，学会后再回家使用。腹带的松紧要随子宫的增大而不断变化。

需使用腹带的情况

·悬垂腹：腹壁很松弛，以致形成了悬垂腹，增大的腹部就像一个大西瓜垂在腹部下方，几乎压住了耻骨联合处。这时孕妇应该使用腹带，目的是兜住下垂的大肚子，减轻对耻骨的压迫，纠正腹部悬垂的程度。

·腹壁发木、发紫：腹壁被增大的子宫撑得很薄，腹壁静脉显露，皮肤发花、发紫，孕妇感到腹壁发痒、发木，用手触摸都感觉不到是在摸自己的皮肤，这时要用腹带保护腹壁。

·双胞胎孕妇。

·胎儿过大。

·经产妇腹壁肌肉松弛。

·有严重的腰背痛。

·纠正胎位不正。

专栏：记录胎心

不但丈夫和家人可以用听诊器听胎心，孕妇自己也可以使用听诊器听胎心。进入孕7月以后，通过记录每天所听胎心的节律、次数、强弱，孕妇可以了解胎儿的发育情况，也是在家对胎儿做监测的一项指标。胎儿在运动状态下，胎心率会增快，胎儿安静睡眠状态下，胎心率会放缓。一般情况下波动在120～160次/分钟。有的孕妇和家人并不是每次都能把听诊器放在准确的位置。可能远离胎儿心脏，胎心音听起来比较弱，有时甚至找不到胎心跳动的地方。胎心很弱时，就难以准确地听到胎心，加上孕妇腹部本身血管搏动音或肠鸣音干扰，就更不易听到了，这种情况会引起孕妇和家人的不安。遇到这种情况时，先不要着急，让孕妇起来活动活动，变换一下体位，过一会儿再仔细听。从腹部左下逐渐向上、向右慢慢移动听诊器，直到右下腹，再移动到腹部正中，顺着这个轨迹，你会找到胎心搏动最明显的位置。

第九章

孕8月（29~32周）

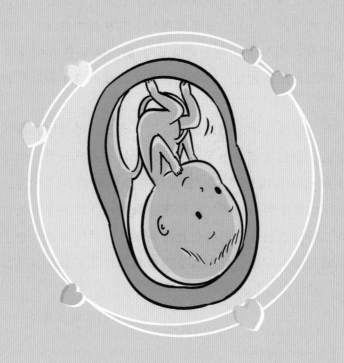

宝宝写给爸爸妈妈的第九封信

亲爱的爸爸妈妈：

从这个月开始，妈妈进入了孕晚期。这个阶段，我的任务是增加体重和运动功能的成熟。从现在开始，妈妈不但要继续孕育我，还要开始为我的出生做准备：给我起名字，购买婴儿用品，为我准备一个舒适的环境……爸爸妈妈一起高兴地为我的诞生准备着一切。但请您不要过于劳累，因为这个月如果妈妈意外地早产了，我还没有准备好。现在我主要是长肌肉、脂肪和骨骼，妈妈要少吃热量高的食品，以免把我喂得又肥又大，增加生产的难度，要多吃富含蛋白质、维生素和矿物质的食物。

我仍然爱运动，劲儿也更大了，可是，慢慢地，妈妈给我提供的小屋变得有些小了。到了这个月的最后一周，我不能再像小鱼一样自由地游来游去，但我仍然会转身、踢腿、伸胳膊。妈妈可不要因为我住的地方小而难过，地方小点儿对我有好处，因为我出生最好的位置是头朝下，屁股朝上，由于我受到活动空间的限制，就不再来回变换体位了，我和大多数胎儿一样，选择最容易出生的体位——头位。

你们的胎宝宝写于孕8月

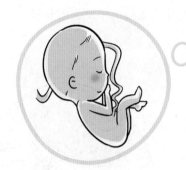

第一节
胎宝宝："我在为出生做准备。"

🐣 胎儿29周时

我的呼吸系统已基本成熟，肺泡开始合成肺泡表面活性物质，以促进肺的成熟。对我来说，肺泡表面活性物质可是非常重要的东西，如果肺泡表面活性物质缺乏，我出生后肺泡就不能张开，如果肺泡瘪陷，怎么能吸进氧气呢？从这个月开始，我已经有了光感，会透过妈妈的腹壁，转动头来寻找明亮的光源。

🐣 胎儿30周时

如果我是男宝宝，那么我的睾丸这时已经从肾脏附近经过腹股沟下降到了阴囊，从B超下可以清晰地看到我的外生殖器的轮廓。不过，在没有必要的情况下，妈妈可不要为了早知道我的性别，而要求医生用B超探头长时间寻找我的小睾丸，因为B超探头所产生的热效应会伤害我的生殖器，而且鉴定胎儿性别是非法的。如果我是女宝宝，这时我的大小阴唇就已经显现了。我的内分泌系统和免疫系统也相应地发育起来了。

🐣 胎儿31周时

我的眉毛和睫毛长得一丝不苟，肺和消化道也基本发育完成，如果由于某些原因早产，经过产科和儿科医生的密切配合和很好的护理措施，我的存活率还是比较高的。我已经能感觉每天早上太阳升起，知道把头转向光源或者用我的小手去触摸光源。

胎儿32周时

我迅速增长的阶段已告一段落，但体重仍然在快速增长中，脸上和身上的毳毛已经开始脱落。随着我的不断长大，我在妈妈子宫中运动的空间相对小了，所以我的体位变化不大，基本是头朝下，而且我活动的频率和强度都减少了，因为我正在为跑出这个房间做准备呢。

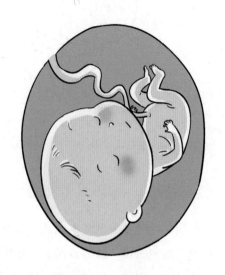

这个月我的小腿一踢一踹，小手一举一伸，屁股一拱一撅，都可从妈妈的腹壁外观变化中看出来。但如果妈妈腹壁比较厚，就不容易观察到了。尽管这时的我像个婴儿了，但由于皮下脂肪还不丰满，面容就像"小老人"一样。

第二节
孕妈妈："行动变得笨拙起来。"

长时间站立可能下肢水肿

增大的子宫压迫你的下肢静脉，阻碍下肢静脉的血液回流，如果长时间站立就会导致下肢静脉或会阴静脉曲张，也可使下肢和腹部会阴等下部身体水肿。基于以上原因，孕晚期的孕妇不要长时间站立，也不要久坐。

如果孕晚期水肿明显，孕妇要查血压、尿蛋白，排除妊娠高血压综合征。查血蛋白质，看是否有低蛋白质血症。单纯妊娠水肿，不用特殊治疗，但要注意休息，少食盐，多进食高蛋白质食物。

腰背及四肢痛

进入孕晚期，胎儿身体增长迅速，你的肚子明显增大。站立时，你的腹部向前突出，身体重心前移，为了保持身体平衡，你的上身就会后仰。这样一来，你的背部肌肉就会紧张，引起腰背痛。长时间站立，长时间行走，如逛街也会使腿和背部肌肉疲劳，产生腰背痛、四肢痛的情况。

手腕痛

妊娠晚期你可能会感觉双侧手腕疼痛、麻木、针刺或烧灼样。这是由于妊娠期筋膜、肌腱及结缔组织的变化，使腕管的软组织变紧而压迫正中神经，引起上述症状。此症状无其他严重后果，一般不需要治疗，分娩后症状会逐渐减轻、消失。如果疼痛严重，可抬高手臂，用手腕部小夹板固定，适当休息，必要时可进行局部封闭。

出现无痛性子宫收缩

到了孕晚期，你可能有时会感觉到肚子阵阵发紧、发硬，像被束带勒紧一样，但并没有疼痛的感觉，而且发生的时间是不确定的，或许一小时一次，也许是一小时两次，总之，你找不到规律，这就是不规律的无痛性子宫收缩。为什么会出现这种现象呢？原来你的身体已经开始为分娩做准备啦，在激素的作用下，子宫开始做分娩前的训练，胎儿也开始向子宫出口移动，刺激子宫收缩。这些都是在为即将到来的分娩做准备。

胸闷气短

增大的子宫使膈肌抬高，你可能会感觉气短，躺下时会使气短加重，垫高头胸部可减轻症状。尽量不要仰卧位躺着，采取左侧卧位可增加胎盘的血氧供应。孕妇都有自我保护能力，采取你感觉舒服的体位是最好的选择。有的孕妇会担心胎儿缺氧，认为气短一定是氧气不

足了，胎儿那么弱小，肯定比妈妈更缺氧。这个担心是不必要的，妈妈的身体有一套保护胎儿的完整系统，会竭尽全力保证胎儿的氧气供应；胎儿也具有自我保护能力，会尽量获取氧气。如果你感觉气短比较严重，就需要看医生了。

第三节
生活中的注意事项

孕妇要时刻注意安全

到了孕8月末，宫高可达剑突下5指。站立时，增大的腹部可能挡住了你的视线，让你看起来显得笨拙，周围的人都本能地想保护你。可是，很多孕妇自己还感到走起路来"轻飘飘"的，甚至还敢登上凳子擦玻璃。孕妇们可不能这么勇敢了，纵使你感觉不到行动笨拙，也要有所顾忌了，最好走平坦的道路，天黑出门要有人陪伴。如果你乘坐公交车，上下车门时要扶住把手，放缓速度；如果你自己开车，一定不要开快车，避免紧急刹车；如果你搭乘轿车，要坐在驾驶员身后的座位上；如果你乘坐火车，最好购买软卧的下铺；如果你乘坐飞机，不要吃的过饱，以免坐着时挤

压增大的子宫，让你感到胃部胀满，飞机起飞和降落时你要做咀嚼动作，缓解耳压变化，双手轻轻触碰腹部，争取让胎儿处于觉醒状态，并争取胎儿运动，运动中的胎儿对气压变化有更好的适应性。

预防早产

预防早产的注意事项：

· 采取安全的性生活方式，距预产期6周时建议不再同房；

· 避免动作过快、过急、过大，起床时、听到叫声回头时都要放慢速度；

· 如果你曾经有早产史，请向医生说明，医生会根据情况采取相应的预防措施；

· 缺乏维生素E、维生素B1、镁可引起早产，可在医生指导下进行必要的补充；

· 如果你的工作过于紧张和劳累，要向上级提出减负要求；

· 尽可能抽时间多休息，有规律地生活，尽量早睡；

· 运动强度适宜，不做危险运动，如仰卧起坐、跳高，以及负重运动；

· 情绪稳定很重要，有心情烦闷、郁郁寡欢等负面情绪时要及时看医生或找亲朋好友疏解；

· 学习控制暴怒、难过、焦躁等情绪，可通过深吸气、慢呼气的方式缓解；

· 不要刺激乳房，特别是乳头等部位；

· 不看惊险、恐怖的电影、电视等；

· 不做繁重的家务。

关注体重增长过快的情况

到了孕晚期，你的体重会均匀稳定地增长，每周增加0.5千克左右。如果体重增长过快，医生会询问你的饮食情况，并做相应检查。体重增长过快常见有以下几种情况。

水肿	过多的水分积蓄在体内，会导致体重增加，需要验尿、测量血压，排除妊娠高血压综合征。
摄入热量过高	摄入热量远远超过每日所需，多余的热量会转化成脂肪储存于体内。
羊水或胎儿体重增长过快	这种情况导致孕妇体重增长过快的可能性比较小，但也不能忽视。

关注睡眠情况

　　孕早期睡眠很好的孕妇，到了孕后期因为腹部逐渐隆起，睡眠时难以找到一个合适的姿势，可能会出现难以入睡的问题。

　　除此之外，孕妇的肾脏比孕前多过滤30%~50%的血液，尿液多了起来；随着胎儿的生长，孕妇的子宫变大，对膀胱的压力也会增大，使得孕妇小便次数增多，频繁的起夜，不可避免地影响孕妇的睡眠。如果胎儿夜间活动频繁，睡觉轻的孕妇会经常醒来，影响睡眠。腿抽筋、后背痛、心率加快、气短、胃灼热及多便、多梦、精神压力大等都会影响孕妇睡眠。

　　孕妇很难做到仰卧睡眠，这是因为胎儿会压迫到孕妇的大静脉，阻止血液从腿和脚流向心脏，使孕妇从睡梦中醒来。有的孕妇发现，将枕头放在腹部下方或夹在两腿中间会比较舒服。将摞起来的枕头、叠起来的被子或毛毯垫在背后也会减轻腹部的压力，母婴店有专门为孕妇准备的枕头。

　　改善睡眠的建议如下。

　　·避免饮用含咖啡因的饮料和碳酸饮料，如果实在忍不住想喝，也请在早晨或午睡后饮用，且一定保证是淡咖啡、淡茶和少气泡的碳酸饮料。

　　·临睡前不要喝过多的水或汤，早饭和午饭多吃点儿，晚饭少吃，有利于睡眠。

　　·养成有规律的睡眠习惯，早睡早起，不要整天躺在床上看电视。

　　·睡意来袭时不要耽搁，要抓紧时间上床睡觉。

　　·睡觉前不要做剧烈运动，应该放松一下神经，如听一会儿音乐、喝一杯热奶。

　　·如果晚上常有腿抽筋的现象，要保证膳食中有足够的钙，多做户外活动，在医生指导下补充钙剂和维生素D。

　　·如果恐惧和焦虑使你不能入睡，考虑参加分娩学习班或新父母学习班。

　　·如果连续几天睡眠不好，影响到你的心情和身体，要及时看医生。

专栏：胎位与顺产

从这个月开始，就要考虑胎位是否正确了。孕30周之前，子宫的空间对于胎儿来说还是比较宽敞的，胎儿在子宫内可以自由变换体位，胎位还没有固定，即使胎儿是臀位或其他位置，大多能够自动转成头位。孕30周以后，如果胎儿是臀位，自动变换成头位的概率就会减小了。所以，到了孕7月，如果胎位不正常，就要在医生的指导下进行干预了。如果是臀位，医生会让孕妇每天采取膝胸卧位30分钟，帮助胎儿转为头位。这个体位纠正方法就是，先跪在床上，两手支撑并向前滑动，同时头部和胸部也不断接近床面成为趴位，臀部翘起，腹部尽量腾空。胎位不正是增加剖宫产率的原因之一，早期给予纠正，能增加顺产机会。

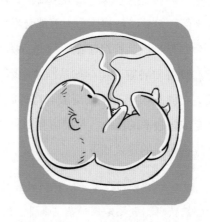

常见的胎位异常有横位、臀位、头位异常。纠正胎位异常必须

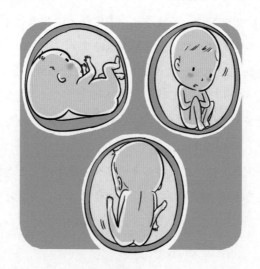

在产科医生的指导下进行，除了依靠孕妇本人的体位（如膝胸卧位）纠正外，还有穴位、手转位等方法。具体如何做，要听从产科医生的意见，不要自作主张。因为在纠正胎儿体位时，可能会因为转位而引起脐带扭转、绕颈或缠绕胎儿肢体等。

只有胎儿自己知道为什么选择与众不同的胎位

当子宫还有足够的空间，允许胎儿漂浮在羊水中来回翻滚、转动身体的时候，胎儿在子宫内的位置是不固定的。随着胎儿长大，子宫空间变得相对狭小，胎儿不再能随心所欲地转来转去，位置相对固定了。为了在妈妈分娩时，能够冲出产道，胎儿的头朝向宫颈开口，就是说胎宝宝正好和妈妈的位置相反，妈妈站着时，胎宝宝是倒立着的。如果胎宝宝和妈妈的位置一样，那就是臀位了。有的胎儿为什么不像大多数胎儿那样头朝下呢？原因并不十分清楚，虽然医生们有各种猜测，但只有胎儿才知道自己为什么要选择与众不同的胎位。

臀位是难产的原因吗

随着科学的进步，臀位不再是导致难产的原因了，即使是自然分娩，医生和助产士也能保证胎儿顺利娩出。但是，臀位容易引起前期破膜和早期破水，有时可能会发生脐带受压，臀位分娩会有头部娩出困难的可能。所以，如果胎儿比较大，或胎头相对于妈妈的骨盆比较大时，医生可能会建议剖宫产。臀位的孕妇一定要到能做剖宫产的医院分娩。在妊娠7~8个月之前，胎儿臀位不必担心，胎儿还有自己转过来的可能。如果8个月以后还是臀位，医生就会让孕妇采取膝胸卧位，帮助胎儿转位。但是，如果进入9个月还没有转过来，臀位产的可能性就比较大了。即使转不过来，孕妇也不要担心，在医生和助产士的帮助下会顺利分娩的。如果你感觉膝胸卧位很不舒服，不必勉强去做。如果医生要求剖宫产，你也不要犹豫，听取医生建议是最好的选择。

第十章

孕9月（33~36周）

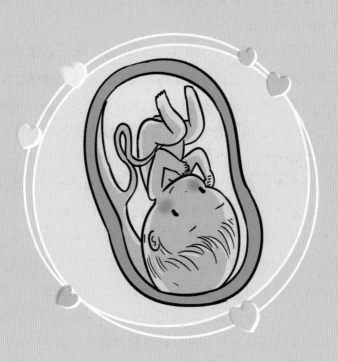

宝宝写给爸爸妈妈的第十封信

亲爱的爸爸妈妈：

从这个月开始，直到出生，在短短的七八周里，我增加的体重比出生体重的一半还多。我开始把精力用在体重的增长上，因为出生体重决定了新生儿的生命质量。随着我的长大，我与妈妈之间的物质交换变得越来越多，血液循环也越来越快，我皮肤的颜色开始变得红润起来。我的内分泌系统和免疫系统功能已初步建立。

尽管我具有了在子宫外生存的能力，早产存活率大大提高，但如果这时出生，还是比较危险的，我可能会患上早产儿特有的疾病，如呼吸窘迫，所以我现在必须通过吸入羊水来进行肺功能训练。我不愿意早早离开妈妈的子宫还有几个小原因，一是低血糖，这个病可不好，它会引起我智力低下；二是脑出血和严重的黄疸，这些病可能危害到我的大脑。所以，妈妈一定要预防早产，毕竟自然成熟的我才是最健康的。

我现在已经有了睡眠规律。睡着时，我会非常安静，可能一动不动，妈妈可不要因为害怕就用手拍我，打扰我的睡眠。我的大脑仍在发育中，需要很好地休息。我醒来后，会比较淘气，因为我不一定和妈妈的睡眠时间完全一致，所以，我可能会在妈妈熟睡时剧烈地活动。如果妈妈睡觉比较沉，就不易被我的运动惊醒，那也是我所希望的。

你们的胎宝宝写于孕9月

第一节
胎宝宝："我变得越来越好看了。"

孕33周时

我的顶臀长（从头顶部到臀底部的长度）有30厘米左右，体重为2000克左右，羊水量达到了最高值。我的大脑迅速增长，头围增加了约10毫米。为了出生后能够抵御外面的寒冷，我的皮下脂肪继续增厚。我的皮肤粉红光滑，已经不那么皱皱巴巴，毳毛基本消失，我变得越来越好看了。对于不断增大的我来说，子宫空间越来越小了，我的四肢能自由地活动，但不能再像以前那样踢腿打拳了。我已经有了比较好的吸吮能力，会吸吮自己的小手，还会不时地吸几口羊水，并能吞咽到胃中。

孕34周时

和上周相比，我的顶臀长约31厘米，体重约2300克。免疫系统正在发育，以便能够抵御轻微的感染。我的指甲和趾甲已经长到和指（趾）尖齐平，别看我的指甲很小，它们很锋利哦。我几乎不能在羊水中漂浮了，我的运动幅度大而缓慢，妈妈你能感觉到胎动和先前不太一样了吗？如果我的头部正好朝下，那么出生时发生臀位的机会就很小，顺产的机会很大。

孕35周时

我的顶臀长约32厘米，体重约2500克。我的身体已经占据了子宫的大部分空间，几乎不能再四处移动了。我已经能自由地睁眼闭眼了，神经系统正在发育成熟，消化系统基本发育完毕，胳膊和腿丰满起来，手会张开和握紧，脚趾头也会屈曲了。我的肺基本发育成熟，开始有了微弱的呼吸，但并没有气体交换，我的肺里仍然充满着液体，如果我在这周早产的话，很少会发生呼吸问题。当然，足月出生是最好的，妈妈要多加注意呦。

孕36周时

　　我的顶臀长约33厘米，体重约2700克。由于子宫里的空间越来越小，我的运动幅度受到一些限制，妈妈会感觉我动的次数减少，但却更有力、更明显了。在我动的时候，妈妈是否看到我小胳膊、小腿的轮廓了？我的肾脏已经有了排泄能力，能排出少许的尿液了。尽管我的骨骼已经比较坚硬，但为了能够顺利地通过产道，我的头骨保持着很好的变形能力，会根据需要调整头形。所以，我的大头一定能够顺利通过产道，妈妈不必担心。我已经有满头的胎发了，如果我出生后，头发没有你们想象的那么好，也不要难过，即使我只长出一点儿绒毛，也不能说明我的营养不好。如果我是男孩的话，睾丸已经完全下降到阴囊；如果我是女孩，大阴唇已经完全合拢并覆盖生殖器，标志着外生殖器发育彻底完成。

第二节
孕妈妈："提前做好准备。"

阴道分泌物增多

临产日期将近，你的阴道分泌物可能会增多，要注意局部清洁，每天用清水冲洗外阴是不错的选择。如果用洗液，最好有医生的推荐，有些洗液会改变局部环境的酸碱度，反而增加局部感染的机会。孕期易患霉菌性阴道炎，霉菌是机会菌，如果长期使用具有杀灭细菌的洗液，霉菌就会乘机感染，成为致病菌。所以，用中性的清水是比较安全的。

疲劳感

到了这个月，你可能时常有疲劳的感觉，要注意休息，不要等到异常疲劳时才想到休息。要有规律地生活，保证充足的睡眠，尤其不要熬夜，熬夜是最不利于胎儿生长发育的。况且，如果妈妈在孕期没有养成良好的生活习惯，会影响到胎儿，甚至影响到出生后新生儿的睡眠习惯。

腰背痛

孕后期，随着子宫增大，腰背部酸痛的程度可能会增加，这是由于腹部向前膨隆，为了保持稳定的直立位，你不得不拉紧腰背部肌肉以保持平衡，腰背部肌肉长期处于紧张状态，势必导致腰背肌疲劳，腰背就出现

疼痛了。另外，胎儿的头部开始进入骨盆，压迫腰骶脊椎骨，也是腰背痛的原因之一。有的孕妇腰背痛很严重，不排除有疾病的可能，如腰椎间盘突出、腰肌损伤等。有的孕妇从始至终都没有很明显的腰背痛，有的孕妇很早就感觉到腰酸背痛，这与孕妇的身体状况、子宫在腹中的位置、胎儿的大小等有关。

减轻腰背痛的方法：

·减少站立时间，站立时最好把一只脚放在凳子上或任何稳固的高处，如台阶；

·不要睡过软的床垫，如果床垫过软，躺下就深深地陷进去，就会对减轻腰背痛不利；

·游泳对缓解腰背痛有一定的帮助；

·如果不能通过一般方法缓解，要寻求医生帮助，或找理疗师及运动专家，制定适合本人的锻炼腰背肌的方法。

特别注意：

一阵阵的腰痛可能是子宫收缩造成的，如果感觉与平时的疼痛不一样或忽然加重，要去看医生，确定是否有临产的可能。

呼吸不畅

增大的子宫把膈肌（胸腔与腹腔之间相隔的肌肉，其作用是辅助呼吸）顶高，使得胸腔体积减小，肺脏膨胀受到一定限制。进入肺泡的氧气减少了，氧供应不足，你会感觉呼吸不畅，有的孕妇会告诉医生感觉气不够用——气短。如果不是严重的气短，不用担心胎儿会缺氧，胎儿会从妈妈那里获取足够的氧来满足生长的需要。如果有严重的气短，就要去看医生。

第三节
生活中的注意事项

关注胎动与胎心异常情况

从这个月开始，胎儿的活动频率和强度都会有所减少，这不是因为胎儿变得懒惰或有什么问题，而是胎儿要集中精力为出生做准备了。还有一个月就要从妈妈的子宫中出来，这段旅程虽然不长，但对胎儿来说却是至关重要的。如果不做好充分准备，就会给顺产带来麻烦。为了配合妈妈分娩，胎儿从现在开始就要选择正确的胎位——头位；缓慢向骨盆入口移动——入盆，入盆后胎儿就不能自由活动了，所以，胎动有所减少。但是，如果胎动频率和强度减少过于明显，要想到胎儿异常的可能，如果妈妈感到异常要及时看医生。

如果你自己或丈夫学会了听胎心，到了这个月听胎心就更容易了。随着胎儿不断向骨盆方向移动，胎心最清晰的位置也逐渐下移。仰卧位时听得比较清楚，胎心率是140~160次/分钟，如果小于120次/分钟或大于180次/分钟，要注意观察。胎心率减慢要比胎心率增快更应引起重视，有异常时要及时看医生。胎心音强而有力，像座钟的钟摆一样嗒嗒地跳，音调高低和声音强弱差不多，不像成人咚嗒咚嗒地跳，一声高一声低，一声强一声弱。胎儿觉醒和活动时心率加快，睡眠和安静状态时心率减慢，这是正常的胎心率变化，如果缺乏这种变化就不正常了。所以，孕妇在听胎心率时，不要因为心率的变化而着急，只有过快或过慢才是异常的情况。

关注体重、腹围和宫高

到了妊娠后期，腹部增大的速度比较快，孕妇体重平均每周增加200克。体重增长过多，不但会给孕妇带来很大的负担，如活动不便、腰背酸痛、下肢静脉曲张、睡眠障碍等，而且会使胎儿体重过大，给分娩带来困难。如果体重增长过快，可适当控制热量的摄入，少吃高热量食物，如油炸食物、甜点等。适当增加热量适中、富含维生素、矿物质和蛋白质的食物，如蔬菜、水果、奶、大豆、海产品、禽畜肉等，烹调方法以蒸煮炖和清炒为主，少用煎、炸的烹饪方法。如果感觉体重增长过多，又很难从饮食上调节，可咨询专业营养师或保健医师，根据具体情况为你制定饮食方案。

重视产前检查

每次产检时，医生都会为你测量血压，化验尿蛋白及检查浮肿情况，这是非常重要的。在正常妊娠女性中，妊娠高血压综合征（妊高征）的发生率是5%~9%，妊高征是比较严重的妊娠并发症，对母婴健康有极大的危害，监测血压、尿蛋白、浮肿就是为了及时发现妊高征。有的孕妇测量血压时不是很在意，尤其是冬季，不愿意脱衣服，只是把袖子捋上去，结果不能把上臂充分暴露出来，血压袖带无法放置在正常位置。有时衣袖过紧，就会挤压血管，如此测得的血压值不准确，就失去了测量血压的意义。有的孕妇认为每次都化验尿没什么必要，其实并非如此，每次尿检都有意义，如果某一次没有化验尿液，就有遗漏尿检异常的可能。尿检包括七个项目，即尿蛋白、尿糖、尿胆素、尿胆原、尿酸盐、尿pH酸碱度、尿镜检（红、白细胞及其他有形物），这七项都有实际意义，如尿糖阳性提示有妊娠期糖尿病的可能，需进一步检查血糖；如尿胆素阳性提示可能有胆汁淤积，需进一步做血胆汁酸测定；如果白细胞或红细胞阳性则可能有尿路感染，需及时干预。

预防早产

早产儿需要得到很好的护理和比较高的医疗技术支持。胎儿大脑是最早分化发育起来的，但一直到足月，大脑仍没有完成发育的全过程，不但如此，胎儿的大脑也是最脆弱，最容易受到伤害的器官，多在子宫内生长一天，胎儿的大脑就发育完善一点儿，如果提前出生，就意味着让胎儿过早地独立生存，没有了妈妈的帮助，尚不成熟的早产儿在接下来的生长过程中会遇到更大的挑战，需要拿出更多的精力对付外界不利因素的干扰，不再一心一意地发育大脑。所以，预防早产是很重要的，孕妇不要忽视这个问题。

为分娩提前做准备

证件、体检单、病历本……

如果打算到外地分娩，孕妇要提前做好准备，根据路途远近选择适当的交通工具和时间。选择交通工具的原则是能乘坐火车，最好不乘坐汽车；能乘坐飞机，最好不乘坐轮船；能乘坐江轮，最好不乘坐海轮；能白天出行，最好不选择在夜间出行。

时间上，最晚要在距离预产期四周前赶到准备分娩的目的地，这样不但避免途中可能动产的危险，还能为在异地分娩做好充分的准备。到了目的地，应尽快去准备分娩的医院，把产前检查记录拿给医生看，让医生了解你的整个妊娠过程，检查你目前的情况，制定未来的分娩计划。

即使是比较近的旅途，也要做好充分准备，带全途中所需物品。尤其不要忘记母子健康手册、产前检查记录手册以及所有与妊娠有关的医疗文件和记录。

不用担心胎儿营养匮乏

很多人有疑问：氧气、营养素这些必需的物资供应一旦出现匮乏，是妈妈优先使用还是胎儿优先使用？当然是胎儿优先！妈妈从身体到心理，都秉承胎儿优先的原则，首先满足胎儿的需要。如果铁的摄入不足，妈妈即使出现贫血，胎儿也会做最大努力，从妈妈那里获取足够他生长的铁，还要储存足够的铁，以便出生后利用。只有当妈妈极度缺乏时，才会殃及胎儿。这充分体现了人类的自我保护能力，也体现了母亲的无私和伟大。妈妈可不要因为胎儿有这样的能力而忽视自己的身体健康，妈妈失去健康，会给孕育、分娩和哺育宝宝带来很多不利。

为宝宝准备用品

随着胎儿的增大，孕妇活动不那么方便了，不宜长时间行走或站立，现在是为宝宝准备用品的时候了。亲朋好友可能会为宝宝购买一些物品，但一般情况下，宝宝出生后需要的衣服、被褥、尿布、奶瓶等新生儿用品都要提前准备齐全。

婴儿房间

我发现，大多数家庭喜欢将比较小的房间作为婴儿房，或选择朝北的房间作为婴儿房，这都是不好的。小房间不易实现空气流通，朝北的房间很少能见到太阳。应该把宝宝放在阳光充足的房间，白天不要挂遮光的窗帘。

木地板要比地毯好得多，不但容易清扫，还不易藏污纳垢。有的家庭把泡沫拼接地垫铺在婴儿房中，要注意使用前一定要彻底清洗、通风至无味，使用中也要定时清洗。

很多妈妈把电视放在婴儿房，而且离床很近，这样不好。宝宝睡了，妈妈应该抓紧时间休息，这样会增加母乳的产出，而且妈妈和宝宝进行交流对宝宝的智力发育有极大的好处。妈妈长时间看电视，光、声、电会干扰宝宝的睡眠和发育，对妈妈和宝宝的健康都不利。

婴儿房间里最好挂上温度计和湿度计，有暖气、电扇和空调，可以摆放绿色植物（无有害物质释放的品种）和加湿器，保证适宜的温度和湿度。

婴儿床

母婴用品商店及一些商场有非常漂亮的婴儿床供你选择，有的父母会想得久远一些，倾向于购买比较大的床，以便孩子长大后也能睡。这看起来是一步到位了，需要考虑的一点是，这样的床是否能放在父母床的旁边？宝宝在未断奶前，离开妈妈独睡是很困难的，所以，买一个能放在父母床旁的婴儿床并不是多余的。宝宝3岁前都可以睡婴儿床，3岁后可以再给宝宝换一张儿童床。当然，如果你的亲戚朋友家里有使用过的婴儿床，拿来使用也不错。

一定要购买质量可靠的婴儿床，木质的床冬天不凉，是不错的选择。如果使用二手床，一定要保证床品的安全性，而且要有产品说明书、安全标识，确保是合规的婴儿床。床四周栏杆缝隙宽窄要适合婴儿，如果栏杆缝隙过宽，婴儿的头部有被卡住的危险；如果栏杆过窄，婴儿手脚有被卡住的危险，当婴儿醒着时，也影响宝宝的视觉。床栏杆至少要高于床面50厘米，当婴儿能坐、能站立时，床栏杆高度一定不能低于宝宝腋下，以免宝宝"倒栽葱"坠落床下。四周床栏都要固定，不要使用婴儿防护围栏、床档等物，以免增加宝宝窒息的风险。

床上用品

现在商场里有很多婴儿床上用品，不再像过去，需要妈妈一针一线地缝制了，在购买婴儿床时可一起购买配套的床上用品。但是，有的家里，还是喜欢为即将出生的宝宝做小枕头、小尿垫、小被子、小褥子等。无论是买现成的，还是自己缝制的，建议选择色泽浅的棉质面料，以免宝宝产生过敏反应。暂时不需要给新生儿准备枕头、枕巾。最好不买毛毯，以免脱落的毛绒等絮状物刺激宝宝的皮肤和呼吸道，引起过敏反应。如果已经买了毛毯，可做一个棉布套，把毛毯套在里面使用。婴儿用品必须可以水洗，至少面料是可以拆洗的，不可以水洗的部分需经常日晒。

婴儿车

带有遮阳棚的婴儿车比较好，带宝宝到户外时把遮阳棚打开，比给宝宝戴遮阳帽好，遮阳帽会影响婴儿的视野，还容易被风刮落，遮阳棚可以防止鸟虫粪便和小虫子掉到宝宝脸上、手上。带有蚊帐的婴儿车不但可以防止蚊叮虫咬，大风天气还可以防风沙。无论什么式样的婴儿车，质量保证都是第一重要的。

能够把车身从车座上拆卸下来的婴儿车是一车多用型，可以把婴儿车上半部分当婴儿提篮（有的也能用于汽车座椅）使用，需要移动睡熟中的宝宝时，就可以直接把提篮（或座椅）取下，以免惊扰到睡眠中的宝宝。需要注意的是，这样的产品对连接部位质量要求比较高，并且安装时一定要确保放置到正确的位置。

婴儿安全座椅

现在有私家汽车的家庭越来越多，在乘坐汽车时，不按规定使用专用座椅，而把婴儿抱在怀里是违反交通法的。驾车带宝宝出行不使用安全座椅是非常危险的行为！婴儿安全座椅的靠背需朝向汽车行进方向，也就是说，宝宝的面部朝向应与大人相反。放置婴儿汽车座椅最安全的地方是后座的中央或者司机后面的座位（确保婴儿前后没有安全气囊）。

婴儿浴盆、浴床

不要选择金属盆给宝宝洗澡，一是过凉、过沉；二是薄薄的金属边有划伤宝宝的可能。无毒无味的塑料盆或木盆都可以选用，为了防止宝宝滑入水中或牵拉宝宝时太用力，最好同时给宝宝同时配一张浴床或浴网。

婴儿服

婴儿服不需要时髦，关键要实用。一般情况下，为宝宝准备7件宝宝服、3套婴儿睡衣就够了。建议选择无领开衫连体衣，不需要买太多。

婴儿尿布或纸尿裤

这可是必不可少的婴儿用品，而且其使用频率是惊人的。所以，在宝宝出生前，你和丈夫应该商量一下，你们准备给将要出生的宝宝使用一次性纸尿裤，还是可重复利用的布尿布，还是两种交替使用。如果你们家里有足够的人手，使用布尿布也是不错的选择，经济、环保，但一定要注意更换和消毒杀菌。

哺乳用具

无论是线上还是线下，购买婴儿用品都很方便，妈妈不要囤过多的婴儿奶粉。母乳喂养是最佳的选择，对宝宝和你都是好处多多。你要对自己和孩子有足够的信心，你能用自己甘甜的乳汁哺育孩子，孩子也有吸吮妈妈乳汁的能力。尽管在母乳喂养道路上会遇到一些小问题，但大多能得到解决。所以，建议你只准备与母乳喂养有关的哺乳用具，如吸奶器、母乳储存袋（瓶）、溢乳垫、哺乳胸罩、哺乳衣、乳头护理膏等。

专栏：有助顺产的方法

现在越来越多的准妈妈都希望自己能够顺产，这是非常大的进步，使得这十几年来居高不下的剖宫产率开始下降。但与此同时，恐惧分娩痛的准妈妈也面临着不小的挑战。如果对分娩痛毫无心理准备，在生产过程中可能会遇到麻烦。可喜的是，现在有很多减轻分娩痛的方法，不仅有很多缓解疼痛的自然方式，还有各种镇痛药物，这给希望顺产的准妈妈带来了福音。由于应对分娩痛的方法有很多，需要你对各种信息有充分的了解，所以最好在分娩前一两个月就开始了解自然缓解疼痛的方式，尤其是提前学习怎样运用身体和心理调节让产程顺利进行。下面就让我们一起来学习吧。

忘掉你对分娩痛的恐惧

对分娩痛的恐惧和不安，会让身体释放出过多的紧张激素，这些激素会抵消掉促进产程和舒缓分娩痛的激素，恐惧心理还会导致子宫缺血、缺氧、肌肉紧张，不但疼痛程度增加，阵痛时间也会拉长。恐惧—疼痛加剧—更大的恐惧—更大的疼痛，如此反复。那么，如何打破这个循环呢？一是列出来你恐惧的缘由；二是了解分娩知识，你知道的越多，担心的就会越少，也就没有那么恐惧了，在你确定分娩的医院参加分娩课程是不错的选择；三是可能的话，向你信赖的医生朋友咨询；四是尽可能与不怕分娩痛的过来人谈论分娩问题，缓解你对分娩痛的恐惧。

提前做好功课

如果你确定了以下几个方面，在分娩过程中就会从容很多，也会更加游刃有余地应对突如其来的分娩痛。

- 选好生孩子的医院；
- 确定好陪伴人员；
- 学会放松技巧；
- 充分了解分娩过程和分娩痛；
- 了解可能会用到哪些助产仪器；
- 了解可以使用的止痛药物和方法。

练习拉玛泽呼吸法

1. 布置一个舒适的场地。

2. 播放舒缓的音乐。

3. 让自己放松下来，去除杂念，让自己处于冥想中。

4. 把注意力集中在一呼一吸上和宫缩（想象）上。

5. 借助物品可采取蹲位、半蹲位或半卧位，也可让丈夫协助。

6. 调整呼吸，把呼吸调整到平稳状态。

7. 想象宫缩开始，闭住嘴巴，用鼻子深吸一口气，尽可能延长吸气时间，使胸腔扩张。

8. 想象阵痛开始，张开嘴巴，如同吹蜡烛一样向外深呼一口气，尽可能地延长呼气时间，使胸腔回位。

9. 想象着阵痛持续，尝试正常一呼一吸，也可以适度缩短一呼一吸时间，但不要喘气和过度换气，更不要快且浅的呼吸。

拉玛泽呼吸法的要义是，比呼吸技巧更重要的是放松和放开。在两次宫缩间歇期间，要尽可能地放松和休息；当宫缩来临时，尽可能地放开自己的身体。然后是想象一个画面，当宫缩和阵痛来临时，是你腹中的胎儿正在为出生做不懈的努力，宫缩和阵痛越强，子宫对胎儿的推力就越大，离降生就越近。你的每一次宫缩和阵痛，都是对你腹中孩子的帮助。所以，你要通过调整呼吸，让自己紧张的肌肉放松，让身体放开，让宫颈口和产道张开，让宝宝顺利出生，胜利的喜悦和伟大的时刻就要到来。

第 十一 章

孕10月（37~40周）

宝宝写给爸爸妈妈的第十一封信

亲爱的爸爸妈妈：

    在接下来的三四周里，我还要不断成长，做好离开妈妈子宫后独立生存的最后准备。我的皮下脂肪还要进一步增厚，妈妈的子宫非常温暖，外面世界的温度要比这里低得多，厚厚的脂肪不但能够保存我体内的热量，棕色脂肪还能够释放热量，以保持我的体温。在妈妈的子宫里，我已经体会到什么是生命的温暖，妈妈总是给我更多的营养，让我长出更多的肌肉和脂肪，让我尽量强壮。

    亲爱的妈妈，再过1周，我就满37周了，37周后，我就被称为足月儿了。我就要和爸爸妈妈见面了，这太令人激动了！我一定不辜负妈妈十月怀胎的辛苦，健康快乐地见爸爸妈妈。

你们的胎宝宝写于出发前

第一节
胎宝宝："我和爸爸妈妈就要见面了！"

孕 37 周时

我的顶臀长约34厘米，体重约3000克。我已经比较丰满了，面部皱纹消失，面部动作也越发丰富，时而眨眼，时而吞咽羊水，时而张嘴，时而打嗝。如果手指碰到嘴唇，我还会津津有味地吸吮几下。我的动作也更加多样化，小手时而张开，时而握住，时而抱着自己，时而挥舞；小腿时而蜷起，时而伸开，踢一踢，踹一踹。我的免疫系统逐渐发育，准备和妈妈并肩作战，一起抵御可能的感染。

孕 38 周时

亲爱的妈妈，哦，当然还有爸爸，你们知道吗？现在我身体的所有系统都已经发育完成，随时准备与你们见面。我的肠道聚集了不少的废物，也就是胎便，出生后的一两天会逐渐排出。医生会评估我的大小，但那只是评估，在我没出生前，没有人会知道我到底有多高、多重。为我提供营养的胎盘开始老化，不要紧，我很快就不需要胎盘供养，而是需要吸吮妈妈甘甜的乳汁了。

孕39周时

我的指甲已经长得比较长了，肺部发育完好，乳头略微隆起，头发浓密，长2~3厘米。因为脂肪增厚，我的四肢和身体变得圆滚滚的，小老头般的皮肤皱褶消失，毳毛几乎脱落，皮肤出现美丽的光泽。为了刺激我的肠道蠕动，出生后尽快排出胎便，我义无反顾地把脱落的胎毛吞到肚里。我的肺表面活性物质不断增多，为的是出生后能够自由呼吸。为了健康我也是拼了，我的勇敢一定感动了爸爸妈妈。到了这周，妈妈可能感觉到胎动减少了，这是因为我长大了，子宫对我来说太过拥挤，不再能伸胳膊踢腿了，只能摇一摇身体，扭一扭屁股，晃一晃脑袋。现在我全身至少有300块骨头，比妈妈多了好多块呢！出生后随着我的生长，有些骨头就融合了，妈妈不要担心。

孕40周时

我的手(脚)掌出现较多的纹理，足底纹的多寡也代表着我的成熟度，每个胎儿的指纹、手掌纹、脚掌纹都是唯一的，可作为身份识别的标志。我一出生医生就会给我印手足印，它的意义并不是艺术品，而是我的第一张身份证。现在，我要把更多的精力用来准备出生，我要让我的头下降，进入产道入口。这样一来，子宫底开始下降，妈妈可能会感觉呼吸畅快了，胃部不再那么胀满，饭量开始增加。但是，妈妈可能会感觉腰椎和骶骨被我压得酸酸的，耻骨和小便处也感觉到酸痛。我如果不小心压到妈妈的坐骨神经，妈妈可能会感觉腿痛。妈妈不要着急，我很快就要出生了。

第二节
孕妈妈："迎接我的
小宝宝。"

尿频

由于胎儿头部下降压迫膀胱，孕妇会再现尿频。这会让你想起，在刚刚怀孕时，你总是上卫生间，总像有尿没有尿完。现在又开始了，而且比那时还明显。不要紧，精神放松，有尿意就去排尿，身体略微向前倾斜或许会帮助你尽量排空膀胱里的尿液。但一定不要长时间坐便盆，以免宫颈水肿，给分娩带来困难，也不能因为尿频就不敢喝水，一定要保证水分摄入充足。

痔疮

如果怀孕后不久就患了痔疮，这个月可能会因为胎儿入盆，增加了对腹腔和直肠的压迫而使痔疮加重。用热毛巾湿敷可减轻疼痛和肿胀，尽量采取侧卧位，如果痔疮比较严重请看肛肠医生。痔疮不会影响顺产，也不会因此而增加分娩时的疼

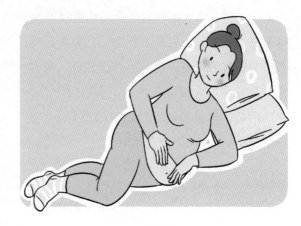

痛，医生会妥善解决这个问题的，孕妇不必过度担心。

坐骨神经痛

坐骨神经痛的发生有以下几种原因：

> ·妊娠末期，胎头入盆，压迫一侧或双侧坐骨神经，可引起孕妇坐骨神经痛；
>
> ·孕妇体内产生一种松弛激素，可使腰椎韧带松弛，容易发生腰椎间盘突出，引起坐骨神经痛；
>
> ·妊娠后期孕妇手提或肩扛重物时，可诱发腰椎间盘突出引起坐骨神经痛。

坐骨神经痛发作时，孕妇要卧床休息，睡硬板床更好，至少需卧床休息四周。孕期坐骨神经痛在产后多能恢复，不需要药物或针灸治疗，也不宜手术治疗。

子宫增大引起的不适

孕36~40周时，子宫底高度每周增长0.4厘米，可达剑突下2~3厘米，增大的子宫使膈肌上移，胸腔空间减小，挤压心脏，有的孕妇可能会因此而感到心慌、气短。增大的子宫也会挤压胃部，出现饱腹感，孕妇食量会有所下降，可少食多餐，既保证了母子营养供应，又不会使孕妇感到难受。如果一次吃得过多，不但会引起胃部不适，还会因扩张的胃挤压心肺，导致孕妇呼吸不畅、心悸、气短。增大的子宫还会压迫膀胱，出现尿频和便秘。子宫压迫输尿管引起肾盂积水，所以，不要憋尿。仰卧位时，下腔静脉、腹主动脉、输尿管会受到子宫的压迫，影响静脉血回流、胎盘血供应、尿液的排泄。因此，孕晚期最好采取左侧卧位睡眠，坐着时不要向后仰，尽量抬高下肢，可以减轻下肢浮肿程度，避免下肢静脉曲张。

子宫高度下降

和未孕前比，子宫可能增大了1000倍，并且这个月还没有停止增大。但是，由于胎头下降入盆，子宫高度开始下降，看起来腹部非但没长，还比原来小了。子宫高度下降对孕妇可是件好事，气短明显减轻，胃部也不那么饱胀了，感觉轻松了许多。人类的确聪明，胎儿让妈妈在孕期的最后一个月里好好休息，养精蓄锐，等待分娩——完成最后的冲刺。也有的孕妇即使到了这个月，仍然感到气短，子宫底顶着膈肌，不但胸部被增大的子宫顶得难受，甚至出现肋骨疼痛，耻骨、腰部和骶部也开始酸痛。如果肋骨痛，就尽量少坐；如果耻骨和腰骶痛，就尽量少站、少走，多采取侧卧位，适当使用腹带可减轻疼痛。

第三节
生活中的注意事项

不宜坐浴

妊娠后，胎盘产生大量雌激素和孕激素，致使阴道上皮细胞通透性增强，脱落细胞增多，宫颈腺体分泌功能增强，使阴道分泌物增多，改变了阴道的正常酸碱度，易引起病原菌感染。到了妊娠晚期，宫颈短而松，一旦发生生殖道感染，很容易通过松弛的宫颈感染到宫内。因此，防止生殖道感染对孕妇来说是非常重要的，最好淋浴，不要坐浴。

不要急着上医院和进产房

有了临产先兆，并不预示着就要分娩了，不要急着住院。尤其是第一次怀孕的孕妇，因为缺乏经验，肚子有一点儿疼痛，就急急忙忙地去医院，可到了医院，又发现什么事也没有了。住院几天没有一点儿分娩迹象，孕妇看着出出进进的产妇，精神非常紧张，睡不着、吃不下、休息不好，等到分娩时，就会体力跟不上，影响顺利分娩。

临产时一定要保持镇静，精神放松，相信医生护士的判断和处理，冷静地对待临产前出现的、你从未有过的体验，切莫惊慌。你应该有充分的思想准备，如果选择了自然分娩，就要勇敢地面对，有条不紊地做好各项准备。当你对分娩有了更多了解，就不会那么害怕了。

真临产与假临产的区分

真临产

· 上腹部变得轻松。

· 阴道分泌物呈现褐色或血色。

· 耻骨处或腰骶部一阵阵地疼痛，比较有规律。

· 肚子有规律地发硬、发紧或隐隐作痛。

· 忽然有较多的液体从阴道中流出。

· 没有大便，却有非常明显的便意。

· 感觉到很有精神，想彻底打扫房间，想把宝宝出生后的东西再清点一下，这可能预示着你已经进入临产状态。

如果你对以下问题的回答都是肯定的，真正的分娩可能马上就要开始了。

· 你是腰背痛（类似痛经）而不仅仅是下腹部疼痛吗？

· 子宫收缩不因为你移动或改变身体位置而停止吗？

· 子宫收缩开始时，你不能和周围的人谈话吗？

· 已经破水了吗？

假临产

如果你对以下问题的回答都是否定的，说明你离真正的分娩还有一段距离，是假临产。

· 子宫收缩的强度增加了吗？

· 子宫收缩时间恒定吗？间歇时间规律吗？

说明

· 恒定和规律：如每次子宫收缩的时间大约持续10秒，每4分钟收缩一次。

· 不恒定和不规律：如这次子宫收缩10秒，下次收缩20秒；这回两次收缩时间间隔20分钟，下回间隔8分钟，再下回又间隔4分钟。

分娩前准爸爸的心理准备

妻子就要进入预产期了，准爸爸开始准备迎接妻子分娩时刻的到来，把到外地开会出差等事情推掉，以便随时等候妻子的召唤。这时的准爸爸可能比准妈妈更心急，准妈妈主要担心宝宝能否顺利出生，准爸爸不但担心宝宝是否顺利出生，更担心妻子是否能平安度过分娩难关。

医生护士对此有更深的感受：在分娩前就决定自然分娩的孕妇多是比较坚强的，她们会咬紧牙关坚持着，等宫缩来临的时候，她们常常是双唇紧闭，或拉着床栏，或攥着亲人的手，汗流浃背，满脸通红，却一声不吭，每当这时往往是丈夫心神不定，一次次地问医生到底还要让妻子坚持到什么时候。

如果孕妇在分娩前没有做好充足的心理准备，或一直对分娩充满了恐惧，或对疼痛的耐受性比较差，等进入产程第一阶段时，往往被一阵阵突如其来的宫缩痛打倒，不断地重复说"受不了了"。这个时候，准爸爸常常坐立不安，一遍遍地请求医生实施剖宫产。准爸爸没有身体上的疼痛，承受的是心理上的压力，所以，更加难以释怀。医生护士都能理解，但理解归理解，这样的情形大多会给顺产带来障碍，最终不得不进行剖宫产。所以，准爸爸的心理准备也是非常重要的。

准备好去医院分娩的物品

· 母子健康手册及孕期保健和产前检查时的医学资料。

· 医院会提供所需的洗漱用品，如果孕妇有特殊要求，最好自己准备一套。

· 提前询问医院是否可以自带衣物，如果医院提供消毒的住院服等物品，记下来，再查漏补缺。提前包好包裹，住院时随手可拿。

· 不要忘记带上宝宝所需要的一切：衣服、被褥、帽子、尿布、哺乳用具等，这些一定提早准备好，包一个包裹，出院前从家里拿来就可以。

值得提醒的是：不要认为分娩后就可以穿孕前的衣服了，产妇分娩后还需要一段时间，才能恢复孕前的体形，孕妇服仍是产后1个月内最适合的衣服。分娩后要母乳喂养，套头衣服不适合哺乳，要准备几件方便的开襟上衣，方便的哺乳内衣和胸罩。还要带一两套睡衣，一双保暖性好、柔软舒适、穿脱方便的平跟鞋。如果天气冷，不要忘了带上帽子、围巾、手套和保暖的外衣。

宝宝即将出生，新手爸妈要做好知识、思想、物品三方面的准备。

知识	·掌握护理新生儿的基本常识，如新生儿的喂养，大小便的次数和性质，房间的布置，环境的温湿度，婴儿床及床上用品，婴儿使用的餐具，婴儿衣物被褥等。 ·了解新生儿的正常生理反应和病理情况，如新生儿呕吐、打嗝、睡眠、运动等。
思想	·从思想上认识到自己已经为人父母，应学会控制自己的感情，愉快地度过产褥期，任何不愉快都会影响乳汁的分泌，不但把孩子的"粮仓"弄没了，还会影响产后的康复。
物品	·婴儿尿布、婴儿专用的洗盆（洗澡、洗臀、洗脸分开）、毛巾（至少 10 块，擦嘴、擦脸、擦臀都要分开）。 ·婴儿服、被子、尿布等一定要纯棉、无毒染料、柔软的。 ·母乳是婴儿最好的食物，一定要争取母乳喂养，有母乳不要给孩子喂配方奶，实在没有母乳或有不适于母乳喂养的情形，要提前准备好配方奶。

专栏：过期产

过期产儿的判断标准

妊娠 42 周以后出生的胎儿称为过期产儿。过期产的真正原因不明。过期妊娠中，胎盘会老化，胎儿不能得到充足的氧气和营养素，再待在子宫中只有坏处。所以，医生会想办法促进分娩。孕妇不要一味抱着"瓜熟蒂落"的观念，到了预产期不动产应该及时看医生。

超过预产期分娩的情况很常见，在预产期分娩的产妇只有约 5%，绝大部分孕妇会在预产期前后 1 周左右分娩，部分孕妇会在预产期前后 2 周内分娩。

现在，无论是医生还是孕妇及其家人，都非常重视胎儿的健康，会定期做产前检查，过了预产期，医生会评估胎儿情况，评估胎盘老化程度，确定胎儿是否适合继续在宫内生活，如果发现胎儿或胎盘有异常，医生会及时采取医学措施，人为发动分娩，如果有剖宫产指征，会直接做剖宫产。所以，极少会有过期产儿出生。

过期产对妈妈的影响

- 增加焦虑情绪
- 增加难产风险（巨大儿、颅骨过硬……）

过期产对宝宝的影响

- 过熟儿综合征
- 胎粪吸入综合征

预防过期产

- 坚持运动
- 坚持数胎动
- 按时产检
- 到了预产期没有临产征兆要看医生，了解胎儿和胎盘情况
- 超过预产期要看医生，不能静待"瓜熟蒂落"

真正过期产的情况并不常见，大多是以下原因导致的假过期产：

1.妈妈的月经周期不准确，按照末次月经计算的预产期也就不那么可靠了，尽管到了"预产期"可还没到"瓜熟"的时候；

2.妈妈没有记准末次月经来潮的时间，经B超评估的胎龄不准，这样一来"预产期"也就打了折扣。

3.受孕的那个月，恰好卵子的排出时间向后推迟了，受精卵的诞生晚了半拍，胎儿在子宫内的生活时间还没满期。

第十二章

分　娩

第一节
自然分娩

分娩前可能忽视的问题

容易忽视的预备事项

就要生孩子了，这不但对孕妇来说是重大时刻，对就要做爸爸、爷爷、奶奶、外公、外婆的家人来说也是一件重要的事情，他们会为宝宝的诞生做许多准备。检查一下，看看这些不起眼的准备工作是否忘了。

·是先给医生打电话询问，还是直接去医院？如果在夜间或节假日，如何和他们联系？

·从家到医院的路途，24小时是否都能畅通无阻？在上下班交通高峰期间，从你家或单位到医院大约需多长时间？

·是否有一条备用路，以便当道路堵塞时能有另外一条路可以尽快到达医院？

·准备乘坐什么交通工具去医院，是私家车、出租车，还是朋友的车？

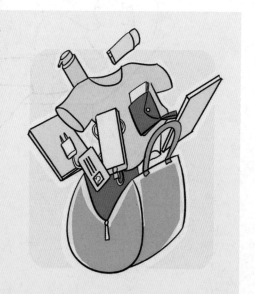

·住院用品准备好了吗？包括医疗手册、换洗衣物、洗漱用品、身份证、手机、充电线、钱、待产期间的休闲食品及读物（包括陪护人的）、个人卫生用品、

婴儿用品等，是否放在一个包里，可以随时拿走？

·分娩时谁负责陪护，如果陪护人临时有特殊情况，谁可以替补？

·工作的事情是否安排好了，是否把你的预产期和休假计划告诉你的领导？如果你自己就是老板，公司的工作安排好了吗？把公司交由谁打理？

·分娩后谁帮助照顾宝宝，一旦发生特殊情况如何联系医院和医生？

容易忽视的产前征兆

见红、腹痛是最常见的产前征兆，除此之外，你还知道哪些临产先兆呢？下面这些你听说过吗？

·感觉胎儿的头紧紧压着会阴部或有强烈的排便感觉，这是因为胎儿的头部已经降到骨盆，这种情形多发生在分娩前的一周或数小时。

·阴道流出物增加，这是孕期累积在子宫颈口的黏稠分泌物，当临产时，子宫颈胀大，这些像塞子一样的黏稠物就到了阴道，使阴道分泌物多了起来，这种现象多在分娩前数日或即将分娩时发生。

·尿液样液体从阴道涓涓流出，也可能呈喷射状流出，这是羊膜破裂，俗称破水，这种现象多发生在分娩前数小时。

·宝宝出生前会有破水现象，但你知道吗？有的破水并不是真的，只是前膜囊破了，包裹胎儿的胎膜并没有破，所以，流出一股羊水后就没有了。

·有规律的腹肌痉挛，后背、腰、肚子、骶尾（尾巴骨）或耻骨（腹部下的骨头）痛或酸胀。这是子宫交替收缩和松弛所致，随着分娩的临近，这种收缩会加剧。

一旦出现下列情况，请马上去医院或请医生

- 在没有发生宫缩的情况下，羊膜破裂，羊水流出。

- 阴道流出的是血，而非血样黏液。

- 宫缩稳定而持续地加剧。

- 产妇感觉胎儿活动明显减少。

表现各异的临产先兆

- 并不是所有孕妇都按固定的顺序出现临产先兆，也并非每个孕妇都出现所有的临产先兆。对于每个孕妇来说，临产先兆的表现、感觉也不尽相同。

- 有的产妇直到宫口开全，也不破水，胎头还高高地浮着，助产士有些紧张，担心不能顺产，可一阵剧烈的宫缩来临，胎头下降，紧接着破水，几乎在破水的同时胎儿娩出。

- 有的产妇先见红，后出现宫缩痛。

- 有的产妇先有少量羊水流出，直到上产床分娩时才真正破水，先前的只是前膜囊破了。

- 有的产妇一出现有痛性宫缩，很快就进入规律宫缩状态，宫口打开较快，整个产程非常紧凑。

- 有的产妇腹痛强烈，宫缩频繁，闹得很厉害。可到了产房后，就变得腹痛减轻，宫缩间隔延长，强度减弱，产妇也安静了，做胎儿监护一切正常，只能又回到待产室待产。

临产信号

宫缩——推挤胎儿通过产道

并不是所有的宫缩都预示着胎儿就要娩出。有的孕妇很早就会出现无痛性子宫收缩，就是感觉肚子一阵阵发硬、发紧，这是胎儿向骨盆方向下降时出现的宫缩。有的孕妇在预产期前后出现不规律的宫缩——前期宫缩，可能是1个小时出现一次，也可能是40分钟一次，有时20分钟一次，宫缩持续几秒钟，或转瞬

即逝，孕妇还能悠闲自得地活动。出现前期宫缩不要急着上医院，离生还远着呢。

一旦出现规律宫缩，就是去医院的时候了：初产妇每10~15分钟宫缩一次；经产妇每15~20分钟宫缩一次。宫缩程度一阵比一阵强；或间隔时间逐渐缩短；或每次宫缩持续时间逐渐延长；或腹痛比较剧烈，就要与医院取得联系，随时准备住院。每个孕妇对疼痛的感觉不同，对宫缩的耐受性也不同，根据自己的实际情况决定何时住院。如果你已经坐卧不安了，就干脆到医院去。

见红——胎儿发出了离开母体的信号

见红是临近分娩的先兆，为什么会"见红"呢？胎儿要离开母体，胎头不断向子宫颈口移动，包着胎儿的包膜从子宫剥脱而流出血液，混有血液的阴道分泌物呈现血色。

"见红"后就要分娩吗？不是的，但一般情况下，见红后不久就要开始真正的宫缩（有规律的、促使胎儿娩出的子宫收缩），一旦出现规律的宫缩就离分娩不远了，也是该去医院的时候了。

破水——你要立即住院

破水就是包裹胎儿的胎膜破裂了，羊水流了出来，破水多是在子宫口开到能通过胎儿头的大小时发生，有的在胎儿娩出的一刹那才发生。记住：

· 一旦破水，无论有无宫缩，有无其他临产先兆，都要马上住院；

· 破水后尽量减少去卫生间的次数，如果能躺着排小便是最好的；

· 垫上干净的卫生巾或卫生棉；

· 停止活动，不能洗澡，最好躺下；

· 去医院的途中最好能躺在车上，而不是坐着；

· 即使破水了也不要慌张，离分娩还有一段时间；

· 有时会出现假破水的现象，或是尿液，或是前膜囊破裂，并非是包裹胎儿的胎膜破裂。如果是这样的话，液体流出的量比较少，或很快就停止了。有一种试纸能很快鉴别流出的是尿液还是羊水。

最激动人心的时刻——分娩

有过自然分娩史的女性，对子宫收缩引起的阵痛可能仍记忆犹新。但不管当时如何疼痛难忍，几乎没有孕妇因为惧怕疼痛而拒绝生育第二胎，而经产妇大多不要求无痛分娩。这确实令人难以置信，有过生育经历的女性比没有生育经历的女性更能勇敢地面对分娩，把分娩看作是灾难的大多是没有自然分娩经历的女性。

我想告诉这样的女性：不要听过来人的经验。如果过来人告诉你生孩子很容易，你会抱着这样的心态迎接分娩，这比有思想准备还要糟糕，你会把疼痛放大一百倍一千倍，会担心你不正常或者是不是有意外；如果过来人告诉你生孩子是一场灾难，不是常人所能忍受的，你会对疼痛变得异常敏感，心生恐惧，非常紧张，缺乏自信，这样的心理状态会加重分娩时的阵痛，甚至导致宫缩异常，宫颈口扩张困难，不能很好地和医生配合，丧失坚持正常分娩的勇气。生孩子是人生中一次美好的体验，是属于你和孩子的，如果你做好了充分的心理准备和分娩知识的储备，和你腹中的孩子齐心协力，一定能顺利分娩。

对分娩的恐惧直接影响分娩的结果

瑞典医学家研究发现，明显对生产感到恐惧的孕妇最终可能采取剖宫产，而且这些孕妇在产后较容易产生情绪困扰。疼痛是一种奇怪的现象，心理暗示对疼痛有很大影响，越是相信自己能承受分娩痛的母亲，分娩时越是经历较少的疼痛。

对分娩的恐惧不单单发生在产妇身上，等待妻子分娩的丈夫也常常会陷入极度的恐慌之中，有时比产妇表现得更强烈。有趣的是准爸爸与准妈妈恐惧的原因并不相同。研究报告发现：孕妇担心的问题依次是胎儿是否畸形与受伤、是否需要重大医疗介入、对医院里的环境感到陌生、自己是否做错了什么、不知道孩子将怎样生出来。准爸爸担心的问题依次是妻子能否承受住疼痛、是否有重大医疗介入的可能、胎儿是否畸形或受伤、自己的无力感、妻子会不会有生命危险。

在这个报告中，有一个奇怪的现象，孕妇对分娩的恐惧不是害怕疼痛，而是疼痛加剧了她们对不良结局的恐惧。所以医生和助产士在疏导产妇心理压力和恐惧感的时候要有的放矢。丈夫陪护分娩并不一定能帮助妻子缓解压力，因为丈夫本身面临的心理压力一点儿也不比妻子小。

不会在产床上生好几天

常有人说起自己在医院生了好几天才把孩子生出来，这种描述会让没有经验的产妇感到很恐惧。事实上，从真正动产到胎儿娩出一般是24~48小时，如果发生滞产，产科医生会立即采取干预措施，没有生好几天的，几进产房的都是假临产。

有一点是肯定的，妈妈有保护胎儿的本能，只有你感觉要生了才去医院，这是最保险的。如果你对分娩感到恐惧，或有些神经质，距离分娩还有很长时间就住院待产，反而会受到产房气氛和某些又喊又叫的孕妇的刺激，变得更加紧张。如果医生认为你还不需要住院，你就大胆地回家，消除紧张情绪是你现在最应该做的。生孩子是个很自然的过程，加上现在的医疗保障水平提高，你的宝宝会平安地在医院里出生的。

生孩子时的不同体验和感受

尽管同是顺产，并不是所有的产妇都有相同的分娩过程，也并不是所有的产妇都有一样的分娩感受和体验。有的产妇自始至终都没有感觉腹痛，而仅仅是腰痛；有的产妇始终述说自己的骶尾部痛得像被劈裂；有的产妇感觉耻骨部剧痛；有的产妇感觉最强烈的是肛门和阴道处被紧紧地压迫和堵塞着。

缓解疼痛的办法也存在差异。有的产妇采取仰卧位，两手上举，紧紧抓住床栏；有的产妇跪在床上，上肢支撑身体；有的站在地板上，一手托着腹部，一手放在床上或墙壁上；有的需要丈夫搀扶着来回走动；大多数产妇侧卧位时更舒服一些。产妇采取能够缓解疼痛的姿势就可以了，不必拘泥于形式。

决定分娩顺利进行的四要素

要素一：胎宝宝顺产的必经之路——产道

胎儿离开母体所经过的道路称为产道，由软产道和骨产道两部分构成。骨盆构成了骨产道；子宫口、阴道、外阴构成了软产道。胎儿在子宫中生长的时候，骨产道和软产道都严密封锁着，以阻止胎儿出来。当分娩启动后，软产道周围的肌肉和韧带变得柔软易伸展。软产道和骨产道都努力扩张以使胎儿通过。

骨产道

常有孕妇问："医生说我的骨盆窄，经阴道分娩会有困难，可能需要剖宫产。可我骨盆并不窄，比一般人还宽呢，为何连孩子都生不了？"其实，医生说骨盆窄，并不都能从外观看出来，医生测量的是骨盆入口和出口，其尺寸与胎儿头颅大小相比较，判断胎儿是否能够顺利通过。这两个口小了，胎儿出头时就会受阻。

骨产道

子宫口

阴道和外阴

骨盆入口	近乎圆形，但前后径略比横径小。入口后半部宽大，前半部呈圆形。中骨盆侧壁垂直，坐骨棘不显露。第一骶椎前上缘是骨盆内测量的一个重要标志。
骨盆出口	左右耻骨下端相连形成70～100度圆拱形角。有的孕妇骨盆呈男性型、扁平型、类人猿型或混合型，可能会因骨盆入口或出口狭窄而影响胎头通过。

软产道

软产道是否影响胎儿顺利娩出，有时并不能提前预测。但你也不必担心，医生会妥善解决分娩过程中出现的问题。

宫颈水肿是产妇可以通过自己努力避免的。有的产妇因有便意，总是坐在马桶上或蹲着，引起宫颈水肿；还有的产妇距离分娩还早时，就频繁屏气，也会引起宫颈水肿。因此，孕妇总是有排便感是胎头压迫盆腔造成的，不要老是蹲卫生间，医生没有告诉你屏气时，不要过早屏气。

要素二：推动胎宝宝的原动力——宫缩

当分娩启动后，子宫会发生有规律的收缩，呈阵发性，从宫底开始向宫颈口推进，似波浪状，使宫口逐渐打开，并挤压胎儿向宫颈口前行，同时压迫胎囊，被挤压的胎囊不能承受压力而破裂——破水，胎儿伴随着羊水的流出通过产道。

子宫阵缩持续时间	子宫一次收缩分"加强—顶峰—减弱"三步。完成这三步就是子宫一次阵缩时间。如果医生问你宫缩一次持续多长时间，指的就是这三步完成的时间。
子宫阵缩间隔时间	子宫经过一次收缩后，进入休止时间，等待下一次阵缩的开始。从一次阵缩结束，到下次阵缩开始，这一段时间是阵缩间隔时间。如果医生问你多长时间宫缩一次，指的就是这段休止的时间。
宫缩来临	绝大多数孕妇都能明确地感受宫缩来临的时刻，因为宫缩会引起孕妇腹痛，宫缩停止，腹痛就会消失。可以说宫缩引起的腹痛具有戏剧性，疼痛来临时，几乎无法与人对话，这时周围人的劝慰没有任何作用。疼痛消失后，可以说话、吃东西，甚至谈笑风生。但是，接近分娩时的腹痛就没有这么轻松了，宫缩间歇时间更短，甚至说不清什么时候是宫缩，什么时候是间歇。极个别孕妇宫缩时不伴有典型的腹痛，而是腹部酸胀感，或耻骨痛、腰痛、骶尾痛，或说不出的难受。孕妇可以用手摸着腹部，肚子硬硬的、紧紧的、腹肌非常紧张，就是宫缩来临了，肚子变软变松，宫缩就停止了。

当临产开始时，每次子宫收缩持续约30秒，间隔时间约10分钟。随着产程的进展，宫缩变强，每次可持续30~90秒，一般持续1分钟。直到分娩，每次宫缩时间大多不超过1分钟。宫缩间隔时间也逐渐缩短，从不规律宫缩到每10分钟一次，直至2~3分钟一次，但不管间隔时间多短，都有一定的间隔时间，这对胎儿是极其重要的，如果宫缩不休止，子宫肌纤维就不能休息，子宫和胎盘循环就不能恢复，胎儿就会缺血、缺氧。所以，如果你的宫缩持续不断，没有间歇，要及时告诉医生。

要素三：胎宝宝自己的努力

胎头是胎儿身体最大的部分，也是受产道挤压后缩小最少的部分。所以，胎头是最难娩出的部分。但决定胎头是否能顺利娩出的因素并不是颅骨的硬度，而是分娩时胎头的位置（胎先露）、颅骨的变形、骨产道的宽窄和软产道等因素。

常有B超提示胎儿双顶径大，孕妇就开始担心起来，害怕难产。其实，胎头是否能够顺利娩出，并不单单取决于胎头的大小，胎头是大是小，是相对于妈妈的骨产道而言的。胎儿的头不大，但妈妈的骨产道窄，不足以使胎儿的头通过，胎头相对于妈妈的产道来说就大了；胎儿头比较大，但妈妈的骨产道足以使胎头通过，那么胎头相对于妈妈的产道来说就不大。为了顺利通过产道，胎儿的头骨会发生变形，使胎头尽量变长变小；同时，为了适应弯曲迂回的产道，胎儿在向前推进的同时还会旋转头和身体。

颅骨的变形	*颅骨与颅骨之间有一些缝隙，在胎儿和婴儿期是分开的，通过狭窄的产道时，骨与骨之间可有少许重叠，胎儿头变长，此为胎头的变形能力。*

要素四：产妇的状态——自然分娩的勇气

孕妇的状态对是否能顺利分娩起着非常重要的作用。分娩时刻的到来，不但会给孕妇带来喜悦和期盼，还可能带来恐惧和担忧。宫缩可能会影响孕妇的休息和饮食，使孕妇变得焦躁，加上对周围环境的不适应，很容易引起大脑皮层功能紊乱，导致宫缩无力，产程延长，使本来可以顺利的分娩变成了难产，甚至实施剖宫产。所以，孕妇、丈夫、周围的亲人都应认识到这一点，从思想上解除恐惧和担忧，以轻松愉快的心情对待分娩。

如果你决定了自然分娩，就要正视宫缩带给你的不适和疼痛，把它视

为你一生中最难得，甚至是唯一的一次分娩体验，相信自己能把宝宝顺利生出来，以母亲特有的坚强迎接宝宝的到来。如果你对自己没有信心，可事先和医生商量，是否采取无痛分娩。分娩前抱着试试看的态度是不可取的。你应该告诉自己：我选择了自然分娩，疼痛是不可避免的，是对我做母亲的第一个考验，我一定会战胜疼痛。只要抱有这样的心态，你就成功了一大半。当宫缩来临时，是宝宝用他的头顶开妈妈的骨盆和宫颈口，向终点冲刺！让你的脑海中充满宝宝的样子，为宝宝加油助威，为自己鼓劲！这样会减轻疼痛的感觉。如果宫缩停止了，说明宝宝正在暂时休息，你也要抓紧时间休息，尽量让自己吃些东西，保证有足够的能量把宝宝生出来。妈妈和宝宝配合默契，一定能顺利完成分娩任务，相信自己，加油！

精神预防性无痛分娩

英国的林顿博士认为，产妇对分娩往往存在不安和恐惧，由此导致分娩时的精神和身体紧张，使疼痛加剧。随着不安—紧张—恐惧—痛苦—不安的恶性循环，使分娩变得痛苦。精神预防性无痛分娩法是俄罗斯的尼古拉耶夫博士提倡的，是应用巴甫洛夫条件反射理论而采取的方法。这一方法是让孕妇接受产前辅导，孕期做孕妇体操，进行分娩前辅助动作训练，掌握分娩知识，消除不安和恐惧情绪。

拉马泽呼吸法

拉马泽呼吸法是法国拉马泽博士提倡使用的方法，其原理是巴甫洛夫的条件反射理论，拉玛泽呼吸法详细内容请看第十章专栏（P170）。

催眠暗示法

对产妇施行催眠术，使产妇感觉不到疼痛。这对于一般人来说是很难做到的，因为医院很少有能够做催眠术的医生或助产士。

针刺麻醉法

针灸穴位以缓解疼痛，但必须由通晓针灸麻醉的医生施行。这在一般医院也是很难做到的。

借助药物的无痛分娩

使痛觉缺失的止痛药。痛觉缺失是指在感觉并未完全消失的情况下达到止痛的效果。失去痛觉的人仍保持头脑清醒，但这种方法不能完全使疼痛感消失，只是缓解疼痛。

全身痛觉缺失	通过肌肉注射或静脉滴注麻醉药物，使其作用于整个神经系统来止痛。它可以缓解疼痛，但不使你失去知觉。这种止痛药也同其他药物一样具有副作用，如注意力不能集中、嗜睡等。这种药不可在分娩开始前使用，因为它会减缓和影响胎儿反射及出生后的呼吸功能。
局部痛觉缺失	如同牙科医生使用药物使你口腔局部麻醉一样，产科医生可以用局部麻醉法减轻产妇在分娩过程中的痛苦。如医生为了防止产妇在分娩时会阴撕裂，有时要给产妇做外阴切开术，这时就要用到局部麻醉剂。局部麻醉剂不会减缓胎儿反射和新生儿呼吸功能。

使感觉缺失的止痛药。感觉缺失是指感觉完全丧失，接受这种止痛法的人，有的会完全失去知觉，有的只是局部失去知觉。

产科常用的麻醉方法

阴部麻醉	即将分娩前往阴部附近注射麻醉剂。这种方法对麻醉会阴有效，它可以在胎儿通过生殖道时减缓阴道与肛门间区域的疼痛感，但不能缓解宫缩引起的腹痛。这是最安全的麻醉方法之一，截至目前，尚未发现有严重的副作用。
硬膜外麻醉	这是一种区域麻醉，它使身体的下半部丧失知觉。麻醉的程度取决于所使用的药物和剂量（行剖宫产术时，多采用硬膜外麻醉），给药后片刻见效，但仍会感到宫缩。硬膜外麻醉可能会使产妇血压暂时降低，胎心率降低。

| 全麻 | 通过药物令产妇入睡。如果产妇接受了全麻术，就会在整个分娩过程中保持睡眠状态，感觉不到疼痛。但全麻也能让胎儿处于睡眠状态，因此一般不用这种麻醉方法，除非紧急需要时。 |

影响分娩的痛感因素

孤独	在分娩过程中你会希望有人陪伴在你的身边，从精神上给你支持，这样会减轻你的疼痛感。现在产院都有这样的条件，如果你希望丈夫或亲人陪伴在你身边，医生会让你的亲人陪伴，但只允许一名。分娩前你要和丈夫商量好，他是否愿意陪伴你分娩，因为有些人没有这样的勇气。
过于疲劳	应该注意休息，冷静地对待你从未感受过的宫缩带来的疼痛和说不出来的不适，千万不要喊叫或哭闹。
心情紧张或急躁	宫缩来临时不要紧张，要深而慢地呼吸，沉着冷静，疼痛就会减轻；宫缩间歇期间尽量精神放松，不要想宫缩带给你的疼痛和不适。想一想宝宝出生后该是什么样子的，像妈妈还是像爸爸，如果是女孩，你会给她打扮得很漂亮吗？如果是男孩，你会让他成为一名足球健将吗？多想令你高兴的事情。
怕痛	如果你选择了自然分娩，愿意体验宝宝出生带给你的感受，你就应该欣然承受宫缩带来的疼痛。把分娩痛视为一次特殊的感受，起码你的丈夫没有这个机会，当孩子长大时，你可以骄傲地向他讲述你的勇敢和坚强。想到这些你还怕痛吗？
对分娩痛的误解	分娩前应阅读这方面的书籍，可以参加分娩学习班。当你快要分娩时，周围的人可能会告诉你很多关于生孩子的事情。有过分娩经历的人所说的话对你的影响最大，但你要知道，同样是生孩子，每个人的感受都是不同的。

舒缓疼痛的方法

- 心情放松，深呼吸。
- 让别人按摩或使劲挤压后背部。
- 频繁变换体位。
- 后背部放个冰袋。
- 含块冰，使口腔保持湿润。
- 通过聊天、看电视、玩游戏、听音乐等分散注意力。
- 当宫缩越来越频繁、越来越强烈时，放慢呼吸节律或做深呼吸。
- 宫缩间歇期间小睡片刻或静静地休息。
- 感到热或已经出汗，可用微凉的湿毛巾擦一擦脸。

第一产程（6~12小时）：养精蓄锐、休息、进食

经历时间：第一产程是指从子宫规律收缩开始到子宫颈口开全的一段时间。如果你是第一次生孩子（初产妇），这一产程约需要12小时；如果你曾经有过分娩的经历（经产妇）则约需6小时。

表现：刚开始进入规律宫缩时，大约每六七分钟发动一次宫缩，每次可持续半分钟。随着产程的进展，宫缩间隔时间逐渐缩短，每次宫缩持续时间逐渐延长，强度逐渐增加，子宫颈口会缓慢打开。

你的感受：当宫颈口开到约5厘米时，宫缩会变得强烈起来，刚才还很镇静的你，这时可能会变得紧张和恐惧，这时可能是感觉疼痛最剧烈的时候，你可能会担心孩子生不下来，可能会认为你已经无法坚持，会强烈要求医生为你做剖宫产。坚持下去就会柳暗花明，周围的人都会这样对你说：坚持一下，孩子马上就要生出来了。迎接一个新生命的到来必须付出很大的努力，你要深刻地认识这一点。

顺利度过第一产程的方法

宫缩间歇时休息、睡觉、吃喝、聊天或听音乐。

这一阶段，子宫收缩是间断的，而且不收缩的时候长，收缩的时候短。所

以，你能有大部分时间得到休息，尽管这种休息常常被突如其来的疼痛所打断，你也要尝试放松，抓紧时间休息或吃东西，如果你睡不着，也可听听音乐，和人聊聊天。

> 宫缩来临时采用腹式呼吸，采取随意、喜欢的姿势。

在宫缩来临时，你可采取腹式呼吸，这样能使腹部放松。采取你喜欢的姿势，只要你感觉舒服就行，不要刻意按照书本上或医生指导你的姿势，那种姿势或许不适合你。但一般来说侧卧位适合大多数产妇。

有些产妇在分娩真正发动后，对宫缩带来的疼痛表现出不安和恐惧，闹得很厉害，即使在宫缩间歇期也不好好休息，时刻想着无法忍受的疼痛即将来临，甚至感觉自己会死掉。这是最不好的，这使得产妇身体非常疲劳和困倦，等到需要产妇用力，宝宝需要妈妈帮忙时，却一点儿也使不上劲儿，帮不上忙。

分娩是你和宝宝的事，十月怀胎已经走完了万里长征，就要到达目的地了，只要你和宝宝紧密配合，就能顺利到达终点。疼痛来临时，你咬紧牙关坚持住；疼痛缓解时，你抓紧时间休息、进食。你就要做母亲了，坚定信心吧。

需立即告诉医生的4种情况

- 宫缩间隔时间为2~3分钟。
- 破水了。
- 无法控制的用力排便的感觉。
- 阴道出血增多。

第二产程（1~2小时）：极限冲刺、配合用力、胎儿娩出

经历时间：第二产程是子宫颈口开全到胎儿娩出的这段时间，初产妇约需2小时，经产妇约需1小时。

表现：宫缩间隔时间缩短到1~2分钟，每次可持续50秒，对你来说，可能已经感觉不到间歇，似乎一直有宫缩，肚子持续疼痛。这时宝宝的头部逐渐脱出骨盆，一边回旋，一边随着子宫收缩向产道出口进发。作为妈妈的你，只有努力、努力、再努力。

你的感受：这段时间，你的痛感会有所减轻，但因胎头压迫，你会感到有一团很硬的东西堵在肛门和会阴处，你可能会使劲憋气，助产士也会告诉你如何用力，你已经忘记恐惧和疼痛。到了这一刻，已经是开弓没有回头箭，胎儿就要娩出，妈妈别无选择，现在你能做的就是全力以赴把宝宝生出来。有助产士在你身边指导你如何用力，如何呼吸，你会顺利度过这一关的。

你在产前学习的分娩方法，这时可能已经忘得一干二净，因为在真正的分娩到来前，你是无论如何也想象不出分娩是什么感觉，当你从未体验过的感觉袭来时，你变得不再那么冷静，脑子可能一片空白，这时你可能坚决要剖宫产，因为你已经无法忍受你从未感受过的这一切。你已经顾不得你的宝宝，你的这些表现并不都是因为疼痛，分娩的疼痛不会这样的剧烈，只是你不曾有过这样的经历，你没有了安全感，不知道以后还会发生什么。

等你感觉不能忍受的时候，就是你要完成分娩的时候，宝宝正在冲过终点，你就要听到宝宝响亮的哭声了。

如果你选择了自然分娩，希望你记住这段文字。当你在分娩中有无法忍受、不能再坚持下去的感觉时，我告诉你，宝宝正在通过最窄、最后的关口，你马上就要成功了。

破水大多发生在这一时期（适时破水），助产士已经可以看到胎儿的头发，阴道口扩展到最大限度，你会感到有个很大的东西撑着外阴，这是胎儿就要娩出前的阶段。从着冠开始，助产士就会让你停止用力，让你哈哈地喘气，这时腹壁开始放松。很快，宝宝的头、肩娩出，紧接着，整个胎儿娩出。

顺利度过第二产程的方法

宫缩时用力，无宫缩时放松

按照宫缩的节奏用力，有宫缩时用力，宫缩停止后一定要放松，如果一直用力，会使你感觉异常疲劳。如果宫缩来临时，你不能正确用力，就不能很好地配合宫缩和胎儿完成分娩过程。

正确的用力方法

当宫缩开始，阵痛到来时，你要深深地吸一口气，然后紧闭双唇，憋住气，开始使劲儿。注意，一定要把劲儿使在下面，就像拉干硬的大便。有的产妇不把劲儿使在下面，而是使在脸上和胸部；有的产妇不能很好地憋气；有的产妇喊叫，这是最不好的，喊叫不但不能很好地配合宫缩和胎儿，还消耗了体力；有的产妇使劲时间太短，呼吸频率很快（过度换气还会引起头晕），这也不能很好地配合宫缩和胎儿分娩。

该停就停

如果助产士让你不要再用力了，你就一定不要再用力了，要哈哈地大喘气。

希望你记住：当助产士让你深吸气后憋住气使劲儿时，一定要默默使劲儿，千万不要喊叫。当助产士不让你用力时，你一定要配合，像吹蜡烛一样呼气，同时放松腹壁和全身所有的肌肉。

第三产程（3~30分钟）：胎盘娩出、比较轻松

第三产程是从胎儿娩出后到胎盘娩出这一段时间，这一段时间是比较容易度过的。产妇不但没有了阵痛，还听到了新生儿的第一声啼哭，妈妈终于见到盼望已久的宝宝，把分娩带来的疼痛都一股脑儿地忘到脑后了。

三个产程小结

三个产程所需时间

初产妇一般最长不超过24小时，经产妇不超过18小时，最短也需要4小时以上。如果整个产程短于4小时则称为急产，整个产程超过24小时则称为滞产。

三个产程难以界定

事实上，这三个产程之间的时间界限难以准确划分，尤其是从第一产程进入第二产程。另外，每个产妇的感受不同，住院时间各异，产科医生和助产士并不都能准确判断产妇第一产程开始的真正时间。有的产妇对疼痛耐受性比较差，在分娩前期，也就是说还没有真正发动分娩前，已经是痛不欲生的样子，这会给产科医生和助产士带来判断上的困难，也使得丈夫和陪伴的家属紧张，认为产妇一定是难产，因为已经痛了好几天，孩子却还没有生下来。其实，产妇根本没有真正动产。

相信自己能闯过自然分娩关

当你的产程相对比较长时，你一定不要着急，更不能烦躁不安，这时的你应该充满信心，在宫缩间歇期争取时间休息，能吃就吃，能喝就喝，你要记住，此时此刻最能帮助你的是你自己，如果你失去信心，不能勇敢地面对子宫收缩带来的阵痛，你的分娩过程就不能顺利。你闹得越厉害，耗费的精力越多，顺产的机会就越小；你越是拒绝进食进水，越感到体力不支，就越没有力气对付宫缩带来的阵痛；你越是害怕阵痛的来临，不能抓紧宫缩间歇期休息，你就越不能忍受阵阵袭来的阵痛。你就这样想，反正宫缩痛不会要了你的命，咬紧牙关，相信自己一定能闯过这一关。

最关键的时刻

到了你不能忍受的时候，也就是离孩子出生不远的时候了，坚持下去，你很快就会尝到分娩后的喜悦。

危险防范

如果你在医院分娩，有产科医生和助产士的密切观察，还有产程监护仪、胎儿监护仪等监护措施，你是很安全的。需要注意的是：你不要擅自上卫生间，一定要有人陪护，如果你感觉有便意，可能就是要分娩了，所以，无论你要做什么，都要向医生说明，医生会做出判断。

夜间动产

有很多孕妇都是在夜间动产的，初产妇缺乏经验，一旦出现临产先兆，大多数孕妇不敢待在家里，丈夫和亲属更是着急，怕把孩子生到家里。所以，即使医生告诉孕妇什么时候该来医院，即使孕妇看了很多书，到了真需要拿主意的时候，也大多没了主见，半夜三更急急忙忙到医院生孩子的并不少见。这并没有什么错，也没有什么坏处，如果孕妇认为自己应该住院，就去住好了；如果孕妇认为还不需要住院，但又有些担心，就给你的产科医生打个电话咨询一下。如果你拿不准主意，带着东西去住院，而医生告诉你暂时不需要，你就安心地回家，不要怕费事，提早住院并不好。

第一声啼哭——献给母亲的赞歌

"哇——"婴儿第一声清脆响亮的啼哭传到你的耳边，就说明一切的艰难险阻都过去了，你的心中被幸福和喜悦填得满满的，真正体验了母爱，这是你一生中最幸福的时刻。这就是为什么曾经经历过分娩阵痛的妈妈，当再次怀孕时，仍然选择自然分娩的原因吧。生育就是这样一个值得去体验、回味，甚至再重复的过程，有痛苦、有欢乐、有付出、有收获，苦与乐就这样戏剧性地降临和转化，让你懂得活着的道理，让你敬畏生命、珍惜生命。

我也做了母亲，亲身体会过自然分娩后成为母亲的幸福时刻。20年来，我陪护过太多产妇分娩，体会到她们的幸福和满足。为什么人们很少细致地描述这个幸福的时刻呢？可能是太圆满了，一切尽在不言中；也可能是全部心思转到宝宝身上，顾不上了；也可能是描述幸福的语言太贫乏了，不知怎么说……总之，第二产程中冲刺并娩出婴儿的妈妈就像世界冠军一样，忘却的是艰辛，拥有的是喜悦。

过去，对母子来说，分娩的过程一直是危机四伏，进化给了人类一个聪明的头脑，但同时也给人类的繁衍制造了危险：对于妈妈的产道来说，胎儿的头颅可谓是巨大的，妈妈每次分娩都面临着危险。现在医学科学的进步使得母子的生命得到了保障，分娩的痛苦在不断降低，现在的人们是幸运的。

对于胎儿来说，在子宫里确实是非常舒适的。分娩是胎儿离开母体走上独立生存道路的第一次考验。胎儿会竭尽全力地向外冲，并且保持正确的冲刺姿势和方向。在这个过程中，胎儿并不能掌控自己的命运，胎儿最亲的人是孕育他十月之久的妈妈，妈妈没有理由不做出巨大努力，帮助自己的孩子。胎儿和母亲之间共同配合是分娩成功的关键，另外，还有医生和助产士的倾力帮助，你的分娩就更加有保障。新生儿第一声啼哭是新生命诞生的象征，也是献给母亲的赞歌。

宝宝娩出后的工作

在胎儿娩出的一刹那，助产士就会立即为宝宝清理呼吸道，让宝宝的第一声啼哭清脆响亮，肺脏充分张开，不让羊水吸到肺中，这一点是很重要的。为宝宝结扎脐带的时间要恰到好处，未结扎脐带前，宝宝应与妈妈呈水平的位置。

结扎早了和晚了，比妈妈的位置低或高都会发生母—胎或胎—母输血现象，导致宝宝多血或失血。胎儿娩出后30秒宝宝的脐带就被钳夹，从此宝宝就开始了自己独立的呼吸和循环，开始独立生存。

离开妈妈子宫的宝宝，突然暴露在寒冷、陌生、嘈杂的环境中，会产生不适和不安全感。把刚刚出生的宝宝放在妈妈的怀里，新生宝宝会有最安全、最幸福的感受。当宝宝趴在妈妈的怀里时，你会惊奇地发现，宝宝会用小嘴寻找妈妈的乳头，会用小手触摸妈妈的肌肤，会用小脸紧贴着妈妈，当宝宝再次聆听到妈妈的心跳，闻到妈妈的气味，感受到妈妈的气息时，所有的不安和恐惧就完全消失了。

新生儿娩出后，第一时间与妈妈接触，通常是俯卧在妈妈胸部，嘴对着妈妈的乳头。与妈妈早接触，不但有利于妈妈分泌乳汁，刺激新生儿吸吮反射，使新生儿更早地体验到吸吮的乐趣，还能增进新生儿情感发育，刺激妈妈子宫收缩，好处多多。所以，现在的医院都会让刚刚出生的新生儿与妈妈进行皮肤接触，让宝宝在第一时间吸吮到妈妈的乳头。母乳喂养对宝宝健康成长至关重要，尤其是在宝宝出生后的6个月内，纯母乳喂养更为重要。出生后半小时内让宝宝吸吮妈妈的乳头，对母乳喂养有极大的好处，妈妈可不要拒绝哟。

第二节
剖宫产

都市白领青睐剖宫产

选择什么样的方式分娩，已成为孕妇最关心的问题之一。近几十年来随着剖宫产率的升高，医学专家对剖宫产的安全性提出了种种质疑。为此，医疗机构采取了一些措施，努力控制剖宫产率。值得庆幸的是，随着人们对顺产诸多好处、剖宫产诸多弊端的认知，越来越多的准妈妈开始选择顺产，这是好的开端。与此同时，随着产科医学和医学人文的进步，有了越来越好的缓解分娩痛的方法。

如果你认为剖宫产会使你的宝宝聪明，会使你保持苗条的体形，会使今后的性生活不受影响，这是不明智的，更是我不赞同的。因为没有证据表明，剖宫产有上述好处，相反，有研究证明，剖宫产的婴儿在运动协调方面不如自然分娩的婴儿，易患新生儿湿肺；剖宫产的孕妇产后复原的过程要比自然分娩更慢。

如果你为了避免难产而要求剖宫产，则要清楚，剖宫产本身就是创伤性分娩方式，是一次腹部外科手术。是否需要剖宫产来避免可能的难产应由医生决定而不是由你或丈夫来决定。如果你为了避免分娩的疼痛而选择剖宫产，是最不划算的。因为，一是现在已经有了很多自然分娩时舒缓阵痛的方法；二是剖宫产手术本身存在诸多风险，手术麻醉过后，刀口开始疼痛，大多需要多次使用镇痛药物来止痛，还有很多术后带来的不便。剖宫产是一次创伤性手术，手术本身就存在一定的风险，如可能发生麻醉意外、感染、肠粘连等。顺产后48小时产妇就可带着宝宝安全出院，剖宫产的产妇要在医院至少住上5~8天。

你选择剖宫产手术前，是否明确知道这些情况

· 现有资料表明：剖宫产与自然分娩相比，前者死亡率增加3倍。

· 剖宫产术后并发症是自然分娩的2~3倍。

· 剖宫产儿未经阴道挤压，湿肺的发生率高于自然分娩儿。

· 剖宫产儿发生运动不协调的概率高于自然分娩儿。

· 中枢神经系统抑制、喂养困难、机械通气等现象，在选择性剖宫产中比自然分娩更常见。

· 自然分娩是人类繁衍的自然生理过程，是目前人类最合适、最安全的生育方式。

剖宫产指征和注意事项

剖宫产的医学指征

剖宫产的医学指征有以下几种情况。

提前预知自然分娩会对胎儿或产妇有危险。	常见的有头盆不称（胎儿头部与妈妈骨盆不相称）；胎位异常；高龄初产妇；前置胎盘；脐带缠绕颈部等。
在自然分娩过程中发生了异常，必须紧急取出胎儿。	产道、胎儿、宫缩、产妇状态等分娩因素中的任何一个出了问题，必须经剖宫产取出胎儿。
孕妇在孕期某一阶段出现某些异常情况，必须经剖宫产取出胎儿。	胎盘早期剥离出血；脐带脱出；因妊娠并发症危及胎儿和妈妈生命，如子宫破裂等。

剖宫产注意事项

签手术同意书	无论因哪种情况行剖宫产，医生和护士都会告诉你应该注意什么，也会向你的丈夫（如果你的丈夫不在身边，会由你选择一位亲属或你最信赖的朋友）交代手术的相关问题，会让你的丈夫在手术同意书上签字。

出现临产先兆，立即去医院	如果你是预知要行剖宫产的孕妇，当阵痛发生时，应立即到医院。
术前禁食	术前应该禁食，一般要在术前6~8小时禁食。如果决定第二天早晨剖宫产，你就不要吃早餐了。如果决定午后手术，午餐就不要吃了。
克服刀口痛，母乳喂养	剖宫产后不能马上喂母乳，也不能让宝宝趴在妈妈的怀里。但当医生允许你喂母乳时，一定要克服刀口的疼痛，给宝宝哺乳，这时你可能还没有多少乳汁，不要紧，宝宝越吸吮，乳汁就分泌得越多。
术后早活动	剖宫产后，医生会鼓励你早活动，通常情况下术后24小时就可在床边走动，有排气后就可进食了。
一定要避孕	剖宫产后避孕很重要。如果你还准备生孩子，要比自然分娩等待更长的时间，最好距本次剖宫产1年以上，如果希望下次自然分娩则最好等2年后再怀孕。一旦意外怀孕，会因你曾剖宫产而使人工流产变得危险，至少要等到术后半年才不会让医生担心。
仍需做骨盆底肌肉锻炼	因为胎儿没有经过产道，你就认为你的骨盆底肌肉和韧带不会松弛，所以不需要做骨盆底肌肉和韧带的产后锻炼，那就错了。你仍然需要锻炼。

第十三章

产 后

第一节
坐 月 子

是中国式的坐月子方法好，还是西式方法好？其实，方式本身并不重要，也没有哪个更好或更坏，重要的是产妇喜欢怎样度过产后这段时光，怎样做才能使产妇心情愉快，拥有更多的幸福感。

现代女性要不要坐月子？接受现代教育的年轻人开始摒弃沿袭下来的月子习俗，但又有些踌躇，怕落下月子病。东西方女性体质、生活习惯、饮食结构等存在着一定差异。我国产妇坐月子有久远的历史，西方坐月子的方法并不都能让中国产妇接受，也不一定适合中国产妇。

不能否认坐月子对产妇和新生儿的益处，需要摒弃的是民间的一些陋习，有些传统习俗需要改进，使其更具科学性。在这里，我提倡科学坐月子。

妈妈十月怀胎，身体的各个系统发生了一系列变化：子宫肌细胞肥大、增殖、变长，重量增加20倍，容量增加1000倍；心脏负担增大，膈肌逐渐上升，使心脏发生移位；肺通气量增加了40%，肺脏负担也随之加重，鼻、咽、气管黏膜充血水肿；肾脏也略有增大，输尿管增粗；肌张力降低，肠蠕动减弱；其他如肠胃内分泌、皮肤、骨、关节、韧带等都会发生相应的改变。产后上述变化的复原，取决于产妇坐月子时的调养保健。养护得当，则恢复较快；反之，则恢复较慢，甚至罹患产后疾病。

需要改进和摒弃的传统坐月子观念

错误一：产后要多穿多盖，月子房要密不透风。

产后不能受凉，但并不意味着要多穿多盖，让产妇整日大汗淋漓。冬季不要让凛冽的寒风吹到产妇，但绝不能让房间成为闷罐，像蒸笼一样又热又潮，空气污浊不堪。产妇和新生儿的房间一定要通风换气，保证空气新鲜，温度适宜，不冷不热，舒适宜人。

错误二：产后不能洗头、洗澡，甚至不能刷牙、洗脚。

不但要洗头、洗澡，还要勤洗。因为产妇分娩时出很多汗，浑身都是汗气味道，皮肤黏黏的，很不舒适。西方人产后马上淋浴，我们稍微保守些，大部分产妇顺产24小时后体力已经完全恢复，淋浴一点儿问题也没有，剖宫产后72小时也可淋浴了。如果住院期间不方便，可用温水擦浴，回到家中再淋浴。淋浴时间保持10分钟左右即可，不要过长。产后和平日一样，晨起和睡前都要刷牙，只是要选择软毛刷，硬毛刷可能会使齿龈出血。产后不但要刷牙，还要比平时更注重口腔和牙齿的清洁，不但要早晚刷牙，还要饭后漱口。睡前用温水泡泡脚有利于睡眠。

错误三：产后要包头、挂门帘，不能见风、见光。

冬季寒冷季节，出门戴上帽子或围巾保温是对的，但在炎热的夏季和暖和的春秋季，并不需要这么做。产妇不是久卧在床、弱不禁风的病人，产妇是健康的正常人，不要像对待病人一样对待产妇。

错误四：产后只能喝粥、喝汤，不能吃米饭炒菜。

孕妇在孕期和分娩时消耗很多热量，相当于跑了一次马拉松，再加上产后母乳喂养，要保证充足的乳汁哺乳孩子，所以，产后饮食比怀孕时更重要，所需营养更多，只喝汤、喝粥不能保证足够的营养。产妇需比平时进食更多的蛋白质、矿物质和维生素，需要摄入更多的钙和铁。宝宝每天就需要1000毫升左右的乳量，所以，在正常进食的基础上，为了保证液体的摄入量，产妇可以喝汤、喝粥，但不能只是喝汤、喝粥，需要的是平衡饮食。

错误五：产后不能吃水果，必须吃烫嘴的食物。

恰恰相反，产后不能吃过热的食物，以免损害牙齿。我们的生活习惯和西方不同，西方人在产后，甚至在生产中都要大口大口吃冰块、喝冰水。我们不能吃太凉的东西，但并不意味着要吃很热，甚至烫嘴的食物，吃温度适宜的食物是最好的。只有生吃水果才能保证维生素不被破坏，当然要生吃水果。

错误六：产后不能下床，更不能到户外走动。

产后不但可以下床，还要鼓励早下床活动，这样可预防产后血栓形成，顺产和剖宫产都要早下床活动。只是不要太过劳累，要用更多的时间躺下来休息。如果户外春暖花开或秋高气爽、气候宜人，去户外走走、晒晒太阳、呼吸新鲜空气对身体是很有好处的。如果正赶上严寒的冬季和比较糟糕的天气，就只能暂时在室内活动，等到哪天天气比较好的时候，可以短时间去户外走走。

穿戴

北方冬季尽管室外寒风凛冽，室内却温暖如春；南方室内外温差不是很大，室内体感温度可能比室外还低。要按照不同室温标准选择衣服。

室温在12℃以下，穿薄棉衣、厚毛裤；室温在12℃~15℃，穿厚毛衣、薄毛裤；室温在15℃~18℃，穿薄毛衣、棉质单裤；室温在18℃~22℃，穿薄羊毛衫、棉质单裤；室温在22℃~24℃，穿棉质单衣裤。

不要穿过紧的衣服，以免影响乳房血液循环和乳腺管的通畅，引发乳腺炎。产后出汗多，应该穿吸水性好的纯棉质地的内衣，外衣也要柔软、散热性好。母乳喂养的新妈妈，乳汁常常沾湿衣服，产后最初几天阴道分泌物也比较多，乳罩、内裤应每天换洗。

多数人认为鞋子对新妈妈来说不重要，大多数产妇月子期间不出门，只是在家走走，穿双拖鞋就可以了。这是不对的，应该穿柔软舒适的鞋子，如果穿拖鞋，最好要带脚后跟的，以免脚受凉引发足跟或腹部不适。活动或做产后体操时，应该穿柔软的运动鞋或休闲鞋，不要穿着拖鞋运动。建议产后不要马上穿高跟鞋，可以穿半高跟鞋，2.5厘米左右的比较合适。

吃喝

产妇身体消耗大，还要给婴儿喂奶，如果吃了不易消化的油炸、油腻及辛辣食物，不仅容易加重便秘，也会影响乳汁分泌，或通过乳汁刺激婴儿诱发湿疹、腹泻等疾病，所以要少吃这类食物。吃水煮蛋，喝鸡汤、鱼汤、小米粥的习俗都是好的，但不能每天都吃这些，要合理膳食搭配，变换每天的食谱，这样不但能保证营养均衡，还能增加食欲。

休息

产后子宫韧带松弛，需经常变换躺卧体位，即仰卧与侧卧交替。从产后第2天开始俯卧，每天1~2次，每次15~20分钟。产后2周可膝胸卧位，利于子宫复位并防止子宫后倾。每天保证8~9小时的睡眠，这样有助于子宫复位，并可促进食欲，避免排便困难。产妇身体的一些器官需要复原，产后子宫韧带松弛，极易移位，阴道分泌物中有血液、坏死的蜕膜组织及黏液，局部抵抗力比较低，如不注意休息则会导致感染。产妇夜间要频繁喂奶、照顾婴儿，缺乏整段时间要睡眠，就要在白天抓紧一切可能的时间休息。

运动

健康的产妇在产后6~8个小时可以坐起来，12个小时后便可坐起进餐、下床排便。产后第一次下床如厕或散步时，要有人陪伴，以防因体虚而晕倒，可以早晚各在床边坐半小时。24小时后可站起来，产后第二天可以下床活动，每天2~3次，每天半小时，以后逐渐增加活动次数和时间。早活动有利于子宫恢复和分泌物排出；减少感染机会和下肢静脉血栓形成；加快排尿功能恢复，减少泌尿系统感染的发生概率；加快胃肠道恢复，增进食欲，减少便秘；促进骨盆底肌肉恢复，防止小便失禁和子宫脱垂发生。

洗浴

冬季洗澡应做到防寒。浴室温度应在22℃~24℃，水温在38℃左右。浴室不要太封闭，不能让产妇大汗淋漓，以免头晕、恶心。

不要空腹或饱食后洗澡，浴后要及时用暖风吹干头发，喝杯温开水或果汁，吃些小食品。产妇不宜盆浴，洗浴时间不宜过长，每次10分钟即可。如果分娩过程不顺利，出血过多，或平时体质较差，不宜勉强过早淋浴，可改为擦浴。

其他注意事项

每次如厕后，都要用温水冲洗阴部，洗时注意要从会阴向肛门洗，以免将肛门的细菌带到会阴伤口和阴道内。

月子中进食较多的糖类和高蛋白食物易损害牙齿，应做到早晚刷牙、饭后漱口，防止口腔感染。

要定期修剪指甲，以免划伤婴儿娇嫩的皮肤。

保持衣着整洁，梳理好头发，蓬头垢面会影响你的心情，月子梳头会留下头皮痛的说法是不科学的。

第二节
母婴产后逐周看

产后总体时间安排

如果你是顺产，产妇和新生儿都没有什么问题，产后2天，医生就会允许你带着宝宝出院了。如果你做了会阴切开，或有阴道裂伤做了缝合，就要等到伤口愈合后才能出院。通常情况下，产后5天，医生就允许你带着宝宝回家了。如果你做了剖宫产，则需要在医院住一周，但如果你要求提前出院，医生也认为你可以出院，于剖宫产后5天就能允许你出院。现在，剖宫产大多采取横切口，5天就可以拆线，所以，剖宫产住院时间由8天缩短到了5天。如果使用能吸收的线缝合，不需要拆线，就少了拆线这道工序，术后3天就可以出院了。但你最好1周以后出院，这样有什么问题可以及时得到医生和护士的帮助。现在，大多不用缝合线，而是用手术专用"拉锁"使刀口两侧拉紧闭合，手术刀口愈合的情况要比缝合的好很多。如果你或新生儿有其他情况，医生会根据具体情况决定你什么时候可以离开医院。

产后第一周

产后第1天

产后重要的2小时

完成了整个产程，和宝宝的皮肤接触也结束了，但你暂时还不能离开产房。为你接产的助产士或医生会对你继续观察，2个小时以后才会把你送回病房。这是为什么呢？主要是为了观察子宫的收缩情况。尽管产后出血等异常情况很少发生，但密切观察仍是很重要的。你要耐心等待，如果你感觉渴了，就喝点儿水，感觉饿了，也可以吃些易于消化的食物，最好能睡上一觉。有护士和亲人在你身边，你一定要充分休息，这样才能够快速恢复体力，争取早下奶。

回到你的病房

2个小时过后，你回到了病房，从这时起，你就会和宝宝在一起。医院会为新生儿专门设置一张能够推动的婴儿床，哺乳后就把宝宝放在小婴儿床上，你则躺在大床上休息。刚刚出生的新生儿离开母亲，可能会没有安全感，喜欢躺在妈妈的身边，闻着妈妈的气味，更喜欢妈妈抱着，聆听妈妈的心跳。如果你的宝宝喜欢这样，除了喂奶，可以让宝宝更多地躺在你身边。分娩后前3天，除了喂母乳，你尽量不要总是坐着抱你的宝宝。在医院中可能会比较吵，探视的人也比较多，该休息的时候，你就告诉周围的人你要休息，这对你和宝宝都好，只有保持良好的睡眠和充足的营养才能为宝宝提供充足的乳汁。

睡觉、食欲与排尿

产后当天，你可能会感到有些疲惫，当睡意向你袭来时，要毫不犹豫地闭上眼睛睡觉，这对你产后恢复是非常有帮助的。有的产妇，产程比较顺利，没有经过太大的体力消耗；有的产妇尽管体力消耗比较大，但凭借身体好，耐力很大；有的产妇产后心情激动，异常兴奋。这些都会使产妇没有一点儿疲劳感，也没有睡意，像没有生过孩子一样，和周围的人谈笑风生，面对刚刚出生的可爱宝宝更是不舍得闭眼，直到感到疲劳，可能已经过去大半天了。你可不要这样做，即使你没有一丝的疲劳感和睡意，也要注意休息，不要让你的身体透支。

产后是否要马上吃东西？这要看你当时的情况。如果你在产前吃得很好，没有呕吐，产后没有马上要吃东西的感觉，也不是非吃不可。如果你有很好的食欲，想马上吃些东西，要吃容易消化的食物。产后进食不要一次吃得太饱，以免消化不了。

一定要争取在产后当天顺利自然排尿，不要超过产后8小时，这对你来说是很重要的。无论你在什么时候有尿意，都要马上行动。产后不到8个小时，你还不能自行如厕，这并不影响你排尿，如果需要你在床上或床边排尿，你一定要这样做，如果你的会阴比较痛，也要勇敢坚持。如果你能争取在产后8小时内自然排尿，你就免除了导尿的可能。

缓解产后疼痛

当产后的疲劳过去后，你开始感觉腹部阵痛，这是子宫收缩引起的。如果你是自然顺产，子宫收缩引起的腹痛，对你来说不算什么，只是轻微的疼痛。如果你是无痛分娩，或在子宫阵缩发动前就做了剖宫产，产后子宫收缩引起的腹痛，对你来说可能就明显了。但无论哪种情况，产后子宫收缩引起的腹痛，都不会很剧烈，通常情况下像比较显著的痛经那样。

如果你做了会阴切开或会阴撕裂缝合术，产后会阴疼痛会让你感到难受，试着变换一下体位，如仰卧躺着，双膝屈曲并拢可能会缓解疼痛。如果疼痛让你难以忍受，就告诉医生，医生会为你想一些办法。总之，产后无论出现什么情况，都要努力寻求解决办法，任何不愉快的心情对你产后恢复都没有好处。多睡觉对你来说是很好的，一觉醒来，你会感觉身体轻松了很多，疼痛也缓解了很多。精力充沛，心情就会随之快乐起来。

产后第2天

什么时候开始做产后体操

产后过去24小时了，这时的你看起来很有精神，身体上所有的疼痛都会减轻，甚至消失得无影无踪，不但能自行如厕，走起路来也轻盈了很多。

是否开始做产后体操和盆底肌锻炼要视情况而定，医生会根据你的情况给你一个很好的建议。如果你什么问题也没有，现在就可以做轻微活动和盆底肌锻炼了。

没有不会吸吮的宝宝和不会哺乳的妈妈

这时你的乳房开始发胀，如果你有乳头凹陷或其他影响宝宝吸吮的问题，医生和护士会教你纠正方法，指导你如何给宝宝哺乳。当宝宝吸吮乳头时，你可能会感觉有些腹痛，排出的分泌物也多了起来，这是好消息，宝宝通过吸吮妈妈的乳头，帮助妈妈子宫收缩复原，清除残留在妈妈子宫内没用的东西，宝宝得到了营养，妈妈也会从中获益。

在这里我要告诉妈妈们，在刚开始给宝宝哺乳的时候，你可能会遇到这样或那样的问题，这是很正常的，一定不要着急，没有不会吸吮的宝宝，也没有不会喂奶的妈妈，你要充满信心。

产后第3天

喂宝宝一顿奶，你可能会汗流浃背

产后48小时过去了，分娩带给你的疲劳渐渐消退，你能自由地下床走动，自己洗漱，自行如厕，乳汁分泌增加，食量也有所增大。

在产后的最初几天，给宝宝哺乳可能是让你最劳累的事情，这时的宝宝还不能很好地把乳头乳晕含入口中，你的乳头可能还不适合宝宝的小嘴，或者比较大，或者比较小，或者比较凹陷。你抱宝宝喂奶的姿势还不是很协调，抱一会儿，你就会感觉腰酸、胳膊沉，汗水会顺着你的脸颊流下来，身上也会因为被汗水浸透让你感到不舒服。这时你千万不要急，焦急会让你面露难色，写在你脸上的不满情绪、嘴里说出的不满词句，新生儿都能感觉得到，你要相信这一点，在宝宝刚出生不久，妈妈的爱抚对宝宝的健康成长是非常重要的。

妈妈吃好非常重要

宝宝要吸吮妈妈的乳汁，妈妈不吃好，哪来充足的乳汁。所以，对你来说，最重要的事情是睡好、吃好。关于产后吃什么的问题，似乎已成定律，如面条、米粥、鸡蛋、鸡汤、鱼汤，不要受限于这些习以为常的认知。产后吃什么并没有严格的规定和限制，营养丰富，容易消化、安全的食物都适合。

少吃盐并不是不吃盐，每天盐的摄入量不要超过6克就可以了（要记住控制隐形盐的摄入）。如果鱼汤、猪蹄汤、肉汤、鸡汤中不放盐，怎么吃得下？只吃面条、米粥，怎么能保证营养的均衡？一个月都不吃味道鲜美的炒菜和各种味道的菜肴，食欲怎么能好？分娩后，你不但需要为自己进食营养丰富的食物，补充分娩时的消耗，还要为宝宝分泌充足的乳汁。这一切都需要你吃好喝好，你食欲的好坏直接影响着你和宝宝的健康。除了哺乳期不宜吃的食物（如用盐腌制的食品、含酒的醪糟、含酒精的饮料、浓咖啡、浓茶等），你完全可以根据自己的喜好选择饮食，强迫自己吃不喜欢的食物并不利于你的康复和乳汁的分泌。

舒舒服服洗个澡

如果你住的房间里带有洗浴间，室内温度也比较适宜，而且你没有不宜洗浴的医学情况，如会阴切开或撕裂、剖宫产等，也没有任何孕期和产后并发症，那就可以进行淋浴。但时间一定要短，不要超过10分钟，如果你感觉还比较疲劳，体力恢复得不是很好，阴道中的分泌物也比较多，在房间走几步就有些头晕或其他不适，淋浴时一定要有人陪护，或让家人帮你擦一擦身子就可以了。用稍热一点儿的水洗脚可以帮你缓解疲劳感。

如果你还住在医院，护士会为你清洁外阴部，观察阴道分泌物的情况。有什么问题都可以向医生护士询问。如果你已经回家了，要随时观察分泌物的情况，如分泌物比在医院时明显增多，或变成鲜血样或有血块，要打电话向医生咨询，也可到医院检查。

产后第4~5天

精神的你要适时休息

产后已经过去72小时，这时的你看起来真的非常精神，起床、洗漱、上卫生间、洗脚、吃饭、抱孩子喂奶，样样你都能自己完成。你现在几乎忘记了分娩带给你的不适，把全部精力都倾注在孩子身上。但你一定不要过于疲劳，休息好对你来说仍然是非常重要的。孩子爸爸和家人能代劳的事，你要学会放手，让丈夫和家人给你更多的帮助，相信他们也会像你一样照顾好宝宝。该睡觉的时候，该吃饭的时候，该躺下来休息的时候，你一定要暂时放下宝宝，安心地做你应该做的事，那就是吃好、喝好、睡足，产后顺利复原，有充足的乳汁供宝宝享用。

发现你认为不正常的情况，要及时咨询，切莫着急

这时的你看起来一切都好。如果你是剖宫产，又是横切口，现在就到了拆线的时间；如果是竖切口，要等到7天才能拆线。拆线后，你就可以像顺产的产妇一样进行腹肌和盆底肌锻炼，做产后体操了。这时对你来说，首要的问题就是如何喂养新生宝宝。你可能会有很多问题，但不要忘记，无论发现什么异常情况，都要向医生咨询。

产后第6~7天

该做出院前的准备工作了

无论你采取什么分娩方式，大部分产妇都开始做出院准备了。让丈夫把出院时需要的东西带到医院来。向医生详细询问出院后的注意事项，这是很重要的，因为每个产妇的情况不同，新生儿的情况也各异，你一定要从医生那里了

解你的情况。如你在孕前有并发症，分娩后会有怎样的预后，是否需要继续用药或定期检查？有什么情况需要看医生？如果有需要电话咨询的问题，打哪个电话号码？夜间和节假日打哪个电话号码？总之，把你想问的都问清楚，并记在本子上。

你的宝宝已经度过最早的新生儿期了

产后1周，不但产妇恢复得很好，新生儿也度过了关键的时刻，开始逐渐适应外界环境。母子配合得非常默契，妈妈把乳头往宝宝嘴边一放，宝宝就会用小嘴去含。不但妈妈的乳汁增加，宝宝的吸吮能力也增强了，体重开始稳步增长。

发现问题及时咨询医生

如果你发现分泌物仍比较多，甚至比原来还有所增加，颜色不但不变浅，还变得鲜红或发黑，要及时看医生。这时，如果你还感觉腹部痛得厉害，或者会阴切开处比较痛，不敢坐着哺乳，也要看医生，是否是切口长得不理想？是否有线没有拆干净？是否子宫中有残留的胎膜？总之，这时的你不应该有疼痛和不适的感觉。如果有的话，就要及时向医生询问。

产后第二周

真正的忙碌从回到家里开始

对于产妇和丈夫来说，真正的忙碌是从到家里开始的，新生儿完全由爸爸妈妈喂养了，新手爸妈会感到手足无措。尽管怀孕时读了很多关于育儿的书，也参加了新手爸妈培训，遇到实际问题时也会有许多疑惑。如果有帮手在身边，产妇就会比较安心。现在有专门经过训练的产后陪护人员（月嫂），但有的产妇更愿意由丈夫和父母来照顾，这个问题应该在分娩前安排好，除了丈夫，再请一位帮手是很有必要的。现在有的医院也设月子房了，没有人照顾或愿意选择在医院度过月子期的产妇可能会选择在医院坐月子。有医生护士在身边，会让新手爸妈比较放心。但有一点不好，爸爸妈妈没有了那份紧张，也就缺少了许多以后值得回忆的东西。做父母的那份责任感以及母性的爱来得不那么强烈。在医院坐月子，有了安心和清闲，没了忙碌和紧张，但也体验不到有了孩子之后那种既紧张又幸福的特殊感受，少了很多难忘的时光。

预防产褥热

如果做了会阴缝合，回到家里仍然要注意局部清洁，如果感觉有些疼痛，可用高锰酸钾水坐浴。阴道分泌物的量比上周明显减少，色泽也变得更淡，如果分泌物还很多，或还有鲜血和血块，要向医生咨询一下是否需要处理。你还不能坐在浴缸中洗澡，只能淋浴几分钟。如果会阴切口或腹部刀口还没有长好，不要让肥皂或浴液流到那里。乳房护理仍然很重要，在医院中护士教给你的护理方法，要继续做下去，不要因为忙而忽视了乳房护理。如果有发热、腹痛、阴道分泌物增多或新的出血，一定要及时看医生，不要认为是感冒或肠炎而自行服药，这样可能会影响产褥热的诊断和治疗。

产后第三、四周

就要出满月了

这时的产妇会有更多的时间下床活动或干些力所能及的事，可不要等到感觉很累了才上床休息。有困意就睡，因为晚上宝宝要吃奶，你要为宝宝换尿布，宝宝或许还会要求妈妈抱一会儿，否则的话他就会大声地哭。你可不要因为太累、太困而拒绝宝宝的要求，或用不愉快的心情对待和你交流的宝宝。对宝宝的培养和潜能开发是在日常的生活中，点点滴滴、每时每刻进行的，如果妈妈把对宝宝的培养和潜能开发当成例行公事，到时候才去做，那就错了。妈妈的每个眼神，每句话，每个动作，每刻的心情都对宝宝产生着影响，而这点点滴滴的影响，要比一天抽出一两个小时专门做潜能开发重要得多。

丈夫要体贴关心妻子，多帮助妻子做些力所能及的事情，让妻子感受到你对她和这个家的爱。但是，仅仅在事务上帮助妻子是不够的，还应该从精神上给妻子以支持，让她感觉丈夫是可以依靠的。以男人的宽广胸怀和幽默给妻子安慰，让妻子顺利度过这一特殊时刻，不使用批评式的语言，而要对妻子多加赞赏，对宝宝多加疼爱。作为丈夫和爸爸的你，无须多说，也并非需要你做更多的事情，但你要学会调节气氛，掌控大局，让家人体会到欢乐和温馨。

产妇的基本功课

产妇仍要保护好自己的乳房，照常做好乳房养护。如果出现乳核，要及时用硫酸镁湿敷，并做乳房按摩，让乳核散开。如果出现了乳头皲裂，可要抓紧处理，以免发生乳腺炎。一旦发现乳房局部发红或疼痛，要及时看医生。如果发热，除了要排除产褥热外，还要想到是否患了乳腺炎。

如果你在产前患有痔疮，大多不会因为生完了孩子，痔疮就自行消失了。如果吃得过于精细，或因为会阴部疼痛，或因为忙乱忘记定时排便，痔疮可能会更严重。严重的痔疮会影响产妇的情绪，所以，要想办法减轻痔疮的症状。因为这时产妇刚刚生产，正在哺乳和护理新生宝宝，暂时没有时间接受痔疮手术，可以使用痔疮药膏，调整饮食结构防止便秘，采用腹部按摩、局部热敷等方法缓解疼痛。

第三节
产后复原与体形恢复

产后复原

不要忘记产后健康检查

产妇应该在产后42天进行健康检查，以便医生了解产妇的恢复情况，及时发现异常，以免延误治疗和遗留病症。有的产妇因为初为人母，忙得头昏脑涨，抽不出时间做产后检查，这是不应该的。你的健康不仅仅是你自己的事，还关乎你的亲人，尤其是你可爱的孩子。如果妈妈病了，宝宝就会失去妈妈的呵护，妈妈就不能再用甘甜的乳汁哺育宝宝。如果你有妊娠期并发症，如妊娠高血压和妊娠期糖尿病，要定期检查，积极治疗，以免发展成高血压病和糖尿病。

子宫复原

到了孕足月，子宫与孕前比增加了近1000倍，胎儿和胎盘娩出后，子宫立即回缩。但不是立即回缩到孕前的水平，而是渐进性的，完全恢复到孕前大小大约需要6周的时间。胎儿娩出后，子宫缩到脐下四五厘米，但产后24小时，又增大到脐上，以后开始逐渐缩小。所以，分娩后产妇的肚子不会马上缩小，除了增厚而又松弛的腹壁外，子宫仍占据着一定的空间。子宫在恢复过程中仍有不规律的收缩，所以，产妇会有腹痛，尤其是宝宝吸吮乳房时更明显，这是由于新生儿吸吮刺激子宫收缩所致。

性器官复原

分娩时胎儿经过产道，使产妇的阴道和阴唇极度扩张，阴道壁还可能会出现许多微细的伤口，所以，排尿时会感到疼痛，如果没有会阴撕裂或行会阴切开术，一般在产后两三天就没有排尿痛了。被扩张的阴道在产后一天就能回缩。如果做了会阴切开术，可能会引起会阴疼痛，不敢坐，排尿时疼痛难忍，四五天拆线（如果用肠线缝合就不需要拆线）后会有所减轻，为了预防伤口处感染，产妇应每天用4%的高锰酸钾水坐浴。

产后阴道分泌物

产后阴道分泌物包括分娩造成产道伤口的分泌物、胎盘剥离后的血液、细胞组织碎片及脱落的细胞等。胎儿不能孤立地生活在子宫中，需要诸如羊膜、羊水、胎盘、脐带等附属物。胎儿出生时，也不可能只是孤零零的胎儿娩出，羊水、胎盘、血液等都会随着胎儿离开母体，这是再自然不过的了。

通常情况下，产后分泌物的排出可持续三周左右。第一周量比较多，大多呈血色，但不应有血块，如果有血块，应及时通知医生。第二周后，分泌物逐渐变成褐色浆液性，慢慢就变成黄白色，最后就像平时的阴道分泌物了。此段时间应该使用卫生巾，注意局部清洁。

产后锻炼项目

妊娠期子宫增大，子宫肌、腹肌、骨盆底肌、子宫韧带、骨盆底筋膜、肛门筋膜、阴道等都变得松弛，缺乏弹性。尽管这些会随着产后时间的推移慢慢得到恢复，但被动地等待需要比较长的时间，有的甚至不能完全恢复。所以，我建议产妇采取积极的办法，加快身体复原。什么时候开始锻炼以及锻炼的强度和方法要根据产后的具体情况决定，最好由医生或专业辅导人员制定产后锻炼计划，这样既能保证锻炼效果，又相对安全，也有督促作用，让你把产后锻炼坚持下去。下面就介绍几种产后复原锻炼方法。

预防小便失禁的锻炼

生过孩子的女性发生小便失禁的比例很大。如果骨盆底的肌肉受损，强度削弱，就会导致尿失禁。通过骨盆底肌肉锻炼可增强这些肌肉的强度，并使受损的肌肉康复。在产后4~8周时，当你咳嗽、大笑或用力时，会有少量的尿液流出，属正常现象，如果持续漏尿，应去看医生。

方法1	慢慢收缩骨盆底肌肉，保持10秒钟，然后缓缓松弛下来，如此重复锻炼。
方法2	反复快速地收缩与放松骨盆底肌肉。

无论采取以上哪种方法，每天都应做5~10次，每次至少重复20遍。尽量养成在做其他事情的同时锻炼的习惯。如在给婴儿喂奶、沐浴、刷牙的时候，使盆底肌肉得到锻炼，这样你就不会忘记锻炼。

预防腹壁松弛的锻炼

方法1	仰卧在地板上，屈膝抬腿的同时收腹（使肚脐向脊柱方向收缩），上身离开地面，令腹肌紧绷，同时深吸一口气憋住片刻，然后缓慢呼出气体，同时慢慢伸开一条腿，直至完全伸直，贴于地板上，然后屈腿至原来的位置，伸开另一条腿，再屈伸到原来的位置，放松腹肌，此为一个循环，下次收腹时再使另一条腿伸屈，反复进行，每条腿来回拉动20次，如果不感觉累，就可以开始下面的锻炼。
方法2	仰卧在地板上，屈膝的同时收腹，令腹肌紧绷，抬起一条腿并保持屈膝，同时深吸一口气憋住片刻，开始缓慢呼气，同时慢慢将腿伸直，使其与地板平行，但不与地板接触，恢复到原体位，放松腹肌，此为一个循环，下次更换另一条腿，重复上述动作，每条腿活动20次。

增强背部肌的锻炼

方法1	采取俯卧位（趴下），两上肢放到肩部两侧，胳膊肘弯曲，手置于肩头位置，手心向下，然后手臂用力撑起身体，但髋关节要保持不动，仍与地板接触，待你感觉到腰背部受阻时，再让身体重新回到地板上，重复锻炼3~5次。
方法2	站立，两脚分开，与肩同宽，两手放在后背部下方。慢慢呼气，同时腰背部向后弯曲，脸朝上，眼望天花板。腰背后弯的程度以感觉舒适为宜，不要过于弯曲以防摔倒。给婴儿喂奶或换尿布后做这个动作更好。

产后体形恢复

产后体形恢复与膳食结构

产妇要想甩掉孕期体内储存的多余脂肪，节食减肥是不可取的。节食减肥不仅会影响乳汁的分泌，也不利于产后复原。调整膳食结构是比较科学的，既照顾了婴儿，又保证了产妇健康，同时达到不增肥或减肥的目的。

更换厨房摆放的食品种类

将柜橱和冰箱内某些高脂肪的食品撤下来，换上新鲜的水果、蔬菜、全麦面包、其他谷类食品、低脂奶制品、低脂低热量的零食或加餐。外出购买食品时，应注意选择杂粮面包、粗粮、豆类，如豆角、青豆等。

推荐的配餐方法

早餐喝一杯100%的果汁或蔬菜汁，或吃一份新鲜水果。

选择脱脂奶制品，不喝全脂奶，如果喝全脂鲜奶，可以煮开后把上面的奶皮去掉。

番茄、黄瓜、甜椒、白菜、葱头等能生吃的蔬菜瓜果切成片夹在面包、馒头或饼中。

午餐多吃些胡萝卜块或芹菜梗等蔬菜，但不要加太多的酱油或其他调料。

烹调禽肉时，最好将皮、内脏和油脂去掉，把瘦肉中带脂肪的部分去掉。

做菜时用无油肉汤替代食用油，用水或番茄酱煮鱼和肉，少吃油炸食品。

产后体形恢复与体育锻炼

体育锻炼是增强体质、强壮筋骨、燃烧脂肪的好办法，游泳、蹬自行车、参加舞蹈班等都能达到锻炼身体、恢复体形的目的。但产妇难以抽出很多的时间锻炼，生活中一些简便易行的运动方式同样有助于体形的恢复。

· 上楼不乘电梯而是自己走楼梯，短途出门不乘车而是骑单车或步行。

· 推着婴儿车带宝宝到户外，选择爬坡路，快速行走，抱着宝宝也是不错的锻炼。

· 在刷牙、洗澡、做饭、收拾屋子时，随时随地做盆底肌和收腹运动，锻炼骨盆底肌和腹部肌肉。

· 面朝墙壁，两手臂水平置于胸前，支撑于墙壁上，两脚离墙壁稍远些，上身向墙壁前倾。然后，两臂用力推墙，使上身远离墙壁，反复几次。

· 当接电话或做其他事情时，可抬起脚后跟，收紧腹肌并提臀；也可将一条腿屈膝抬起，使之尽量贴近上身，然后放下，两腿交替进行；也可将一条腿最大限度地侧向抬起，然后放下，两腿交换进行；还有一种办法是一条腿向后伸出、抬起，同时稍微屈膝，然后慢慢回到原位置。

· 背靠墙壁，后背、肩、脚后跟、臀部全部贴到墙上，然后两臂伸开，沿墙壁缓缓举至头部上方，反复进行数次。

锻炼时需注意以下几方面。

· 产后锻炼要适度，运动量的增加要循序渐进，开始锻炼的时间不宜过早，最好等到产后四周再开始锻炼，至少也要等到阴道分泌物干净后。剖宫产或有并发症的产妇，应该推迟锻炼。如果进行正式的锻炼项目，应征得医生同意和指导。

· 鞋应合脚，孕期和产后脚的尺寸变大，如果感觉孕前的鞋尺码小，要更换大号的；乳罩应有支撑能力，避免摩擦乳房或受到重力牵拉；运动后要饮水；锻炼前一小时最好补充点儿高蛋白和碳水化合物类食物；运动前要做身体预热，不要上来就进入正规运动；运动即将结束时，应缓慢停下来；运动中一旦感觉不舒适，应及时停下。

· 出现以下情形之一时应终止锻炼：任何部位的疼痛或隐痛；阴道出血或有分泌物；头晕、恶心、呕吐；呼吸短促；极端疲劳或感觉无力。

正确认识产后体形变化

你也许会发现生完宝宝后，体形比孕前变了不少。体重增加了，身材显得有些臃肿，身体的各部位显得有些比例失调。站在镜子前的你可能会有些焦急，恨不得一下子将体形恢复至孕前状态。但那是不现实的，十月怀胎体重的增加和体形的变化，哪能在几周之内就恢复？只要你注意产后锻炼和膳食结构，你就会在接下来的时日中慢慢瘦下来。如果产后三个月你的体形还没有恢复，产后六个月可能就恢复了。大多数妈妈在宝宝一岁以后，就能恢复到孕前的体重和体形。如果你的体形恢复不理想，就要看一看是否注意了以下这些事。

是否急于减重

产后体重增加是正常现象，哺乳期后，体重会逐渐恢复到孕前水平。但如果你的体重增加显著，要想恢复到孕前的体重水平、减掉多余脂肪，应采取循序渐进的方法，不要操之过急。如果你的体重每周能下降250克，就已经很不错了，放慢减重速度会使你变得轻松起来，达到更好的减肥效果。

是否科学地估算了摄入食品的热量

你所估算每日摄入的热量，既不能影响乳汁的分泌量，又要保持继续减重。如果你是活动量中等的妈妈，要达到每周体重减轻250克，在估算出的热卡数中减掉250卡热量就可以了。大多数食品包装袋上都标有每100克所含的热量，如果没有标出，或自己制作，可上网搜索食物热量表，并打印出来，贴在厨房或冰箱上，以便做饭时查阅计算。

是否制定了健康饮食计划

平衡膳食同样重要，尽管每日摄入的食物量减少，但种类不得减少。少食那些只含热量、营养少或不含营养的食品，如脂肪、糖、酒等。母乳喂养的妈妈应该注意膳食的营养结构，绝不能骤然大幅度实行减肥计划。

是否能坚持锻炼

每周应至少锻炼几次，如推着婴儿车散步；参加社区组织的新妈妈体育训练班；游泳、骑自行车等。

你的生活丰富吗

照料新生儿确实比较累，但劳累并不能达到减轻体重的目的。丰富多彩的生活不但让你消除疲劳，心情愉快，还有利于你的体形恢复。

第四节
产后营养、哺乳与避孕

产后营养

有的产妇可能会认为，宝宝生出来了，不再需要"一人吃两人的营养"，饭量应该减少，这种想法可就错了。产后不但不能减，还要比孕期增加营养的摄入。这是因为，产后恢复需要营养，最主要的是宝宝需要吃妈妈的奶，妈妈需要分泌大量的乳汁来满足宝宝生长发育的需要，宝宝需要的营养和热量比胎儿期要多得多。如果完全母乳喂养，妈妈比孕期要多摄入30%的饮食量。妈妈这时可不要减肥，如果你没有充足的乳汁供应宝宝，不但对宝宝的健康不利，对你体形的恢复也没有什么好处。当你的乳汁很充足时，你吃的东西大多产生乳汁了，你不会发胖的。但有一点要注意，饮食结构要合理，如果吃很多高热量食品，如巧克力、油、带有脂肪的肉类，你可能会发胖。要吃富含蛋白质、维生素、矿物质、纤维素的食物。

补充钙剂

产后需要常规补充钙剂。这是因为产后分泌大量乳汁，乳汁是高钙食物，会消耗产妇体内大量的钙。如果每天摄入钙量不足，会导致产妇骨骼负钙平衡，导致骨质疏松。所以，哺乳期补充钙剂与孕期补充钙剂同等重要，甚至比孕期需要摄入更多的钙。孕期每日需要摄入1500毫克以上的钙，哺乳期每天需要摄入1800毫克以上的钙。在摄入高钙食物的基础上，还需要额外补充钙质（元素）每天800毫克以上。母乳钙磷比例适宜，易于吸收，只要妈妈不缺钙，宝宝就不会缺钙。所以，母乳喂养的宝宝不需要额外补充钙剂，补充维生素AD就可以了。

补充铁剂

怀孕后期，孕妇和胎儿都需要更多的铁剂来满足血容量和血红素的快速增加。与此同时，胎儿还需要储存足够的铁剂来满足出生后最初四个月的铁供应。所以，怀孕后期孕妇不但需要摄入高铁食物，还需要常规补充铁剂。宝宝出生后的4~6个月为纯母乳喂养，乳为低铁食物，铁含量低。宝宝出生后最初4个月，主要靠储存在肝脏内的铁，满足每日对铁的需要。所以，妈妈产后在摄入高铁食物基础上，需要额外补充铁剂以提高母乳中铁的浓度，防止宝宝发生缺铁性贫血。如果是人工喂养，同样存在这个问题，配方奶中虽然可以添加铁剂，但宝宝难以吸收，会出现大便异常。所以，添加辅食后，要及早给宝宝摄入高铁食物，如肝粉或肝泥。

其他营养需求

便秘和痔疮问题可能仍然困扰着你，不要发愁，从饮食上注意调节，高纤维素食品可缓解便秘。如果你为了多吃蛋白质，而少吃粮食，你的便秘会更严重，适当增加粮食，尤其是粗粮，对缓解便秘有好处。注意运动和定时排便，不要因为忙而忘记去卫生间。产后出汗多，缺水也会加重便秘，要多饮水。

家人可能会给你做一些传统的下奶食物，如不放盐的猪蹄汤、鲫鱼汤，这会让你的胃口大受影响，你要提醒他们适当放些盐，不会因为有咸味而影响乳汁分泌的。哺乳期要适当限制食盐摄入量，但不是绝对的低盐饮食，更不是无盐饮食。产妇产后出汗多，会丢失较多的盐分，不能过分限制食盐摄入量。

如果你有妊娠并发症或产后并发症，如妊娠高血压、贫血、产后出血等，在饮食方面有特殊要求，你要向医生问清楚，听取医生的建议。

产后哺乳

冬季妈妈穿得相对多，母乳喂养的妈妈每天要多次露出乳房，最好不要穿套头衣服，穿开襟比较好，以免胸腹部受凉。现在有漂亮的喂奶服和哺乳胸罩，可供哺乳妈妈选择。

宝宝夜间也要吃奶，如果妈妈每次都穿脱衣服，就会很麻烦。所以，妈妈就索性穿着衬衣或披着睡衣喂奶，妈妈要注意不要让肩关节受凉。有的产妇出了月子后，由于受凉导致肩关节疼痛，严重的连胳膊都抬不起来，既不能梳头，也不敢侧身睡觉。

刚开始喂奶的妈妈往往是累得一身汗，胳膊酸了，脖子僵了，宝宝却因不能舒服地吃奶而哭闹。这是由于喂奶姿势不正确所致。正确的喂奶姿势是胸贴胸、腹贴腹、下颌贴乳房。妈妈用手托住宝宝的臀部，妈妈的肘部托住宝宝的头颈部，宝宝的上身躺在妈妈的前臂上，这是宝宝吃奶最为舒服的姿势。有的妈妈恰恰相反，宝宝越是衔不住乳头，妈妈越是把宝宝的头部往乳房上靠，结果宝宝鼻子被堵住了，不能出气，就无法吃奶。一定要让宝宝仰着头吃奶（就是让宝宝下颌贴乳房，前额和鼻部尽量远离乳房），这样宝宝的食道伸直了，不但容易吸吮，也有利于呼吸，还有利于牙颌骨的发育。

母乳喂养的妈妈不能随意吃喝

母乳喂养的新妈妈要避免"妈妈乱吃，宝宝受害"的现象。冷饮少喝，过于油腻的食物少吃，不易消化的煎炸食品少吃，凉拌拼盘不多吃，妈妈饮食出了毛病，宝宝可就苦啦，奶水不够吃，还要拉稀、呕吐。跑医院是月子里最麻烦的事，要防患于未然。不要专吃高蛋白、高脂肪的食物，要搭配蔬菜、水果等。营养不良会导致精神紧张、身体疲劳，影响母乳供应。如果在哺乳期摄入过多脂肪类食物，会影响锌的吸收；海产品、豆制品和含胡萝卜素的食物，对视力发育有益；我国营养学会推荐新妈妈每天蛋白质供给量为95克，妈妈哺乳期要摄入充足、高质量的蛋白质；尽管在冬季，也要吃丰富的蔬菜水果。

产后哺乳的禁忌

活动性肺结核、慢性纤维空洞型肺结核、传染性肝炎、巨细胞病毒感染、单纯疱疹病毒感染、艾滋病病毒感染、未经治疗的梅毒、急性淋病、乳头状瘤、柯萨奇B组病毒、弓形虫感染，均应实行严格隔离，停止母乳喂养，接受正规治疗。

预防乳腺炎和乳头护理

如果喂奶时感到乳头疼痛，喂奶后，可以在乳头上涂抹少许乳头护理膏，也可以挤少许奶水涂于乳头上，不要马上穿胸罩，让乳头上的奶液风干，也可以在喂奶时使用乳头保护罩，以防乳头皲裂。不要用毛巾用力擦乳头，以免擦伤。不要穿太紧或质地太硬的内衣，要选择合适的罩杯。

预防乳腺炎的几点建议

· 预防乳头皲裂，一旦发生皲裂要积极处理。

· 不要压迫乳房，乳汁过于充足时，睡觉时要仰卧。

· 一定要定时排空乳房，不要攒奶。

· 有乳核时要及时揉开，也可用硫酸镁湿敷或热敷。

· 保持心情愉快，及时梳理负面情绪。

· 奶胀了就喂，如果宝宝吃不了，就要吸出。

· 乳房出现疼痛要及时看医生，乳腺炎是引起新妈妈发热的常见原因。

乳头皲裂的处理

· 哺乳前洗手，如乳头、乳晕处有污垢，不要强擦，应先用棉棒蘸植物油浸湿乳头，使污垢软化，再用温水清洗干净，用干净的软毛巾沾干水分。

· 哺乳后，乳头局部涂上乳头护理膏，哺乳前洗掉，不要穿不透气的乳罩。

· 皲裂严重时可使用乳头保护罩哺乳。

· 喂奶时一定要把乳头和乳晕都放到宝宝嘴中，只把乳头放到宝宝嘴中是造成乳头皲裂的原因之一。

· 先喂没有皲裂的一侧乳头，再喂有乳头皲裂的一侧。

产后避孕

产后不宜过早同房

产后生殖器官要恢复到非妊娠状态，需要八周以上时间，产后两个月内最好避免同房，至少也要等到血性分泌物完全没有后才能进行，过早同房会增加产褥热感染的机会。

产后42天做产后检查时，医生会对你的生殖器官做全面的检查，可以顺便向医生询问与性生活和避孕有关的问题。

产后不宜过早受孕

研究结果显示，大约有50%的产妇于产后60天内恢复排卵功能；最早的可于产后14天恢复排卵。产后过早受孕，无论是"留"还是"流"，对产妇身心都会造成很大的伤害。产妇在产后身体的各器官功能尚未恢复至孕前水平，子宫内膜尚待恢复，有的产妇产后焦虑不安，尤其是剖宫产术后的产妇，手术的损伤、子宫的创伤都需要经过相当长的一段时间才能恢复。若过早再次受孕，不但会带来人工流产的苦恼，还会增加人工流产术的难度。所以，剖宫产术后的产妇一定要注意避孕。

哺乳期的妈妈真的不会怀孕吗

答案是哺乳期的妈妈也会怀孕的。长期以来，很多人认为只要不断母乳，就不可能怀孕。这种观念从理论到实践已受到现实的挑战。随着生活水平的不断提高，孕期营养好，保健好，产后身体恢复快，产后恢复排卵的时间也逐渐缩短，无论是母乳喂养还是配方奶喂养，越来越多的产妇在产后2~3个月的时间内就可以再次受孕。约有20%的哺乳妈妈，月经虽未恢复，却可以排卵，甚至妊娠。母乳喂养的产妇排卵恢复时间平均为59天；混合喂养(母乳喂养+人工喂养)的产妇排卵恢复时间平均为50天；人工喂养的产妇排卵恢复时间平均为36天。可见，哺乳并不能长时间地阻止排卵，不要寄希望于通过哺乳延迟排卵恢复时间，从而达到避孕的目的。一定要采取积极的避孕措施，主动避孕。避孕的方法有很多，你可以在妇产科医生的指导下，选择适合自己的避孕措施。

没来月经就不会怀孕吗

答案是产后没来月经也有怀孕的可能。很多人认为，只要不来月经，就不会怀孕。产后不来月经并不意味着没有受孕的可能，因为即便你上个月没来月经，也不能肯定这个月没有排卵，有排卵就有怀孕的可能。

还有一些因素影响着排卵恢复时间。如体重指数大于24者，其排卵恢复时间略长于体重指数小于24者；初潮年龄大的(大于15岁)其排卵恢复时间略长于初潮年龄小的(小于15岁)。另外，还有营养状况、生育年龄、职业类别、文化程度等因素对排卵恢复时间也有一定影响，但影响都不是太大。

产后避孕对一家三口都是非常重要的事情

产后避孕确已成为不可忽视的问题，其原因是显而易见的。一旦在产后不久怀孕，就会面临不能母乳喂养宝宝或者终止妊娠的问题，宝宝最好的食源被卡断了，这会让分娩不久的产妇对丈夫不满甚至可能会由此而产生性恐惧或性冷淡。所以，夫妇俩要同心协力做好产后避孕。

专题一

重视孕期营养

第一节
重视孕期营养

孕期营养不足带给胎儿不良后果

对于准妈妈来说，吃又被赋予了另一层含义，准妈妈不但要吃出自己的健康和美丽，还要吃出宝宝的聪明和健康。说准妈妈一个人要吃出两个人的份，是有些过了，胎儿并不需要妈妈给他吃出一份饭量来，而是要让妈妈科学进食，合理膳食，为他吃出他所需要的营养素，吃的是质量，而不是数量。

胎儿从离开母体那一刻开始，一直长到成人，经过十几年的时间，其体重增加了20倍。胎儿的发育过程可以说是迅猛的，胎儿从受精卵长到足月出生，在短短的266天，其体重增加了10亿倍。而胎儿生长的全部"能源"均来自母亲，可见孕妇营养对胎儿来说是何等重要。

孕妇营养不足，可直接影响胎儿的生长发育，导致低体重儿的出生。更为重要的是，胎儿宫内营养不良可引起脑部发育不良。有调查显示，营养严重缺乏的孕妇所生的婴儿，有1/3到了学龄期，由于智力的原因表现出学习障碍。

胚胎所需氨基酸必须由妈妈供给

怀孕1个月的准妈妈，可能毫无自觉症状，但无论准妈妈是否感觉到了胎儿的存在，胚胎时期的胎儿已发展出许多可透过子宫吸收母血中所含营养与氧气的绒毛组织了。也就是说，母体已经开始担负起向胚胎提供各种营养素的责任了。

早期胚胎缺乏氨基酸合成的酶类，不能合成自身所需要的氨基酸，也就是说，即使胎儿从妈妈那里获取了很多的营养和热量，但如果妈妈没有供给胎儿现成的氨基酸，胎儿就无法获取氨基酸。所以，孕妇摄入足够的氨基酸就显得异常重要了。

那么，什么是人体必需的氨基酸呢？9种必需氨基酸包括赖氨酸、色氨酸、苯丙氨酸、亮氨酸、异亮氨酸、苏氨酸、蛋氨酸、组氨酸和缬氨酸。

什么食物含有较多的氨基酸呢？当然是含有蛋白质的食物啦。如果能摄入足够的、含有较多优质蛋白的食物就更好了。奶、蛋、鱼虾等高蛋白食物含有更多的必需氨基酸，属优质蛋白。大豆及其他谷物为植物蛋白，含有一部分必需氨基酸和非必需氨基酸，属粗质蛋白，但由于含有较多的不饱和脂肪酸，是被推崇的食物。禽畜肉为高蛋白食物，含有必需氨基酸，同时也含有较多对血管健康不利的饱和脂肪酸，所以要控制总量。

准妈妈营养不足的不良影响

分娩时体力不足

分娩时产妇要消耗大量的能量，无论子宫收缩，还是胎盘剥离都需要产妇配合用力。产后的复原需要营养补充。产后血性分泌物的排出及育儿需要消耗大量的体力，没有足够的能量供给是不能胜任的。

无法胜任哺乳工作

乳汁的多少，乳汁质量的好坏，都和产妇的营养直接有关。据初步统计，产后1周左右，产妇每日分泌的乳汁量相当于3瓶牛奶。产后2周左右，每日的分泌量相当于4~5瓶牛奶。哺乳的妈妈需要摄入更多的营养，营养不足将阻碍哺乳。

胎儿营养不良

低体重儿出生后第一周的死亡率增高，和胎儿期的营养不良密切相关。营养不良的胎儿中，从出生到学龄前期，有30%的儿童出现精神或智力异常、反应迟钝、记忆力差等情况。所以，妈妈在孕期摄入的营养对孩子今后的成长至关重要。

孕期食物选择的两个常见误区

口味认知的误区

孕早期，妈妈可能因为妊娠反应，在饮食上会发生一些变化，或非常喜欢吃酸性食物；或特别喜欢吃甜食；或喜欢吃寡淡少味的素食；或只想吃辣的。妊娠反应比较厉害的孕妇可能什么都不喜欢吃，连喝水都觉得有异味。这些都是正常的孕早期反应，过一段时间就会好的。

曾有孕妇咨询，她非常喜欢吃酸性食品，能由此证明她腹中的胎儿是男孩吗？我认为喜酸或喜辣只是个人口味偏好而已。有的孕妇从潜意识里就希望生男孩，把"喜酸"口味无限地扩大了。几乎一日三餐都离不开酸性食物。任何食物，无论营养高低，都不能无节制地食用。有科学研究发现，孕妇食用过多酸性食物或酸性药物，如维生素C、阿司匹林，是导致胎儿异常的原因之一。因此，孕妇要对口味的改变有科学、理性的认知，对食物的摄入也要有节制。

吃水果的误区

水果中含有大量的维生素，大多数医生会建议孕妇多吃水果，尤其是孕妇发生便秘时。那么，水果是不是吃得越多越好呢？一般来说，水果中水的含量是90%，剩下的10%是果糖、葡萄糖、蔗糖和维生素等。水果中所含的糖很容易被吸收，如果体内不能利用这些热量，孕妇可能会发胖。所以，水果不是吃得越多越好，适量才有利于妈妈和胎儿的健康。

建议孕妇每天食用水果的总量控制在500克。传统观念认为，应该在饭后吃水果。这并不科学，当胃内有饭积存时，吃进去的水果就不能很快被消化吸收，而要在胃内存留很长时间，胃内是有氧环境，一些水果就发生氧化，如苹果。如果吃热饭后马上吃凉的水果，还会引起胃部不适，特别是孕早期有妊娠反应，对胃的不良刺激会引发呕吐。饭前吃水果比饭后吃水果更科学，最好在吃水果1小时以后再吃饭。水果中含有大量的维生素C，可帮助铁的吸收，所以，吃含铁高的食物前吃一些含维生素C高的水果是不错的选择。

合理的食品选择

奶制品——试着在饭后喝

奶含有丰富的必需氨基酸、钙、磷等多种微量元素及维生素。喝不惯奶的孕妇也要努力试着喝奶，可从少量开始，逐渐增加，也可以先在奶中调配一些平时爱喝的饮品，逐渐过渡到纯奶，最好选择适合孕妇喝的配方奶。如果喝奶后感觉腹部胀气，可煮沸稍冷后，加入食用乳酸菌及纯果汁制成酸奶食用。有的孕妇喝奶后易引起腹泻，可试着在饭后喝，也可购买低乳糖奶。

蛋类——不要油煎，蛋羹最佳

蛋是提供优质蛋白质的最佳天然食品，也是脂溶性维生素及维生素B2、维生素B6、维生素B12、叶酸的丰富来源，蛋黄中的铁含量亦较高，最好能保证每天吃一个鸡蛋。

海产品——不要冰冻和腌制的

应经常吃些鱼、海带、紫菜、虾皮等海产品，以补充碘。新鲜的海产品不但含有丰富的优质蛋白，还含有丰富的微量元素，是孕期的好食品。

肉类——不可过量，妊高征限食

兽肉和禽肉都是蛋白质、无机盐和各种维生素的良好来源。孕妇每天的饮食中应供给50~150克兽、禽肉。动物肝脏是孕妇必需的维生素A、维生素D、叶酸、维生素B1、维生素B2、维生素B12、烟酸及铁的优质来源，建议每周吃1~2次。

豆类——不仅仅是黄豆类制品

豆类是植物性蛋白质、B族维生素及无机盐的重要来源，豆芽含有丰富的维生素C。喝奶少的孕妇可适当补充些豆类食品，每天约50~100克，以保证孕妇、胎儿的营养需要。

蔬果类——颜色越丰富越好

蔬菜、水果中含纤维素和果胶，可预防孕妇便秘。绿叶蔬菜如芹菜、韭菜、小白菜、豌豆苗、奶白菜、空心菜、菠菜；黄红色蔬菜如甜椒、胡萝卜、紫甘蓝等都含有丰富的维生素、无机盐和纤维素。每天应摄取新鲜蔬菜250~750克，其中有色蔬菜应占一半以上。蔬菜中黄瓜、番茄等生吃更为有益。水果中带酸味者，适合孕妇口味又含有较多的维生素C和果胶。孕妇应每天食用新鲜水果150~200克。

坚果类——补锌佳品

芝麻、花生、核桃、葵花子等，其蛋白质和矿物质含量与豆类相似，可经常食用。其中，瓜子中含有丰富的锌，有补锌需求的孕妇可以多吃一些瓜子。

均衡的营养结构，丰富的食品种类

为了保证营养结构均衡，孕妇每天摄入的食品种类至少20种。这听起来似乎难以做到，其实即使在你没有怀孕时，每天吃的食品种类也是很多的，至少有十几种。

水果2种：苹果、橘子、香蕉、梨、桃、葡萄、草莓、橙子、柿子等，选2种是很容易的。

粮食4种：小麦面、玉米面、燕麦面、荞麦面、豆面等面食1种；小米、大米、高粱米、江米、黑米等米食2种；红豆、绿豆、饭豆、青豆、芸豆、黑豆等豆类1种。

蔬菜4种：芹菜、菠菜、茼蒿、油菜、芥菜、茴香、木耳菜、笋叶、香椿、白菜等绿叶菜2种；红萝卜、白萝卜、胡萝卜、绿萝卜等萝卜类1种；苦瓜、丝瓜、黄瓜、冬瓜、白玉瓜、西葫芦、南瓜等瓜类1种；还有西红柿、豆角、辣椒、土豆、蘑菇、茄子、莲藕、慈姑等任选1种。

肉蛋2种：鸡蛋、鸭蛋、鹅蛋、鹌鹑蛋等蛋类1种；各种水产品（包括蟹类、虾类、贝壳类）、猪肉、羊肉、鸡肉、牛肉等肉类1种。

奶类1种：牛奶、羊奶1种。

豆制品1种：黄豆、绿豆、黑豆等制作的豆腐、豆浆、豆皮、豆干等食品1种。

水：水是人的生命之源，除了正常饮食中的水分外，还应额外补充纯粹的水。只喝矿泉水不是最好的选择；只喝纯净水是最不好的选择，因为纯净水中的矿物质大多被净化掉了。

油类1种：豆油、花生油、菜籽油、葵花籽油、玉米油、芝麻油、奶油、黄油、橄榄油等油类1种。

坚果类1种：花生、葵花子、西瓜子、南瓜子、核桃、榛子、腰果、开心果、杏仁、松子等坚果类1种。

调料4种：葱、姜、蒜、花椒、大料、盐、糖、辣椒、酱油、醋、淀粉、料酒等，每天至少需要4种调料制作菜肴。

可见，我们每个人日常食入的食物种类基本在20种左右。孕妇吃的种类比上面列举的越多越好。

健康饮食计划

孕妇必须吃的食物	粮食。
孕妇应该多吃的食物	含优质蛋白的食物，如海产品、蛋清、奶制品。
	含钙丰富的食物，如虾皮、奶制品。
	含铁丰富的食物，如动物肝脏、蛋黄、绿叶蔬菜。
	富含锌的食物，如海产品、坚果类。
	含碘食物，如海带。
	DHA含量高的食物，如深海鱼类。
	胡萝卜素含量高的食物，如胡萝卜。
	含维生素丰富的食物，如水果、蔬菜。
应适当补充的食物	碳水化合物和植物油脂食物，如燕麦和植物油。
孕妇应限量吃的食物	刺激性食物，如辣椒。
	动物油脂食物，如肥肉、动物油。
	含钠食物，如即食食物、钠盐。

孕妇最好不吃的食物	熏制和腌制食物，如熏火腿、咸菜。
	烤炸类食物，如烤肉、油条。
	含咖啡因饮料，如咖啡、茶。
	含添加剂食物，如含防腐剂的罐头和常温储藏的熟食。
	高热量食物，如西式快餐。
	高油脂食物，如水煮鱼、水煮肉片。
孕妇禁止吃的食物	酒类，白酒、红酒、啤酒等各种酒类，包括含乙醇饮料。
	霉变食物，如霉变的花生制品、奶制品、豆制品和谷物，生芽的土豆、霉变的红薯、甘蔗等。
	所有过期食品。

孕妇应克服的饮食习惯如下。

- 偏食。
- 饮食单一。
- 喜欢吃过冷或过热食物。
- 进餐过快，狼吞虎咽。
- 不吃早餐。
- 饥一顿饱一顿。
- 暴饮暴食。
- 只吃自认为是好的食物，忘记还有很多食物品种是需要吃的。
- 边吃饭边喝饮料。
- 饭后立即活动。

 基础营养知识

健康饮食金字塔

第一层（塔底）是五谷杂粮。吃得量最多。

第二层是蔬菜和水果。

第三层是蛋、肉、豆和奶。

第四层（塔顶）是油脂和糖。要少吃。

食品标签常用名词的含义

购买食品时你可能会看到这些标识：无热量、低热量、微热量、无胆固醇、低胆固醇、低脂肪、无脂肪、低饱和脂肪、低钠、极低钠、无钠或无盐、轻盐、无糖、天然、新鲜、营养。

· 无热量：每份食品中的热量低于5卡（一定要注意每份食品的大小）。

· 低热量：每份食品中的热量低于40卡。

· 微热量：每份食品中的热量是同样份额食品重量中热量的1/3。

· 无胆固醇：每份食品中的胆固醇含量少于2毫克，饱和脂肪低于2克。

· 低胆固醇：每份食品中的胆固醇含量少于20毫克，饱和脂肪低于2克。

· 低脂肪：每份食物中的脂肪低于3克。

· 无脂肪：每份食物中的脂肪低于0.5克。

· 低饱和脂肪：每份食物中的脂肪低于1克，饱和脂肪中提供的热量不超过15%。

· 低钠：每份或100克食物中的钠低于140毫克。

· 极低钠：每份食物中的钠低于35毫克。

· 无钠或无盐：每份食物中的钠低于5毫克。

· 轻盐：食物中的钠比正常含量少50%。

· 无糖：一份食物中含糖量低于0.5克。

· 天然：主要是指不含化学防腐剂、激素和类似的添加剂。

· 新鲜：用来描述未经冷冻、加热处理或用其他方式储藏的生食。

· 营养：没有标准的说法，可以是某一种食物被改变或被替代，也有可能意味着低盐、低糖或低脂肪。

最容易记住的食物搭配方法

食物购买建议

· 不买看起来没有丝毫瑕疵的蔬菜。

· 不买看起来个超大且均匀的鸡蛋，不买看起来水灵灵的瘦肉，不买硕大的鸡腿和鸡胸脯。

· 买粗不买精，买新不买陈，买真空不买普通装，不买非常规颜色米、看起来白得耀眼的面粉、看起来金黄耀眼的小米和玉米面、看起来嫩绿的小豆。

· 不买包装好的果篮，不买昂贵的、从来没有吃过、不认识的水果，不买切开、处理的水果。

种类搭配：水 > 蔬菜 > 粮食 > 水果 > 奶豆 > 蛋肉 > 油类。

蔬菜颜色齐全：绿 > 白 > 黄 > 红 > 黑 > 紫。

肉蛋色泽：白 > 红 > 黄。

粮食颜色配比：白 > 黄 > 绿 > 红 > 黑 > 紫。

水果不单调：第一选择应季水果，第二选择地域，第三选择品种，第四选择色泽，黄 > 绿 > 红 > 白 > 紫 > 黑。

第二节
胎儿发育与营养需求

碳水化合物

怀孕初期，孕妇的基础代谢与正常人相似，所需热能也相差不大。世界卫生组织建议：孕早期，妈妈每天应该增加150千卡热能，孕中、晚期，孕妇的基础代谢率比正常人增加10%~12%，每天要增加220~440千卡热能。

一般热能主要来源于碳水化合物，根据我国的饮食习惯，碳水化合物摄入占总热能的70%~80%，在副食供应较好的条件下，孕期要尽可能使碳水化合物摄入量占总热量的60%~65%，我国的饮食习惯是以粮食为主，不会导致热量不足，只要吃饱了，就能保证热量的供应。对于食欲好、食量大的孕妇来说，还需要适当控制糖的摄入，以免妊娠后肥胖和胎儿体重过大。

蛋白质

蛋白质是构成、修补机体组织与调节正常生理功能所必需的物质，足月儿体内含蛋白质400~500克，孕妇在怀孕的过程中，需要额外补充蛋白质约2500克，这些蛋白质均需孕妇不断从食物中获取，因此孕期注意补充蛋白质极为重要。

孕期蛋白质摄入不足，会给胎儿带来怎样的影响呢？

· 影响胎儿的体格发育。

· 影响胎儿中枢神经系统发育。

· 胎儿大脑发育不能正常进行，成人后脑细胞数量比正常人少，智力低下。

孕期蛋白质摄入不足，对孕妇有何危害？

· 子宫、乳房和胎盘不能很好地发挥作用。

· 难以承受分娩过程中的体力消耗，增加难产概率。

· 产后乳汁可能会不足。

· 可加重孕期贫血、营养缺乏性水肿及妊高征的发生。

　　世界卫生组织建议：孕1月时，孕妇每日需要补充蛋白质0.6克。孕中期以后每天增加9克优质蛋白（300毫升牛奶，或2个鸡蛋，或瘦肉50克）。我国的饮食习惯以植物性食品为主，孕妇应从孕中期开始每天增加蛋白质15克，孕晚期每天增加蛋白质25克。动物性蛋白质占总蛋白质量的2/3为好。我国营养学会推荐：孕妇每日蛋白质供给量为80~90克。

脂肪

　　现在人们可谓"谈脂色变"，但孕妇和胎儿需要脂肪。没有一定含量的脂肪，细胞膜的功能就无法实现，脂溶性维生素就不能被吸收利用，皮肤就不能光滑和富有弹性。胎儿所有器官的发育都离不开脂肪。脂肪中还含有预防早产、流产、促进乳汁分泌的维生素E等物质。在吸收脂肪时，被分解的脂肪酸含有人体自身不能合成的必需脂肪酸，其中有些必需脂肪酸对预防妊娠高血压综合征有一定作用。

　　尽管脂肪有这么多的好处，也不能过多食入。在孕晚期，血液中的胆固醇含量增高，如果食用过多动物性脂肪，可使胆固醇进一步增高，影响孕妇健康。应以植物性脂肪为主，适当食用动物性脂肪。瘦肉、动物内脏、奶类中都含有一定量的动物性脂肪。

矿物质及维生素

人们普遍认为矿物质和维生素对任何人都是安全的，对胎儿也没有任何危害，这是片面的认识，即使是矿物质及维生素，也不能无限制地想吃多少就吃多少。摄取过多的矿物质和维生素，对胎儿会产生一定的毒害作用。

孕妇可能会收到来自亲属或朋友馈赠的各种营养保健品，最好不要随便服用，应该在服用前告知医生，看看营养品中含有的营养素是否和医生开出的重复，如果有的话，就要计算一下，是否超量服用了某种营养素。超量服用某些营养素对胎儿可能会产生不良影响。

服用营养素的基本原则是：能通过食物补充的，尽量从食物中获取，不足部分通过营养素补充。孕期并不需要额外补充所有的营养素。

人们普遍认为天然药物是安全的，尤其是能作为食物的天然药更受青睐。有些孕妇把某些天然药品当作食物来吃；有些孕妇把有药用价值的食物当作药物来吃。不管怎么吃、怎么补，都不应盲目，最好在营养师或保健医生的指导下进行。

钙剂

胎儿要从妈妈那里获取大量的钙以满足自己生长的需要，孕妇摄入钙不足，胎儿可能会患先天性佝偻病、乳牙发育障碍。妈妈钙代谢为负平衡，可出现腰背酸痛、四肢无力、小腿抽筋，严重的会出现骨质疏松。

孕妇究竟应该从什么时候开始补钙并没有硬性规定，要根据孕妇的具体情况而定。孕妇偏食、妊娠反应持续时间较长或程度较重、户外活动少等都是影响补钙时间和补钙量的因素。

一般情况下，从孕中期开始补钙。孕妇每日需要多摄入500毫克钙，即每日总钙量应摄入1800~2000毫克。但并不是所需的钙都需要通过钙片补充。如果从食物中能够获得足够的钙，就不需要服用钙片了。通常情况下，每日从食物中可获取约1500毫克的钙，足够人体代谢所需了。如果孕妇妊娠反应明显，进食少，可适当补充钙剂和维生素D。有很多钙可供选择，只要是正规厂家生产，经销途径可靠，可任选一种。

我国膳食中乳类食品摄入相对较少，有的孕妇自从怀孕，就开始吃药物钙，有的还同时喝高钙奶粉或单纯的钙粉。其实，钙广泛存在于各种食物中，尤其是奶类、虾皮和豆类食品，且膳食中的钙吸收利用率普遍高于药物钙。钙的吸收，要依靠体内充足的维生素D的参与，而维生素D是脂溶性的，其吸收又依赖于脂肪的参与。所以说，孕妇营养的均衡摄入是至关重要的。

铁剂

孕期血容量增大，而红细胞数量并未相应增加，故血红蛋白含量减少。孕7月以后，血红蛋白降到最低点，很容易发生妊娠性贫血。其次，胎儿除本身造血和合成肌肉组织外，肝脏还要储存400毫克左右的铁，以供出生后6个月内的自身需要。母乳中含铁极少，宝宝出生后需要的铁量都依靠出生前的储存。

孕期铁的总需求量为1000~3600毫克，其中胎儿需要400~500毫克，胎盘需60~110毫克，子宫需40~50毫克，增加母体血红蛋白含量需400~500毫克，分娩失血需100~200毫克。所以，孕期需注意补铁。

动物性食品是铁的主要来源，孕早期每天可补充15毫克铁，28周前，主要以食物补充为主。含铁丰富的食物有猪肝、鸡肝、牛肝、动物血、蛋、海螺、牡蛎、鲜贝、荞麦面、莴苣、芹菜、奶粉、瘦肉、鱼、海带、紫菜、坚果及豆类等。如果孕妇没有医学指征，就不必服用铁剂。当食物中的铁难以满足身体需要时，可给予铁强化食品或铁剂，以硫酸亚铁和延胡索酸亚铁最好，每天可补充30毫克铁，服用铁剂时，最好同时服用维生素C、叶酸和维生素B12，以促进铁的吸收和利用。

碘

胎儿缺碘可导致新生儿先天性克汀病及脑损害，如果没能积极干预，可引起严重的脑发育异常，导致智力低下。缺碘对孕妇的主要危害是甲状腺过度刺激、妊娠甲状腺肿、低甲状腺素血症、甲状腺功能减低等，还可能引起自然流产（比正常妇女高2倍）。我国推荐孕妇碘供给量为每天175微克。

碘在土壤、空气、海水中的含量均较低，妈妈饮食中缺碘会影响发育中的胎儿。我国智力障碍儿童中，有80%以上是缺碘造成的。孕妇要保证每周两次以上摄入含碘丰富的食品。烹饪菜肴时，不要提前放入食盐，以免丢失碘。

孕妇需额外补碘吗？

· 孕早期妊娠反应明显，进食差，从饮食中获取碘远远不足，而孕妇对碘的需求量比平时增加30%～100%。

· 孕妇体内的碘，除满足其自身需要外，还要向胎儿输送，以满足胎儿脑部发育的需要。

· 食盐加碘是国际上普遍采用的补碘方法，可以满足正常成人需求。但是为防止引起孕期水肿和妊高征，常常需要孕妇减少盐的摄入，所以孕妇无法通过食用碘盐的方法满足对碘的基本需求。

· 孕妇需要重视含碘食物的摄入，如果孕期不能从食物中获取足够的碘，就需额外补充碘剂。至于如何补充？补多少？需要医生根据孕妇的具体情况进行分析后制订补充计划。

镁

低镁可引起早产。含镁高的食品有绿叶蔬菜、黄豆、花生、芝麻、核桃、玉米、苹果、麦芽、海带等。

孕妇镁的摄入量常常不足，即使孕期饮食较为合理，其他营养都能达到供给量标准，但镁仅能满足需要量的60%。一般情况下，孕妇每天平均摄入镁为269毫克，尿中排出94毫克，粪便中排出215毫克，结果是负平衡。我国饮食中草酸、植酸盐和纤维素含量较高，会影响镁的吸收。如果孕妇不能通过食物摄入足量的镁，就应通过药物额外补充。

锌

胎儿期缺锌，可导致胎儿体重增长缓慢，严重者甚至可引起胎儿发育停滞或先天性畸形，特别是中枢神经系统的损害、先天性心脏病、多发性骨畸形、尿道下裂等。孕早期，孕妇血浆中锌的浓度就会有所降低。缺锌可致孕妇味觉嗅觉异常，导致或加重妊娠呕吐。胎儿14周时，对锌的需求量增加7倍。从孕3个月开始，直到分娩，胎儿肝脏中锌的含量可增加50倍。植物性食品锌的吸收利用率很低，动物性食品是锌的重要来源。我国以粮食为主食，应适当提高锌的供给量，孕妇每天以摄入40~45毫克锌为佳。哺乳期每天摄入54毫克为宜。

含锌量较高的食品有海产品、坚果类、瘦肉。100克牡蛎约含100毫克锌，100克鸡、羊、猪、牛瘦肉含3~6毫克锌。100克标准面粉或玉米面含2.1~2.4毫克锌。100克芋头的含锌量高达5.6毫克。100克萝卜、茄子的含锌量达2.8~3.2毫克。值得注意的是，摄入过多的锌会影响铁的吸收和利用。因此孕妇是否需要吃药物锌，要由医生来决定。

钠

钠是人体不可缺少的元素，且必须从食物中获取。我们都知道人离不开钠盐，但对于孕妇来说，非但不需要增加钠的摄入量，还要适当限制钠盐的摄入。我国的饮食习惯中，钠盐的摄入量高。摄钠过高易导致孕妇水肿、血压增高。从预防妊娠高血压的角度考虑，也应该限制钠的摄入。

维生素

妈妈体内的维生素可经胎盘进入胎儿体内。脂溶性维生素储存在母体肝脏中，再从肝中释放，供给胎儿。水溶性维生素不能储存，必须及时供给。孕妇肝脏受类固醇激素影响，维生素利用率低，而胎儿需求量又高，因此孕妇要适量补充维生素。

维生素A可帮助胎儿正常生长、发育。如果缺乏维生素A，新生儿出生后可发生角膜软化。孕妇会出现皮肤干燥和乳头裂口。孕妇每天维生素A的供给量为3000国际单位。

维生素B1能促进胎儿生长，还可维持孕妇良好的食欲及正常的肠蠕动。孕妇每天供给量为1.8毫克。

维生素B2和烟酸与胎儿生长发育有关。孕妇每天维生素B2的供给量为1.8毫克，烟酸为15毫克。

维生素B6可抑制妊娠呕吐。孕妇每天的供给量为1.5毫克。

胎儿的生长发育需要大量的维生素C，它对胎儿骨骼、牙齿的正常发育，造血系统的健全和增强机体抵抗力有促进作用。孕妇每天的供给量为100毫克。

维生素B12、叶酸能促进红细胞正常发育，如缺乏可发生巨幼红细胞贫血。在人类的饮食中维生素B12的主要来源是肉类，富含维生素B12的食物是动物肝脏、牛肉、猪肉、蛋、牛奶、奶酪等。

维生素D对胎儿骨骼、牙齿的形成极为重要。孕妇每天的供给量为10微克。

叶酸

孕前补充叶酸可降低胎儿神经系统发育畸形的概率。有神经系统畸形家族史、不明原因的自然流产史、生过有神经系统畸形儿的孕妇，在孕前必须补充足够的叶酸。选择哪一种品牌的叶酸片都可以，最好是服用单一制剂，以保证叶酸的量。孕妇应该服用专供的小剂量叶酸，0.4～0.8毫克/天。叶酸可补充到怀孕后3个月。

饮食中有害微量元素的控制

铅

人们已认识到铅对人体健康的危害。现在铅的污染面很广，如蓄电池、油漆、陶器、汽车尾气、某些化妆品、药品、餐饮容器、水源污染以及空气污染。大多数医院开展了血铅的测定。

血铅浓度超标时，医生会采取一些措施，如驱铅疗法，服用抗铅的药物，如维生素E。生活中要尽量避免铅对人体的污染。如在使用化妆品时要注意品质，绝不能使用含铅超标的化妆品；不食用含铅高的食品（爆米花、膨化食品等）；不使用含铅的餐饮器皿；尽量避开汽车尾气。

铝

铝不能在胎盘中蓄积，但铝在脊髓中的积累量比其他任何组织都高。建议孕妇不使用铝制品餐具和炊具；不吃或少吃油条等含铝食品，以避免铝对胎儿的危害。

专题二

胎教·孕期生活·孕期环境安全

第一节
胎　教

生活在妈妈子宫内的胎儿，从一个圆形的细胞——受精卵开始发育，到成熟的足月儿，在266天的生长发育中，几乎经历了人类进化的全过程。没有人能真正知道在子宫内生活的胎儿是怎样的。过去认为，子宫内的胎儿生活在漆黑一片的无声世界里，他们既不需要吃，也不需要喝，没有呼吸和思想，真的是这样吗？

胎儿的运动能力

在B超下观察5周的胎儿，发现胎儿不时有自发的运动，而妈妈直到孕4、5个月时才能感觉到胎动。

在B超下观察7、8周的胎儿，发现胎儿已经出现了胳膊、腿、腕、肘、膝关节的简单活动。

在B超下观察12周的胎儿，发现胎儿已经能活动上下肢体所有的关节了。

在B超下观察14周的胎儿，发现胎儿在羊水中踏步、倒立，就像个体操运动员。

胎儿的听觉能力

把录音装置安放在模拟的子宫内，可录制到：正在播放的音乐、妈妈的心跳、血流、呼吸、肠蠕动、说话、咳嗽、喷嚏的声音。借助B超观察5个月以上的胎儿对各种不同声音的反应，发现不同的声音可引起胎儿不同的反应，胎儿对建筑工地的机械声、吵架的声音表现出不安的反应。

胎儿的视觉能力

用灯光照孕妇的腹部，交替关闭、开启，胎儿会眨眼。胎儿可根据光的变化调整作息，也会随着妈妈的作息时间入睡和觉醒，只是睡的时间要远远大于醒着的时间，但胎儿遵循着白昼觉醒、黑夜休息的规律。

胎儿的触觉能力

胎儿在2个月时就有了触觉能力，此后不断增强。当胎儿的小手触摸到嘴唇时，会出现吸吮动作；当手脚碰到子宫壁时，会把手脚缩回来，并屈曲手指和脚趾。

胎儿的味觉能力

给28周的早产儿喂甜奶时，他/她会有力地吸吮。喂酸奶时，他/她会表现出不爱喝的样子。可见这时的胎儿已经有了味觉能力。

胎儿在子宫内所具有的运动、感觉、听觉、触觉、视觉等能力是胎教的医学基础。

塑造胎儿好的性格

塑造孩子的性格要从胎儿期开始。妈妈在孕期的好心情对胎儿的成长有着举足轻重的作用。在十月怀胎的漫长过程中，孕妇忧虑、伤心、愤怒、惊恐等情绪对胎儿都会产生不良影响。如果孕妇是在紧张、技术要求高、精神经常处于警觉状态的环境中工作，家中不妨用粉红色、橘黄色、黄褐色布置。这些颜色都会给人一种健康、活泼、充满希望的感觉。孕妇从单调的环境、紧张的工作状态中回到生机盎然、轻松活泼的环境中，神经可以得到松弛，体力也可以得到恢复。孕妇居室的色彩应该简洁、温柔、清淡，如乳白色、淡蓝色、淡紫色、淡绿色等。孕妇从繁乱的环境中回到宁静优美的房间，内心的烦闷便会趋于平和、安详，心情也会稳定。只要孕妇从心底充满对腹中胎儿的爱，就是对胎儿最好的胎教。

 胎教的分类

直接胎教

专门针对胎儿进行的胎教，使胎儿受到良好的影响，如给胎儿听音乐，隔

着肚皮抚摸胎儿等。前面已经说过，胎儿在不同的生长阶段，逐渐具备了感觉、触觉、听觉、视觉等能力，这些能力是胎教的基础。

间接胎教

间接胎教并不直接针对胎儿，而是通过对孕妇的作用来影响胎儿。准妈妈的情绪可以通过神经－体液的变化影响胎儿的血液供应。从脑神经学的角度看，当一个人感到快乐时，体内释放出的神经传递素里，含有一种称为"脑内啡"的物质。脑内啡除了给我们轻松、舒适的美好感觉外，还使我们渴望重复这种感觉。人总是在不断地追求乐趣，准妈妈在追求快乐的同时，也给胎儿传递了一种正向的情绪。

大部分专家认可的胎教

听音乐

孕妇在保证充足营养与休息的条件下，对胎儿实施定期、定时的音乐刺激，可促进婴儿的感觉神经和大脑皮层中枢更快发展。音乐中舒缓、轻柔、欢快的部分就适合胎教，但阴郁、紧张的乐曲会影响胎儿的正常发育。因此，给胎儿听的音乐要选择经过医学界优生学会审定的胎教音乐。安宁、优美、抒情的音乐最适合胎儿。但我不赞成把扬声器放到妈妈的腹壁上，妈妈听到优美动听的音乐，会把愉悦的心情传递给腹中的胎儿。妈妈感到愉快舒心的同时，体内环境处于最佳状态，胎儿在妈妈最佳的内环境中，也会健康地生长。

唱歌

妈妈轻轻哼唱自己喜欢的歌曲，也可以哼唱各国的摇篮曲，大多数摇篮曲是民间流传的民谣，历史悠久、乐曲动听、民族风格浓郁，而且结合了音乐和语言两种元素，是比较好的胎教方式，妈妈自己哼唱出来比录音机播放效果更好。

和宝宝说话

妈妈用动听的语言和胎儿说话，是很好的胎教形式。爸爸也可以在晨起或晚餐后，和胎宝宝说说话。

艺术鉴赏

可观赏插花艺术、令人叫绝的书法、名家的绘画作品、具有民族风情的工艺品，还有服装模特表演等，这些都能陶冶情操，起到胎教作用。妈妈也可以朗读一些文学名篇，总之，对自身修养有好处的，对胎儿就一定有好处。

《开始》节选

泰戈尔

"你曾被我当作心愿藏在我的心里，我的宝贝。

你曾存在于我孩童时代玩的泥娃娃身上；每天早晨我用泥土塑造我的神像，那时我反复地塑了又捏碎了的就是你。

你曾和我们的家庭守护神一同受到祀奉，我崇拜家神时也就崇拜了你。

你曾活在我所有的希望和爱情里，活在我的生命里，我母亲的生命里。

在主宰着我们家庭的不死的神灵的膝上，你已经被抚育了好多代了。

当我做女孩子的时候，我的心的花瓣儿张开，你就像一股花香似的散发出来。

你的软软的温柔，在我青春的肢体上开花了，像太阳出来之前的天空上的一片曙光。

上天的第一宠儿，晨曦的孪生兄弟，你从世界的生命的溪流浮泛而下，终于停泊在我的心头。

当我凝视你的脸蛋儿的时候，神秘之感湮没了我；你这属于一切的人的，竟成了我的。

我怕失掉你，我把你紧紧地搂在胸前。是什么魔术把这世界的宝贝引到我这双纤小的手臂里来呢？"

第二节
孕期生活

孕期运动

孕早期，多数孕妇会有眩晕感，随着胎儿发育，子宫逐渐增大，膈肌被增大的子宫抬高，胸腔容积变小，肺脏和心脏受到挤压，使孕妇感到呼吸困难。这时期，孕妇应视情况选择运动项目、运动时间和运动量。

游泳、瑜伽、散步等都是比较好的运动项目，其中散步适合绝大多数孕妇。刚开始散步时，可以将步子放慢些，散步的距离可以先定为0.6公里，每周3次。以后每周增加几分钟，并适当增加些爬坡运动。最初5分钟和最后5分钟要慢走，做一下热身运动。

如果在运动中连话也说不出，说明运动过猛，这种情况应该避免。孕妇要切记：不要做仰卧起坐、跳跃、跳远、突然转向等剧烈运动和有可能伤及腹部的运动；不要尝试滑雪、潜水、骑马等运动。

坚持体育运动对孕妇有以下好处。

- 适当运动可以缓解背痛。
- 使肌肉结实(尤其是背部、腰部、大腿部等)，使孕妇有较好的体形。
- 可使肠部蠕动加快，降低便秘的发生率。
- 运动可激活关节的滑膜液，预防关节磨耗。
- 可消耗体内储存的多余脂肪。

孕妇运动有以下注意事项。

· 不应通过运动的方式减肥。

· 如果孕前就是一位体育运动爱好者,孕期的运动量和运动项目应适当调整。

· 如果孕前从未进行过体育运动,应该慢慢建立有规律的运动习惯。

· 有下列情况时应停止运动:合并了妊娠高血压综合征或孕前有高血压;曾出现宫缩、阴道出血等流产先兆;既往有自然流产史或医生告诉你不适宜运动。

· 运动中若感到疲劳、眩晕、心悸、呼吸急促、后背或骨盆痛,应立即停止。

· 体温过热对胎儿有害,天气炎热时不要过度运动,即使在凉爽的天气里,也不要让自己热得满头大汗。

夫妻生活

孕早期(1~3个月),孕妇有早孕反应,比较疲乏,受精卵刚在子宫内着床,胎盘与子宫壁的附着还不够牢固,如果性生活过频、动作过大,可引起流产,此期间应减少性生活次数,动作要轻柔。有流产史或长期不孕后受孕的孕妇,在孕后最好停止性生活。到了孕中期(4~7个月),妊娠反应减轻或消失,精神好,胎盘已经附着牢固,不易流产,此期间同房对胎儿影响较小,但也要注意不要过频,不要压迫孕妇腹部。孕晚期(8~10个月)尽量减少性生活,预产期的前6周应该停止性生活,以免引起早产。

孕期旅行

孕妇出门一定要注意安全,注意脚下,防止绊倒、滑倒。孕妇是绝对不能摔倒的,轻者引发流产、早产,重者子宫破裂,母子生命不保。出门走亲访友,不要骑自行车。节假日外出人较多,孕妇身体活动不便,容易被挤着,要多加注意。

孕妇为什么不能长时间坐车?

· 孕妇生理变化大,环境适应能力降低,长时间坐车会给孕妇带来生理不便。

· 汽油异味导致孕妇恶心、呕吐。

· 孕妇下肢静脉血回流不畅，易造成下肢水肿。

· 孕晚期腹部膨隆，坐姿会挤压胎儿，易引发流产、早产。

· 孕妇不宜乘坐长途汽车，汽车比较颠簸，随时都有刹车或急转弯的可能，可能会造成身体的剧烈晃动，如果有异常运动，可能会造成流产（孕早期）或早产（孕中晚期），坐火车会更安全些。

孕期穿着

如何选用乳罩

随着胎儿的生长，妈妈的乳房也逐渐丰满起来。如果佩戴不合适的乳罩，就会造成乳腺组织松弛、乳房下垂，使乳腺管受到牵拉，影响乳腺的正常发育。

乳罩不能过大、过松

佩戴乳罩是为了保护乳房不下垂，乳腺管不受牵拉。如果乳罩过大，就起不到托起乳房的作用。

乳罩不能过小、过紧

孕期的乳房不断增大，乳腺组织不断发育，乳房血液供应非常丰富。如果佩戴过小、过紧的乳罩，就会使乳房组织受压，血液循环不通畅，阻碍乳房的发育。过紧的乳罩也会压迫不断增大的乳头，使乳头发育受到限制，给宝宝衔住乳头吸吮造成困难。

透气性好的乳罩

孕妇新陈代谢旺盛，皮肤呼吸很重要，透气性不好的乳罩会影响乳房皮肤的呼吸，影响乳腺的发育。孕5个月以后，会有少量的初乳分泌，乳罩的透气性就显得更加重要了。

使用孕妇专用乳罩是不错的选择

现在，市场上有专门为孕妇准备的乳罩，购买这样的乳罩是不错的选择。但准妈妈也要注意，并非所有为孕妇准备的乳罩都是合格的，要选择品牌信誉高的产品。

孕期穿鞋注意

即使平时一贯穿高跟鞋的女性，一旦怀孕也会换上平底鞋，大部分人会选择比较软的平底布鞋。

怀孕的女性不宜穿高跟鞋的原因

孕初期不穿高跟鞋主要是为了保持平衡，以免磕绊摔倒。因为在孕初期，胚胎比较容易受到外界因素干扰而发生流产。在孕中晚期，腹部增大，身体重心向前移了，而上身微向后仰，整个脊椎不能像平时那样保持平衡稳定，高跟鞋会加重这种不稳定。穿高跟鞋使腹部内收，增大的子宫可能会压迫腹主动脉和输尿管，不利于血液供应和尿液顺畅。高跟鞋本身也容易使人在行走时发生磕绊，还可引起足弓和脚趾疼痛。所以，孕期不穿高跟鞋是对的。

不要穿鞋底太平、太薄的平底鞋

人的脚并不是扁平的，足心带有足弓，穿太平的平底鞋就会使重心向后，使人有向后仰的感觉。怀孕后本来上身就向后仰，鞋底太平、太薄会加重这种不平衡。穿这种鞋走路时产生的震动会直接传到脚跟，产生足跟痛。建议孕妇穿鞋跟2厘米左右的鞋子。关于鞋的问题还应注意：不要穿鞋底易滑的鞋，不要穿不跟脚的拖鞋或凉鞋，不宜穿挤脚的鞋，一定要购买正规厂家生产的好品质鞋子，保证脚的整体舒适感。

孕妇装

孕妇装有休闲孕妇装、职业孕妇装（正装）、孕妇礼服三个种类。我们一般看见的孕妇装都是休闲孕妇装，如连衣裙、背心长裤等。但大部分孕妇是职业女性，一般要在临产前才正式休假，所以，大部分孕妇要穿职业孕妇装。其实，正规的孕妇着装既是对职业的尊重，也是对准妈妈身份的确认，是职业形象和孕妇形象的叠加。如果你是高级管理者或高级公关职员，因为职业需要常常参加高级别晚宴、会谈、大型公关活动、音乐会、生日舞会等活动，那么你还需要准备一套孕妇礼服。

值得一提的是，我们不提倡买很廉价的孕妇装，孕妇职业装、孕妇礼服价格比较昂贵。从姐妹、好朋友处继续使用这样的服装是不错的选择。同样，你生完孩子后也可以把这些孕妇装送给有需要的姐妹和好朋友。

你完全不必从孕早期就开始买孕妇装。中期腹部隆起还不很明显，可以尝试修改腰围尺码，或穿短款、不收腰、A型、郁金香型服装款式，这样你在生完孩子后、哺乳期还可以继续穿。你也可以尝试穿着丈夫的某些服装，如衬衣和T恤。只在孕晚期买孕妇装，开支和浪费会大大减少，孕妇得体漂亮的穿着是对他人的尊重，是职业的要求，也是对宝宝最好的胎教。

皮肤过敏与孕期护肤

皮肤过敏

孕期皮肤比较容易过敏，有学者认为这是胎儿作为异体物质——过敏原进入母体，使母体内产生类似过敏的反应。但是，真正的原因仍然不得而知。过敏肤质需要更多的日常呵护，对护肤品的要求也更为严格。孕期的日常保养要点是彻底清洁、保湿防晒、充足睡眠、均衡饮食、远离污染和刺激源。护肤品选择的要点是使用高品质、无色素、无香精、添加剂更少的敏感性皮肤护理用品。在家要做好环境和皮肤保湿，让肌肤得到自由呼吸和修复。尽量减少护肤品的用量，选择或更换护肤品前要听取医生的建议。

尽量规避彩妆

"重护理、轻修饰"是孕期皮肤护理的原则之一。切忌浓妆艳抹，可稍微化点儿淡妆。大部分医生比较反对孕妇使用粉底、粉饼、眼影、口红等彩妆品，主要原因是这些化妆品含有较多色素、重金属等成分，容易经皮肤吸收进入孕妇体内循环，危及胎儿发育。对于有职业要求和需要某些修饰的孕妇来说，应该切记：做好上妆前的皮肤护理和保护，尽量少用彩妆，如果必须化妆，仅仅修饰一个重点会减少化妆品的使用，也能起到不错的化妆效果。尽量使用高品质、不含有害重金属成分的产品；尽量用含有营养、保护、修复成分的彩妆品；尽量用成分单一的产品，如有皮肤滋养、修复、防晒功能的粉底霜。

谨慎使用特殊用途化妆品

除了基础护肤用品和彩妆品，女性还可能要接触一大部分特殊化妆品，专业上称为特殊用途化妆品。它们是祛斑霜、除皱霜、防晒霜、粉刺霜、香体露等。为了达到特殊用途，这些化妆品中必须使用有特殊功效的成分，一般来说，这些成分容易致敏或者增加皮肤代谢负担，所以，孕妇尽量不使用这些产品。可以谨慎使用防晒霜、香体露等，不过在使用前要查看产品说明书，看看有无对孕妇不安全的成分，含量如何。如果你不能判断，就要将主要功效、成分抄录给医生，请医生帮你把关。

皮肤保湿

随着胎儿的长大，子宫占据腹部更多的空间，使腹部皮肤不断伸张，孕妇开始出现腹部皮肤发痒的感觉，除了腹部皮肤，其他部位的皮肤也会发干。这时要注意：

· 不要用手抓挠；

· 不要过多使用香皂，不可以使用肥皂，可选用碱性小的洗面奶、洗手液、浴液；

· 不要用过热的水洗澡，不要用很硬的浴巾搓澡；

· 多喝水，保持环境湿度，可在家里和办公室购置加湿器、小鱼缸、水生植物盆景等；

· 使用高效保湿护肤品和全身护肤产品，如有不良情形出现，请立即咨询医生。

孕期美发

孕妇的头发是反映孕期营养状况的标志。如果出现头发稀黄、大量脱发、干裂、分叉、杂乱无章、细绒，证明孕期营养摄入出现问题，请尽快看医生。

发型选择

孕妇适合梳易于打理、不过多遮盖面部、不贴在皮肤上的发型。所以，把长发辫起来，把披肩发扎起来，把刘海或偏分发稍加打理，干净利索，会使准妈妈更加漂亮。当然，可以用家用电发棒给头发做个造型，但不要使用化学烫发剂。

避免染发和烫发

染发和烫发是目前最流行的美发项目，但是准妈妈最好避免。因为大部分染发剂和烫发剂中都含有害化学成分，尤其是某些产品中含有苯及苯化合物成分，而苯是公认的致癌物质，临床已证实苯可诱发白血病。准妈妈一定要避免接触这些有害化学成分。如果你非常需要美化头发，可以尝试发夹和假发，也会产生别具一格的效果。

 烟酒问题与疾病预防

烟酒问题

香烟产生的有害成分包括尼古丁、硫氰化物、一氧化碳等，即使是装有过滤嘴的香烟，对降低有害物质也并无明显效果。戒烟是保证胎儿健康最有效的方法。我国女性吸烟的人数并不是很多，尤其是育龄女性，即使曾经吸烟，绝大多数都会因为生育而戒烟。

酒中含有对胎儿有害的成分是乙醇。乙醇导致胎儿畸形的机理还未得到科学阐明，但临床已证实乙醇对胎儿有致畸作用。乙醇能迅速通过胎盘进入胎儿体内，科学家发现滥用乙醇的孕妇，在其胎儿体内可检测出高浓度的乙醛和乳酸。乙醇的这些代谢产物可能直接损害胎儿体内细胞和蛋白质合成，从而导致细胞生长迟缓，干扰胎儿代谢和内分泌，抑制脑细胞组织分化，降低脑重量，最终引起胎儿乙醇综合征等一系列病症。在妊娠期，即使是小量、短期饮酒，或仅仅一次酗酒，其代谢产物也会对胎儿造成不良的影响。

怀孕后就不要再抽烟喝酒了，家人尤其是你丈夫也应该戒烟。十月怀胎不容易，胎儿要抵抗来自大自然中许许多多有害因素的影响。准妈妈、准爸爸有责任把危害降到最低，在聚会时要勇敢地劝说周围人不要抽烟，你和胎宝宝都需要清新的空气。

预防疾病及其他伤害

感冒

感冒既影响孕妇健康，又影响胎儿健康。冬季是感冒高发的季节。春节前后正是流感季节，甚至会出现流感高峰。感冒的成因绝大多数是病毒，也有细菌。能引发感冒的病毒有很多种，最常见的是鼻病毒。在感冒病毒中，柯萨奇病毒、埃可病毒、腺病毒等能引发孕妇高热，当孕妇高热时，子宫内的温度会随之升高，宫腔内高温可影响胎儿神经系统发育，预防感冒发热对于孕妇来说是很重要的。节日人多、生活不规律、疲劳、睡眠不足，这些诱因都能降低孕妇机体抵抗力，增加病毒侵入的可能性。希望准妈妈注意以下几点：不要到人

多拥挤的公共场所；他人感冒时，注意远离，避免经飞沫、毛巾、手等途径感染；勤洗手是预防感冒病毒传染的有效措施，一定要用香皂或洗手液洗手，只是水龙头冲一下起不到消菌杀毒的作用。

避免噪声

凡是使人不喜欢或不需要的声音统称为噪声。噪声对所有的人都有不同程度的不良影响。女性在非孕期受噪声的干扰，会引起一系列生殖功能的异常，常见的有月经不调，表现为经期延长、周期紊乱、经血增加、痛经等。受到噪声干扰的孕妇，其妊娠高血压的发生率增高。

胎儿对音响刺激有反应，这是胎教的基础，但是，如果外界的声音成为一种噪声的时候，对胎儿就会产生不良的影响。90分贝以上的噪声对胚胎及胎儿发育有不良的影响。85~90分贝为超过卫生标准的噪声干扰。

噪声对准妈妈的伤害：

·影响孕妇中枢神经系统功能的正常活动；

·使孕妇内分泌功能紊乱；

·诱发子宫收缩而导致流产、早产。

噪声对胎儿的伤害：

·使胎心率加快、胎动增加；

·高分贝噪声可损害胎儿的听觉器官；

·损害胎儿内耳蜗的生长发育。

提醒：

·孕妇要避免噪声的干扰；

·春节期间，有些地区不限制燃放烟花爆竹，居民区内也会出现震耳欲聋的鞭炮声，准妈妈要做好相应的防护；

·如果遇到有人正在燃放鞭炮，准妈妈要用双手托住腹部，安抚胎儿，尽量减小对胎儿的影响。

保证室外活动时间

得知自己怀孕后，孕妇及周围的人通常都会比较注意环境的问题，如烟酒的危害、辐射污染和噪声干扰等。准妈妈及家人会很仔细地注意饮食均衡、身体锻炼等日常安排，却很容易忽视就在身边的营养素——阳光和新鲜的空气。阳光中的紫外线A有很强的穿透力，可以穿透大部分透明的玻璃及塑料，在室内照射阳光30分钟以上，能够有效灭活病毒、细菌和原生动物，达到空气消毒的效果。紫外线B能够促进人体合成维生素D，进而促进钙质的吸收，不但可预防孕妇骨质疏松，还可防止胎儿患先天性佝偻病。但紫外线B会被透明玻璃吸收，隔着玻璃晒太阳无法促进维生素D的合成和钙的吸收。所以在怀孕期间要保证室外活动时间，既可以提高孕妇的抗病能力，又有益于胎儿的发育。新鲜的空气是人体新陈代谢必需的，孕妇如能多呼吸清新空气，会感到心神舒畅，对自己和胎儿都有好处。

孕期应选择安静、少噪声的生活环境，清新无污染的空气以及清洁卫生的居室会让孕妇轻松悠闲地度过孕期。环境选择好后，还应注意平时的生活起居，良好的生活习惯有利于胎儿的正常发育。由于大家都已经认识到孕期环境的重要性，下面我就简单地以节假日的生活为例进行说明。

节日里，全家人在一起品佳肴、看电视、聊亲情，几乎都在室内，这对孕妇是不利的，孕妇需要更多的氧气。在北方，冬季室内温度较高，湿度较低，门窗紧闭，空气流通不好，加上室内人多，呼出的二氧化碳多，室内空气不新鲜。如果室内有抽烟的人，再加上厨房烹饪的油烟，室内空气中的有害物质就更多了。所以，节日里准妈妈要做到：

> · 定时到户外呼吸新鲜空气；
>
> · 短时、多次到阳台上呼吸新鲜空气；
>
> · 晚饭后一定不要坐着不动，晚饭后应到公园、广场散步；
>
> · 避免疲劳，调节心情。

关注VDT女性

　　VDT女性是指在电脑的显示终端作业的女性，医学研究者通常把长期使用电脑的女性，称为视屏作业女性。这个定义在国际上也是通行的，英语是"Video Display Terminal"，缩写为VDT。

　　所谓电脑辐射，就是X射线、紫外线、可见光、红外线、特高频、高频、极低频、静电场等光、电、场的辐射。我们坐在电脑前工作，就接受着这些辐射，虽然辐射的强度都极微弱，远低于我国和国际卫生组织的要求。但对某一时期胎儿的健康发育来说，显然不是绝对保险。

　　目前，讨论视屏辐射是否影响生殖健康也是大众健康媒体关注的一个热点，只是提供出来的流行病学调查研究成果和资料还比较少，解答不可避免显得有些空泛。医学界也在投入更大的力量，关注VDT女性健康受孕问题，有些研究已经比较深入，取得了一定成果。但视屏辐射对胎儿的健康是否有影响，尚未得出可靠的权威性定论。

孕妇尽量减少辐射仍是最佳选择

　　虽然科学研究对VDT作业是否影响胎儿健康还未得出公认结论，但许多国家已经开始采取保护性措施。

　　在备孕期和孕早期，VDT女性应该尽量减少在电脑前的净工作时间。所谓"净工作时间"，指的就是在电脑屏幕前作业时间的总和。净工作时间限制在每周15~20小时以内比较合适。

　　应该注意的是，虽然液晶显示屏的辐射强度远低于大自然中的自然辐射，但来自电脑主机和显示屏背部的辐射仍然是存在的，而且比液晶屏幕的辐射要强大得多。因此，VDT孕妇要尽量避免在电脑显示屏的背后工作。

辐射防护服的屏蔽功能

中国消费者协会曾对市场上销售的13种辐射防护服做了抽样检测，中国电子技术标准化研究所负责完成测试工作。测试发现，13种防护服都能在一定程度上屏蔽辐射。将不锈钢纤维织入布中的防护服，对较高频率的电磁波有良好的屏蔽性，效能稳定，耐洗性较好；将一般布料进行特殊工艺处理，这样的防护服在较宽的频率范围内，都有平稳的屏蔽效能值，但耐洗性较差。

有些防护服只在覆盖腹部的位置上加保护层，这样的防护服忽略了辐射充满整个空间的事实。背后的辐射，常常是VDT孕妇忽略的一个危险，因此购买防护服时，最好买前后都有防护功能的。

防护服是不是也把胎宝宝需要的阳光屏蔽了呀？孕妇大可不必担心，穿防护服只是职场工作时间内的健康保护，离开工作环境就不穿防护服了，大自然的阳光温暖地照耀着你，也照耀着你腹中的胎儿。相信每一个孕妇都会安排出足够的时间，在孕期享受足够的阳光。

在条件许可的情况下，应尽可能减少人为照射。如果您的职业离不开视屏作业，建议您从以下几方面做好防护：

- 控制在视屏前的净工作时间；
- 常起来走一走，有条件时就到户外活动一下；
- 可在电脑屏幕上加防护屏；
- 工作间有良好的通风；
- 加强户外活动，锻炼身体；
- 消除不必要的忧虑和担心，保持乐观的情绪；
- 穿辐射防护服。

怎样看待家用电器的非电离辐射

有新闻报道或健康类杂志称，电视机、微波炉、录音机、防盗警报器、手机、电热毯、电动玩具、加湿器、无绳电话等家用电器都会发射非电离辐射，对胎儿健康有不良影响。但医学研究目前并没有对这个问题给出科学结论。担忧是普遍存在的，尽量规避家居中的非电离辐射，无疑是孕妇正确的选择。

看电视要有一个健康方案：离电视两米以上，适度的时间，将荧屏色彩调淡，将亮度调低等。微波炉在工作时，孕妇最好离开两米以上，或到其他房间。检查微波炉是否有微波泄漏，简单有效的方法是在微波炉门上夹一张面巾纸，关紧门后试着抽出面巾纸，如果面巾纸抽出来了，就说明微波炉密封有问题，需要更换或维修。孕妇不必担心录音机、防盗报警器、电动玩具、加湿器等的非电离辐射，它们基本上是安全的。有科学家认为孕妇睡电热毯对胎儿不利，其主要原因是电热毯会产生小的电流和感应电压，虽然微弱，但在妊娠早期，胎儿各器官尚未发育成熟，可能会对胎儿产生潜在的危害。如果你并没有长期睡电热毯，就不会有大碍。况且，其危害的发生率也不是百分之百，你也不必过于担心。

X射线可不是儿戏

没有人怀疑X射线会对胎儿产生严重影响。问题在于时间，也就是说X射线影响健康受孕的持续时间到底有多长，要过多久才让孕育生命的环境恢复正常呢？

X射线对生殖细胞有伤害，伤害的程度与接受X射线辐射的剂量、部位、时间等因素有关。从理论上讲，短时间胸透所接受的辐射量很小，对生殖细胞的伤害极微。为保万全，怀孕前3个月夫妻双方都应避免接受X射线辐射。明确地讲，如果接受了X射线的照射，3个月以后再考虑怀孕最为妥当。

在机场出港的步行通道上，检查仪器是金属探测器。金属探测器的光辐射对生殖细胞是否有危害，目前还没有定论。但车站、机场等场所的行李安检通道设的是X射线检查仪，其辐射对健康是有害的。但一般情况下，过往旅客没有人长时间停留在行李安检通道附近，所以就不必有这方面的担心了。

辐射与健康

国际放射防护委员会对孕妇在整个妊娠期间接受X射线辐射的剂量，有明确的健康限定。第一个限定是，整个妊娠期接受X射线的辐射，总剂量不得超过1拉德；第二个限定是，如果接受超过10拉德的辐射，孕妇就必须终止妊娠。

用X射线进行健康检查的项目不同，辐射剂量也是不同的。头部摄像的辐射剂量约0.04拉德，胸透是0.00007拉德，腹透是0.245拉德，经静脉肾盂摄影是1.398拉德。

用CT的方式做健康检查，X射线辐射的剂量分别是头部0.05拉德、胸部0.1拉德、腹部2.6拉德、腰椎3.5拉德、骨盆0.25拉德。

X射线对胎儿健康的影响，虽然有一定剂量阈值和敏感期，但不能认为低于阈值或不在敏感期就绝对安全了。原则上来说，孕妇不宜接受X射线检查。确因临床诊断需要，孕妇一定要向医生表明自己正处妊娠期，以便放射科医生采取必要的保护措施。孕妇在接受X射线检查后，有必要请大夫对胎儿进行持续的医学观察，保证产下健康的婴儿。

敏感期与影响程度

同样剂量的X射线对胎儿健康的影响程度，根据孕期的不同而不同。

着床前期	即受精不满14天，受精卵异常敏感，任何剂量的X射线辐射都有可能引发流产。如果剂量达5拉德，就有可能致受精卵死亡。
器官形成期	即受精后14～42天，胎儿的所有器官都在形成中，对X射线辐射非常敏感，任何X射线辐射都有可能引发胎儿畸形或发育迟缓。在受精后23～27天这段时间，X射线辐射对胎儿神经系统的发育有直接的、灾难性的影响。
胎儿发育期	即受精42天以后，一般X射线辐射引发胎儿畸形或死亡的可能性很小，但诱发胎儿白血病的可能性增加，同时还可能造成胎儿身体、神经系统发育迟缓。

装修与胎儿健康

如果是家庭装修，实现环保可能并不困难，因为自己挑选装修材料，安全性是可控的。但单位、公共场所等是不是环保装修，我们是无法把控的。这时，孕妇自我保护措施就显得非常重要。

如果装修使用的是环保型无毒无害的建筑材料，不会影响胎儿健康，但入住前一定要通风2个月以上。

建筑装饰材料是否对人体有害，主要取决于材料的质量，如果采用的是环保型的，对人体就不会造成损害，对胎儿健康也就没有损害。一般环保型建筑装饰材料没有特别刺鼻的味道。

装饰材料对人体的损害，除了放射性外，材料释放的有害气体和物质都会对人体造成伤害，因此，辐射防护服对由装修造成的损害是没有意义的。

含甲醛的建筑材料如涂料和油漆中的有毒化学物质确实对胎儿有危害，甲醛是一种原生毒物，对黏膜有强烈的刺激作用，室内低浓度的甲醛可使人出现失眠、疲劳、月经不调等症状，高浓度的甲醛可导致痛经、继发性不育、低体重胎儿等，如果没有低浓度污染出现的中毒症状，也不会出现高浓度的生殖毒性。

厨房油烟和大气污染

厨房油烟

厨房烹饪油烟对胎儿健康发育有一定的消极影响。如果孕妇下厨房，巧用排烟机是关键：先启动排烟机，再打开灶火；先关闭燃气灶，让排烟机继续工作一段时间，再关机。

保证厨房通风换气，尽量不烹制油煎、油炸食物。炒菜炝锅时，不必把油烧得过热，减少油烟产生。一定要保证燃气设备安全可靠，绝无燃气泄漏。

面对大气污染现实的做法

大气污染是全球问题，胎儿和准妈妈只能面对现实，并尽量想办法削减大气污染对胎儿健康的影响。

早晨太阳还没有出来时，外面的空气并不新鲜，所以最好等太阳出来后再开窗换气，保证更多的新鲜空气进入室内。

如果空气污染严重，孕妇就不要到外面散步、锻炼。闹市区、油煎烧烤摊点、污水河、垃圾站、煤气站、加油站等也不是适合散步、做操的地方。做有氧运动时一定要在空气新鲜的地方。

驾乘私家车上下班时，要检查汽车排气系统是否正常。遇交通拥堵时，要关闭车窗和进风口，等待红灯时，建议不要开着车窗，要关闭外循环换气按钮，打开内循环净化按钮。汽车停放在带门的车库中，建议先把车库门完全打开，再发动汽车。最好让你的家人帮你的车加油，以免加油站过浓的汽油味影响你的胃口和心情，也避免你吸入过多的含铅气体。

如果你居住和工作的地方在交通要道或车流不断的繁华路旁，最好不要24小时开窗通风，可使用带有空气过滤功能或能释放负离子的空调或空气净化器，在每天空气最好的时候短时间开窗通风。如果你住在临街楼房，最好安装双层玻璃窗隔音，以免噪声影响你的睡眠和情绪。不要在马路旁散步，如果你居住的地方没有小区花园，要到附近的公园去散步。

日用品选购注意的要素

准备怀孕或已经怀孕的夫妻，在选购家庭清洁日用品时，最应该注意的事项不是物美价廉，而是"孕妇慎用"的提示。洗涤剂、漂白剂、消毒剂、除臭剂、空气清新剂、洁厕灵、除虫剂、油漆、黏合剂、涂料、强力清洁剂等化学日用产品中，有些成分对孕妇有一定影响，要谨慎选择。

孕妇担心化学日用品对胎儿会有危害，这种担心其实不难化解——尽量不使用或少使用，使用时带上质量合格的防水手套。用蚊帐代替驱蚊剂是不错的选择。卫生间经常打开排风机，保证居室通风换气，孕期切忌亲自施花肥或给宠物洗澡，更不要自己去打扫宠物的小窝。孕前及整个孕期，不接触宠物是最安全的。

我的几点建议

- 如果你的工作需要长时间站立，记得找时间坐一会儿，能调换工作更好。
- 从事有震动的工作，如乘务员，最好减少工作时间或暂时离开。
- 如果你从事的是不能休息的流水作业，尽量申请暂时离开。
- 如果你的工作高度紧张，要想办法放松下来。
- 如果你工作的环境噪声很大，最好暂时离开。
- 如果工作环境存在有毒有害物质污染的可能，孕前三个月就应该离开。
- 如果你周围没有任何人，当你有问题时不能很快被人发现，这样的工作环境对孕妇不利。
- 如果从事接触动物的工作，要注意防止病原菌感染。
- 接触患病的人或从事微生物研究等工作时，要注意保护自己。

专题三

孕前和产前检查

第一节
孕前检查

孕前都需要做哪些检查

孕检包括一般检查、专科检查和特殊检查。其中一般检查包括七项，是适宜怀孕的身体健康指标；专科检查包括八项，是适宜怀孕的生殖健康指标；特殊检查包括四项，是为了排查不宜妊娠或需要推迟妊娠的疾病。

一般检查项目

物理检查，包括血压、体重、心肺听诊、腹部触诊、甲状腺触诊等。其目的是发现被检查者有无异常体征。

血常规检查的目的是了解准孕妇是否有贫血、感染。检查红细胞体积（MCV），有助于发现地中海贫血（简称地贫）携带者。地贫携带者红细胞体积会小于80，这种病为隐性遗传疾病，当父母亲都为地贫基因携带者时，下一代才会受影响。因此，如果准妈妈的红细胞体积小于80，则准爸爸也须抽血。如果双方都小于80，则须做更进一步的检查，如血液电泳及DNA检测等；如只有一方红细胞体积小于80，则不用担心。血型检查可预测是否会发生母婴不合溶血症，如ABO血型不合、Rh血型不合。

尿常规检查目的是了解是否有泌尿系统感染，并进行其他肾脏疾患的初步筛查，同时间接了解糖代谢、胆红素代谢情况。

肝功检查（包括乙肝表面抗原）的目的是及时发现乙肝病毒携带者和病毒性肝炎患者，及时给予治疗。乙型肝炎本身不会影响胎儿，即使妈妈是高传染性或是乙型肝炎抗原携带者，新生儿也可在出生后立刻打免疫球蛋白保护。但是在孕前知道自己是否为乙型肝炎抗原携带者是很有必要的，如果既不是携带者也没有抗体，可以先接受乙型肝炎疫苗预防注射，预防胜于治疗。

心电图检查的目的是了解心脏情况。

胸透检查的目的是发现是否有肺结核等肺部疾病。X射线会危害生殖细胞和胎儿，怀孕前3个月内和整个孕期都应避免接受X射线检查。如果不能保证这个时段间隔，就不要做这项检查，或者推后怀孕。在不得已必须要做的情况下，一定要做好腹内胎儿保护，穿X射线隔离衣。

口腔检查。孕期口腔和牙齿的健康是很重要的。资料显示，重度牙周炎孕妇早产的风险是牙周健康者的八倍之多。怀孕后，由于体内性激素的变化导致牙龈容易充血肿胀。如果孕前存在牙周疾病，怀孕后牙周炎症会更加严重，不得不使用药物。但此时用药有很多限制，稍有不慎便会影响胎儿的正常发育。

专科检查项目

生殖器检查。包括生殖器B超检查、阴道分泌物检查和物理检查。目的是排除生殖道感染等疾病。通过白带常规筛查滴虫、霉菌、支原体、衣原体感染，以及淋病、梅毒等性传播疾病。如患有性传播疾病，要先彻底治疗，然后怀孕，否则会引起流产、早产等危险。

子宫颈刮片检查。一个简单的子宫颈刮片检查就可以诊断子宫颈疾病，发现问题及时处理，让准妈妈怀孕时更安心。

麻疹抗体检查。怀孕时得麻疹会造成胎儿异常，所以没有抗体的准妈妈们最好先去接受麻疹疫苗注射，但须注意的是疫苗接种后三个月内不能怀孕，因此要做好避孕措施。

优生四项检查。目的是检查准妈妈体内是否有病原菌感染的可能。包括弓形虫、巨细胞病毒、单纯疱疹病毒、风疹病毒四项。如果风疹病毒抗体阴性，应在孕前三个月接种风疹疫苗。

优生六项检查。除了上面所说的四项外，还包括人乳头瘤病毒、解脲支原体检测。

性病筛查。有的医院已经把艾滋病、淋病、梅毒等性病作为孕前和孕期的常规检查项目。其目的是及时发现无症状性病患者，及时给予治疗，以防对胎儿的伤害。淋病、梅毒可以治疗，只要完全治愈便可安心怀孕。艾滋病目前还没有治愈方法，但至少可避免艾滋病宝宝的出生。

染色体检测。如果有反复流产史、胎儿畸形史、夫妇一方或双方有遗传病家族史，医生可能会进行一次染色体检测。染色体检测能预测生育染色体病后代的风险，及早发现遗传疾病及本人是否有影响生育的染色体异常、常见性染色体异常，以便采取积极有效的干预措施。

性激素七项检查。如果有月经不调的历史，医生可能会进行性激素七项的测定，包括促卵泡成熟激素、促黄体生成素、雌激素和孕激素、泌乳素、黄体酮、雄激素等七项性激素。通过检测结果了解月经不调、不孕或流产的原因，进行相应的指导。必要时还可能检查甲状腺功能。

常规男科检查

精液常规检查。其目的是了解男性的精子质量。

其他检查。生殖器检查的目的是排除生殖器官疾病和生殖道感染；性病检查的目的是及时发现无症状性病患者，及时给予治疗。

特殊检查项目

乙肝标志物检查。及时发现肝炎病毒携带者，降低母婴传播率。

血生化检查。包括血糖、血脂、肝功、肾功、电解质等项目，及时发现不宜妊娠疾患。

心脏超声检查。排除先天性心脏病和风湿性心脏病等不宜妊娠的心脏疾患。

遗传病检查。如果家族中有遗传病史，或女方有不明原因的自然流产、胎停育、分娩异常儿等病史，做遗传病方面的咨询和检查就是非常必要的。

做孕前检查时的有关事项

到哪家医院做孕前检查

妇产医院、妇幼医院、妇幼保健院、产科医院、妇婴医院、大中规模综合医院的妇产科都可做孕前检查。

挂哪个科的号

有的医院有专门孕检门诊，有的医院把孕检设在内科，有的医院设在妇产科或计划生育科，也有的设在妇保科。有怀孕计划的夫妇可到挂号处、服务台询问，也可以提前去网上查询。

去医院检查前要准备什么

既不要吃早饭，也不要喝水，因为有些检查项目需要空腹。留取晨起第一次尿，放在干净的小瓶子里，等待化验。如果到医院后再排尿，一是憋不住；二是做B超需要憋尿，把尿排出去了，还要等很长时间才能使膀胱充盈；三是晨起第一次尿的化验结果更可靠。可带上早餐，抽血后再吃。带一瓶纯净水，以便需要憋尿时喝水。由于担心医生检查时有不好的味道，就在去医院前清洗外阴，这是不对的。不但早晨不能洗，最好前一天晚上也不洗，这样对检查有利。

B超检查前的准备

做B超检查要在膀胱充盈的情况下进行，所以要憋尿，憋尿时要注意以下几点。

· 晨起尿浓，虽然尿很少，但尿意明显，尽管觉得憋了，膀胱充盈仍然不足，做B超时不易观察到子宫全貌。所以，晨起一定要把尿排出去。

· 带上早餐，待需要空腹检查的项目完成后，开始吃早餐，除了主食外，最好喝些豆浆或牛奶，再喝500毫升温白开水。这样容易使膀胱充盈起来。

· B超检查前1~2小时喝水，如果喝水太早，会时间长憋不住尿，时间太短的话，膀胱不能充盈。

· 如果憋尿困难，也可以做阴道B超，价格相对贵些。

· 做B超前最好排空大便。

孕检后的积极干预措施

一旦在孕前检查时发现暂时不宜怀孕的疾病，夫妻双方都应积极做好避孕，接受正规治疗。

通过孕前检查确定是否为易感人群，如风疹抗病毒抗体、乙肝表面抗体为阴性的女性，可接种风疹疫苗、乙肝疫苗等。

如果家族中有血友病史，要进行胎儿性别筛选，当然就大部分医院目前的医疗条件来说，做到这一点并不容易。所以要去有相关资质的医院进行治疗。

如果夫妇一方患有性病，或感染了可引起母婴传播疾病的病毒，夫妇双方都要接受治疗，待彻底治愈后再怀孕。

如果夫妇一方有生殖、泌尿道感染，应治愈后再怀孕。

如果周围有患风疹、水痘、腮腺炎等传染病的孩子，应进行自我隔离。在未孕前，如果曾经接触过这样的孩子，应暂时避孕，待隔离期过后再考虑怀孕。

高龄需要做哪些孕前检查

高龄怀孕会有哪些潜在风险

随着女性年龄的增长，卵巢功能会逐渐衰退，生育能力也会随之下降。

可能会面临胚胎质量问题，发生胎儿畸形、流产或早产的概率升高。

孕期发生妊娠并发症的概率增加，如妊娠期高血压、妊娠期糖尿病等疾病。

常规检查

检查是否合并有各种内科疾病，如高血压、糖尿病、甲状腺功能异常及心脏方面的疾病。这些内科疾病如果在孕前得不到合理管控，一旦怀孕将会给孕妈妈和胎儿带来很大风险。

询问相关病史

如人工流产史、子宫内膜异位等，以降低宫外孕、前置胎盘、胎盘植入等疾病的发生率。

生殖系统超声检查

通过超声检查有无盆腔肿物、子宫肌瘤、输卵管积液、卵巢囊肿、子宫内膜息肉等疾病；了解子宫内膜厚度、卵巢大小、卵泡基数（预测卵巢的储备功能）。

基础性激素的测定

基础性激素测定包括尿促卵泡素（FSH）、雌二醇（E2）、促黄体生成素（LH）、催乳素（PRL）、睾酮（T）、黄体酮（P）六项，通过测定的数据结果可以了解女性的卵巢功能及黄体功能等情况。

精液分析

很多早期流产与精子畸形有关，高龄男性需要做精液检查。

第二节
产前检查

为什么要做产检

按时产检是为了了解胎宝宝发育和孕妈妈的健康情况，并给予科学的指导，做到有问题早发现、早治疗，保证母儿顺利度过孕期。每位孕妈妈都非常有必要进行产前检查。

尽管怀孕是一个正常的生理过程，但在整个孕期，为了胎儿的健康、保证身体内部的平衡，孕妇的身体发生了可谓翻天覆地的变化。例如，血容量增加40%～50%，血浆增加近2000毫升，显著加重了心脏负担；随着孕龄的增加，心率也逐渐加快；肾血流量及肾小球滤过率增加，排尿次数和量都有所增加，有的孕妇会出现下肢水肿；有的孕妇在怀孕早期可出现肝功能轻度异常；随着胎儿长大，增大的子宫占据越来越多的空间，孕妇会感觉呼吸不再那么通畅；还有的孕妇会在孕期合并妊娠高血压综合征、妊娠期糖尿病、胆汁淤积综合征、缺铁性贫血、高凝状态等，这些并发症都需要及时发现及早治疗。如果在孕前就有慢性疾病，如心脏病、肾炎、糖尿病、肝炎等，更要认真做好产前检查，而且还需要到产科高危门诊产检。

产检的时间安排

整个孕期的产前检查的时间安排是这样的：初次产检在孕12周，此后每4周产检1次，孕28周后每2周检查1次，孕36周后每周检查1次。如有异常情况，可提前预约医生产检，也可按照医生约定复诊的日期去检查。通常情况下整个孕期要做9～13次产检。

🐱 产检有哪些常规项目

产检常规项目包括体重、血压、尿液分析、血常规等，在每次定期产检时几乎都需要做。这里就孕妇应该了解的常规检查做一些概括。

孕期体重变化

孕期监测体重的增长情况是很重要的，是重点检查项目。在整个孕期，每个孕妇体重增长的情况都不相同，没有哪个医生能够准确地说出某一孕妇，每周、每月、整个孕期增加体重的标准。但普遍情况下，孕初期增加1.5~2千克；孕中期平均每周增加0.4~0.5千克；孕后期前几个月的增长情况和孕中期差不多，但在最后1个月，体重增加速度放缓，只增加0.5~1千克。在整个孕期体重增加12~15千克。宝宝出生时的体重一般是3~3.5千克，其余的重量来自胎盘、子宫、羊水、乳房、血液、体液和脂肪、肌肉组织。如果孕妇在某一阶段出现突然的体重增加，或在某一阶段体重增加不理想，医生都会比较重视，会为你做一些相关的检查。如果孕妇怀的是双胞胎或多胞胎，会增加更多的体重。

孕期血压变化

孕妇每次产检都要测量血压，这看起来像是例行公事，往往被孕妇忽视，事实上血压检查对于孕妇来说是很重要的。如果你的血压突然升高，医生会比较紧张，因为这可能是妊娠高血压综合征（妊高征）的前奏。因此孕妇每次都要认真对待，要按医生或护士的要求，充分暴露上肢，使血压测量更加准确。测量血压前，至少应坐在候诊椅上休息10分钟；血压袖带要包裹上臂的3/4；当上臂平伸时，应与心脏在同一水平，这样测量的血压值才能准确。当紧张时，做深呼吸可使精神放松下来。如果某一天你感觉到头晕、头痛，尽管没有到规定的检查时间，也必须及时监测血压。

血常规和血型检查

通过血常规检查，能了解孕妇是否有贫血。血型检查除了为入院分娩可能的输血做准备外，还是为了提前了解有无发生母婴血型不合的可能，如果妈妈是O型血，就要查爸爸，如果爸爸是A型、B型、AB型，就要考虑到有发生母婴血型不合的可能，尤其爸爸是A型更应注意。这是因为母婴O-A血型不合引起新生儿溶血的概率相对大、程度相对重。还要做Rh血型鉴定，预知是否会发生Rh血型不合溶血病，我国人群中Rh阴性的非常少，发生Rh血型不合的可能性很低，有的医院并不常规做这项检查。

尿液检查

这也是既简单又重要的产检项目。在整个孕期，尿检是早期发现妊娠高血压的方法之一，也是了解是否有尿路感染或肾盂肾炎的方法，还是妊娠并发糖尿病的参考指标。所以，定期检查尿液是很重要的。在留取尿液时需要注意：留取晨起第一泡尿的中段尿，这是24小时最浓缩的尿液，且不受进餐、运动等因素影响，能够得到更准确可靠的结果；不用药瓶留取尿液，以免残留的药物影响结果；留取的尿液不要放置太长时间（最好在2小时以内），以免影响检验结果。

血糖或尿糖

如果要空腹化验血糖或尿糖，至少在8小时之内不吃任何东西；如果要化验餐后2小时血糖或尿糖，一定要严格按照医嘱去做。

听胎心

孕12~13周时，已经能听到胎心音。

测量子宫底高度和腹围

每次产检都要测量宫高及腹围，根据宫高画妊娠图曲线了解胎儿宫内发育情况，判断是否有发育迟缓或巨大儿。到了孕3月，子宫底高度刚达耻骨联合上部，从腹部还触摸不到子宫底。随着孕龄的增加，子宫底逐渐增高，到了孕4月，子宫底可达耻骨联合和肚脐之间。到了孕5月，子宫底可达肚脐部。

肝、肾功能检查

检查孕妈妈有无肝炎、肾炎等，怀孕时肝脏、肾脏的负担加重，如肝、肾功能不正常，怀孕会使原来的疾病加重。

乙肝六项检查

检查孕妈妈是否感染乙肝病毒。

丙肝病毒检查

检查孕妈妈是否感染丙肝病毒，如果已经感染，目前的医院又无治疗条件，就要转到传染病专科医院去生产。

心电图

排除心脏疾病，以确认孕妈妈能否承受分娩，如心电图异常可进一步检查。

不要促使医生做过多的检查

医生会根据需要进行必要的检查。你要掌握一个原则，就是对胎儿有伤害性的检查尽量不做，价格昂贵的检查不一定都是好的或有用的。爸爸妈妈对胎儿发育情况过度担心是促使医生做过多检查的原因之一。过多的检查对胎儿可能有害，你可千万不要做医生开具检查和药物的催化剂，你的过分担忧会让为你检查的医生很为难。当你因为某些原因而担心胎儿是否有问题时，医生往往不能给你百分之百的肯定或否定，没有哪位医生能够保证你的胎儿一定会平安无事，也没有哪位医生会在没有任何可靠证据的时候，告诉你胎儿的具体情况。医生只能客观地分析你目前的情况、可能出现的问题和可能的妊娠结局。过分担忧和焦虑不但不能解决什么问题，还会使胎儿受到妈妈情绪的不良影响，妈妈孕期的负面情绪对胎儿的发育是不利的。

如何对待异常的检查结果

有的孕妇非常相信检查的结果，认为结果百分之百科学客观；有的孕妇不相信医生的分析和解释，对待异常的检查结果苦恼不已，不断追问为什么检查结果是这样的。其实有些检查项目，其结果并不绝对反映出某一定论：有个体差异，有仪器误差，有化验室的医生对临床和病人具体情况不熟悉，有临床医生对检查提示的依据不十分了解等。仪器是人来操纵和解读的，所以检查结果离不开医生的分析和判断。医生不是一看化验单就下结论，而是要全面具体地进行个体分析。所以妈妈们一定要调整心态，正确看待检查结果。

重复检查项目的意义是什么

从产检项目时间表中可以看到，每次检查都要重复检查一些项目，这是为什么呢？因为这些检查项目是重要的监测指标。每次检查尿蛋白和血压，主要是为了及时发现严重危害母婴健康的孕期并发症——妊娠高血压综合征。尿糖测定是为了间接监测糖代谢，因为妊娠期糖尿病是孕期特有的疾病，对母婴的健康危害甚大。除了每次产检时常规查尿糖外，还要在孕中期做妊娠期糖尿病筛查，及时发现此并发症。体重也是产检中需每次监测并记录的项目，通过体重的监测，了解孕妇体重增长情况，间接了解胎儿生长情况和孕妇水钠潴留（水肿）程度。医生还会在每次的检查中，根据具体情况做其他相应的检查。如果医生建议复查，最好不要拒绝，因为这些检查关系着你和腹中胎儿的健康。

关于B超检查

B超是需要专业解读的影像，也是最常用的对孕妇和胎儿进行检查的方法。B超能够直观地显示胎儿在宫内发育的全过程。自停经第5周直到分娩，均可做出有效诊断。几乎每个孕妇都经历过B超检查。有的孕妇会把超声检查时拍下的胎儿照片保存下来，放在宝宝成长手册的第一页。这真是现代医学带来的好处，在妈妈的子宫中就可以看到宝宝的大体模样。当然它不像真正的照片那样可以清晰地看到宝宝的五官，相信在不久的将来准妈妈的这一愿望定会实现。

学术界对B超安全性的研究

目前，各医院在产科领域中使用的B超检查对胎儿是安全的。B超是超声传导，不存在电离辐射和电磁辐射。医学证据表明，正确使用B超检查对胎儿没有肯定的伤害，至今尚没有B超检查引起胎儿畸形的报道。如果声波密集在某一固定地方，又聚集很长时间的话，就会有热效应，理论上高强度的超声波可通过它的高温对某些组织产生伤害，但医学使用的B超是低强度的（低于94毫瓦/立方厘米），不会对胎儿构成危害。

尽管B超是安全的，也不意味着在整个妊娠期可以随意做B超检查。曾经有学者做过这样的实验，对11~12周的胎儿眼睛的晶状体和角膜进行B超照射，如果照射时间超过了20分钟，改变就不可逆了。所以，有学者建议，一次B超的时间不要超过5分钟。世界卫生组织提出，在必要时才运用超声检查，如无充分的理由，胎儿不应该受到照射。

B超检查的目的

监测胎儿生长发育：通过B超可以监测胎儿的各部位发育指标。如测定胎头至胎臀的长度（顶臀长），常用于推算胎儿的孕周；测定胎儿的双顶径、头围、腹围及股骨的长度，用于判断胎儿的生长发育是否正常。

观察胎儿的生理活动：获得胎心、胎动的资料早于其他检查。B超检查不仅是确诊妊娠的依据，还能鉴别胚胎是否存活。B超检查能够直观地看到胎儿在母体内的活动状况，如呼吸情况、身体运动、肢体运动、吞咽动作、张力是否良好等。当胎儿在宫内缺氧或受到损害时，这些活动就会明显地减少或消失。

测量羊水量：B超可以测量羊水量。羊水过多或过少，都可能预示胎儿畸形，在每一张超声报告单中，医生都会记录羊水量的数值。

了解胎盘情况：通过B超可以观察胎盘的结构、位置、成熟情况、与子宫壁之间有无出血、有无血管瘤的存在，可以明确地诊断出前置胎盘、胎盘早期剥离等危险情况。彩色多普勒超声可通过检测胎儿脐动脉、肾动脉、脑动脉等大血管的血流参数评估胎盘的功能及胎儿是否有宫内缺氧、窒息等。

发现胎儿发育异常：孕早期或孕中期唐氏筛查中的胎儿项背透明物厚度（NT）检查、孕中期B超大排畸是检查胎儿是否发育异常的途径。18~20周，胎儿的各个器官已发育成形，此时可看出胎儿是否有畸形，如胎儿肢体畸形、内脏畸形、神经管畸形、无脑儿、脊柱裂、小头畸形等。使用分辨率高的B超仪，可看出胎儿是否有唇腭裂。

检查时的辅助手段：B超还能辅助其他检查如羊膜腔穿刺术、绒毛取样、取脐带血等的定位，使手术成功率更高，也更安全可靠。

孕期做多少次B超合适

目前多数国家主张正常的孕期做2~3次B超检查为宜。如果在孕期发现异常情况，如胎儿宫内发育迟缓，医生就会进行干预，有时需要数次B超检查来评估治疗效果；妊娠晚期如果羊水减少，也需要多次B超检查了解羊水量，观察胎儿是否受到影响，以便制定应对措施。如果没有医学指征，就不要要求B超鉴别胎儿性别，胎儿性别鉴定并且人为地选择胎儿的性别是违法的。

其他可能遇到的检查

胎儿镜检查

胎儿镜可以直接观察到胎儿的外形、性别，判断有无畸形；进行皮肤活检；从胎盘表面的静脉抽取胎儿血标本，对胎儿的某些遗传性代谢疾病、血液病进行产前诊断；给胎儿注射药物，进行胎儿期疾病治疗；还能对胎儿进行外科手术。

胎儿镜检查是一项技术性较强的产前诊断项目，需要由具有较高医疗诊断水平的医院和医生来完成。胎儿镜检查造成的胎儿流产率达5%，您的胎宝宝是否需要做胎儿镜检查，要由医生做出严格的判断。

脐静脉穿刺

脐静脉穿刺就是通过孕妇腹壁从脐带抽取胎儿血样品进行检验。通过脐静脉穿刺检查，可以诊断出胎儿是否患有遗传性贫血症；是否感染了一些病毒或其他病原菌，如风疹、弓形虫、单纯疱疹病毒、巨细胞病毒等；通过对胎儿血液酸碱度、氧含量、二氧化碳含量和碳酸氢盐含量的测定，了解胎儿是否有宫内发育迟缓；还可以通过对白细胞的分析提供染色体数目。此项检查也不是常规的，需要医生严格把握适应症。

医生忠告

当怀疑胎儿可能有某种异常时，采取一些检查方法对胎儿进行产前诊断，判断胎儿是否健康是非常必要的。检查本身可能带来的问题与胎儿异常的极高风险相比就显得微不足道了。准父母需客观认识这些检查技术，相信医生的判断，接受必要的检查，不要失去产前诊断的最佳时机，避免遗恨终生的事情发生。

面对新的检查项目怎么办

随着产检领域不断扩大，检查方法越来越多，一些传统的检查方法逐渐被新的、先进的检查手段所代替。面对新的检查项目，不但准父母知之甚少，一些医生也并不能全面掌握，对一些检查结果的判断，也确实没有更多的临床经验，缺乏有效的经验积累和病例总结。当准父母读到这本书时，可能又有一些新的检查方法问世，面对新的检查项目，尤其是创伤性检查，一定要谨慎对待。如有疑问，最好到上一级医院咨询，详细了解检查目的、临床运用情况、安全性、适用性，以及对你和胎儿可能会造成的不良结果。产检项目并不是多多益善，不要盲目做不必需的检查。每个孕妇的情况不同，对有些孕妇来说是必需的检查，对其他孕妇来说也许没有必要。

产检简要流程表

孕12周第1次产检	怀孕第12周开始第1次产检，最迟不要超过14周。除了常规产检项目，还有早期唐筛(11~13周+6)，包括NT超声和母静脉血检查。
孕16周第2次产检	除了基本的例行检查外，还有中期唐筛（15~22周+6）。如果筛查结果为高危，需要进行产前诊断，即羊膜穿刺进行染色体核型分析（19~23周+6）。
孕22周第3次产检	要做B超大排畸（怀孕20~23周+6）了，看胎儿发育有无畸形或其他异常，除此之外还要仔细排查胎儿的头围、腹围、股骨长及脊椎是否存在先天性异常。
孕24周第4次产检	除了例行检查项目，此次主要是做妊娠期糖尿病筛查。
孕28周第5次产检	除了继续例行宫高、腹围测量等常规产检项目外，此次会进行超声排畸的复查（28~33周+6）。
孕30周第6次产检	检查孕妇是否有水肿，尤其是全身水肿，血压是否偏高，尿液化验是否有蛋白尿等异常情况，及早发现妊娠高血压综合征。
孕32周第7次产检	合并有妊娠期糖尿病的孕妇，从33周开始可变为1周产检1次，每次检查内容没有什么变化，所不同的是，开始做胎心监护了。
孕34周第8次产检	除了常规产检项目，还要做一次详细的超声波检查，以评估胎儿当时的体重及发育状况，并预估胎儿至足月生产时的重量。
孕36周第9次产检	从孕36周开始，所有孕妇都开始1周产检1次。除了常规产检项目，可进行胎心监护，以便监测胎儿状况。
孕37周第10次产检	医生会测量骨盆，检查硬产道和软产道情况，了解胎儿入盆情况，估计胎儿大小，判断可能的分娩方式，制定分娩方案。准妈妈也要随时注意胎儿及自身的情况，以免胎儿提前出生。
孕38周第11次产检	从孕38周开始，胎位固定，胎头已经下到盆腔内。
孕39周第12次产检	有的孕妇这周已经临产，如见红、破水、规律宫缩等，如果情况紧急，就直接去医院。不需要等到上次产检时预约的时间。
孕40周第13次产检	你仍然没有临产的话，要继续到医院产检，如果下周仍无临产迹象，医生会收你住院，适时助产。

上述只是产检的大概顺序，每位孕妇都是独一无二的，情况都不一样，医生会根据每位孕妇的具体情况决定产检的时间和项目。

为什么要做唐筛

唐氏筛查适用于所有孕妇。其目的是通过筛查把可能怀有唐氏综合征儿的孕妇筛选出来，筛查不是诊断疾病，而是筛查患此病风险的大小，如果是高风险，尚需进行其后的诊断性检查。

必须要做唐筛吗

是的。唐氏儿会发生严重多发性先天畸形(特殊面容、先天性心脏病、大脏器功能异常及肢体异常)，并伴严重的智力低下。从医学的角度分析，唐氏筛查可做到早发现、早解决，大幅度降低唐氏儿的出生率。

如何判断唐筛结果

唐筛的结果是以风险度来表示的，只说明患病风险高低，并不是诊断结果。低风险是指胎儿发生21-三体、18-三体、神经管畸形（NTD）的可能性小，但不代表完全没有风险;高风险指胎儿发生染色体异常的可能性大，但不代表一定会发生异常。筛查结果为高风险时，医生会进一步核对孕周等因素，之后建议再进行羊水胎儿染色体核型分析，以排除染色体异常。对神经管畸形高风险孕妇，应首先用B超诊断排除神经系统发育异常的可能性，并密切观察胎儿发育情况，还可建议孕妇行羊膜腔穿刺后做乙酰胆碱酯酶的检查，以排除闭合性神经管畸形及隐性脊柱裂可能。所以风险度高时，孕妇需要继续做产前诊断性检查。但是，即便唐筛的风险度低，如果医生根据你的具体情况（如有多次自然流产史、曾经分娩过染色体异常儿、高龄等），建议进行产前诊断检查，你应该听取医生建议。

有以下几种情况的孕妇可能会被建议直接做产前诊断

· 高龄孕妇（预产期年龄>35岁）。

· 有反复流产或胎停育史的孕妇。

· 双胎或多胎孕妇。

· 严重肥胖孕妇。

· 胎儿超声结果异常。

· 夫妻一方染色体异常。

· 曾生育染色体异常儿。

DNA产前筛查

DNA产前筛查也是唐氏筛查方法之一，属于胎儿染色体异常的筛查手段，在现有的科学数据和证据下，结果仅是高风险和低风险两种报告。DNA产前筛查是通过基因测序技术检测孕妇血中游离的胎儿DNA染色体，对胎儿21-三体、18-三体、13-三体有较高的检出率，不足之处是存在一定的假阳性可能，故仍是筛查，不是诊断。这种筛查方法不能排除胎儿神经管畸形的可能性，所以即便筛查结果是低风险也必须重视超声排畸。

DNA筛查时间

孕12周以上即可，孕14~18周最佳，查孕妇静脉血。

DNA产前筛查注意事项

· 孕18周后筛查会影响产前诊断时效性。

· 用药情况需告知医生，如长期服用肝素的孕妇，需至少停药24小时才能采血检测。

· 双胎中一胎停育孕妇，需经超声确定胎儿停育孕周的8周后才能采血检测。

不建议做DNA筛查的情况

· 抗核抗体高滴度、患有肿瘤、有异体输血史、重度肥胖的孕妇。

· 多胎孕妇。

· 预产期年龄在38岁以上的孕妇。

· 夫妻一方染色体异常，曾生育染色体异常儿、有反复流产和胎停育史的孕妇。

· 胎儿超声检查提示异常。

 **产前诊断**

产前诊断方法

产前诊断方法有创伤性和非创伤性两种，创伤性包括羊膜腔穿刺、绒毛取样、脐血取样、胎儿镜和胚胎活检等。目前产前诊断中仍以创伤性方法为主，以羊膜腔穿刺和绒毛取样两种最常用。非创伤性产前诊断包括超声波检查、母体外周血清DNA及标志物的检测等。

羊膜腔穿刺

羊膜腔穿刺术宜在孕16~22周进行，检查胎儿排到羊水中的细胞，主要用于检查胎儿有无遗传性疾病，对判断染色体是否畸形具有很高的准确度，1个月左右出检测报告。就目前的医疗水平来讲，羊膜穿刺术是比较安全的检查手段。

绒毛取样

绒毛取样检查属早期产前诊断方法，宜在孕10~12周进行，目前是检查胎儿染色体有无异常，与羊膜腔穿刺相同。绒毛取样的准确性也很高，比羊膜腔穿刺的最佳时间要早得多，能够较早地对异常胎儿做出诊断。尽管其操作是相对安全的，但造成流产的可能性比羊膜腔穿刺大，故绒毛取样不是常规的检查项目。

不适合做产前诊断的情况

· 有流产迹象。

· 有感染征象。

· 有凝血功能异常。

妊娠合并糖尿病筛查

妊娠合并糖尿病有两种情况，一种是妊娠期糖尿病（GDM），是指妊娠期发现的不同程度的糖代谢异常；另一种是妊娠前糖尿病（PGDM），是指在妊娠前已经确诊患有糖尿病，或原有糖尿病未被发现，在妊娠期间首次发现的未经确诊的糖尿病。如果在妊娠前已经确诊糖尿病，就不需要进行妊娠期糖尿病筛查了，做好血糖监测就可以了。但有的孕妇原有糖尿病，但在妊娠前或妊娠早、中期未被发现，而是在妊娠期糖尿病筛查时发现的。因此，所有孕妇都应重视糖尿病筛查或血糖监测。

50克葡萄糖筛查试验

筛查前3天正常饮食，保证每天吃进去的碳水化合物不少于150克；检查的前一天20:00以后不要再进食（最晚到22:00后不要进食水）；抽血前至少空腹8小时；抽血前先拿到50克葡萄糖，在杯子中倒入200毫升的温水，然后把葡萄糖粉倒入水中溶解（有的医院直接给50%的葡萄糖水100毫升，不用稀释，直接喝）。抽完空腹血糖后，即刻喝糖水（在5分钟内慢慢喝完）。从喝第一口糖水开始计时（静坐等候，不要走动，更不要运动）。1小时后抽血测血糖，如果1小时后的血糖值<7.8mmol/L，就说明结果正常，目前没有患妊娠期糖尿病的风险；如果血糖值≥7.8mmol/L，就说明结果异常，需要进一步做75克糖耐量试验确诊；如果血糖值在7.20～7.79mmol/L，应结合孕妇高危因素考虑是否做进一步检查。

75克葡萄糖耐量试验

先拿到75克葡萄糖，在杯子中倒入300毫升的温水，然后把葡萄糖粉倒入水中溶解（有的医院直接给50%的葡萄糖水150毫升，不用稀释，直接喝）。抽完空腹血糖后，即刻喝糖水（在5分钟内慢慢喝完）。从喝第一口糖水开始计时（静坐等候，不要走动，更不要运动）。分别于1小时、2小时后抽血测血糖。如果空腹<5.1mmol/L，1小时<10.0mmol/L，2小时后<8.5mmol/L，则结果 正常。如果三项中的任何一项超过上述数值（即空腹≥5.1mmol/L、1小时后≥10.0mmol/L、2小时后≥8.5mmol/L）则可诊断妊娠期糖尿病。

胎儿宫内感染筛查

宫内感染的主要传播途径

尽管一些病毒感染对胎儿会造成伤害，但孕妇的自然感染率还是比较低的，通过提高机体抵抗力，改变生活方式，少去人群聚集的公共场所能够减少感染机会。宫内感染途径有两个，一个是胎盘的垂直传播，另一个是生殖道感染的上行性扩散。

宫内感染对胎儿的危害

宫内感染对胎儿的危害程度与宫内感染发生的时间、病原体的种类、母亲的身体状况有关。孕早期感染多造成流产、先天性畸形。孕晚期感染会导致早产、胎膜早破等。所以，怀孕前进行病原体筛查是很有必要的，怀孕后也要进行早期宫内感染筛查。

胎儿宫内感染筛查包括哪些项目

目前临床中常对巨细胞病毒、单纯疱疹病毒、风疹病毒、弓形虫、人乳头瘤病毒、解脲支原体、沙眼衣原体、淋球菌、梅毒、艾滋病毒等病原体进行筛查。

为什么要做宫内感染筛查

孕妇感染了巨细胞病毒、单纯疱疹病毒、风疹病毒、弓形虫、乙肝病毒、人乳头瘤病毒、解脲支原体、沙眼衣原体、淋球菌、梅毒、艾滋病毒等病原体，就有可能造成胎儿宫内感染。胎儿感染后可能会导致自然流产、胎停育、胎儿畸形及一些先天性疾病。

解读筛查报告单

在化验单上，不是有（＋）或阳性，就意味着胎儿宫内感染，要分清哪个是保护性抗体，哪个是非保护性抗体。接种过某些疫苗时也会出现IgG抗体阳性，目前主要通过对病毒抗体水平的检测来进行优生筛查。

抗体IgG阴性	说明没有感染过这类病毒；或感染过，但没有产生抗体，对其缺乏免疫力，应该接种疫苗，待产生免疫抗体后再怀孕。
抗体IgM阴性	说明没有活动性感染，但不排除潜在感染。
抗体IgG阳性	说明孕妇有过这种病毒感染；或接种过疫苗；或许对这种病毒有免疫力。
抗体IgM阳性	说明孕妇近期有这种病毒的活动性感染。

筛查结果异常怎么办

如果血清IgM抗体检测结果阳性，要进行重复测定。

已确定有感染的孕妇，无论有无宫内感染证据，都要积极治疗。

经治疗未见明显效果者，要做胎儿宫内产前感染诊断，以确定是否有胎儿宫内感染。

确诊宫内感染后的处理原则

妊娠早期，如果病原体感染对胚胎和胎儿危害严重，医生会建议终止妊娠。

妊娠中期，医生会采取积极的治疗措施，在用药上尽量规避药物对胎儿的影响。

妊娠晚期，除做治疗外，医生还要根据感染情况分析，对产道感染概率大的会选择剖宫产，并就是否能母乳喂养、产后是否需要继续治疗等问题给出建议。

巨细胞、弓形虫、风疹和单纯疱疹病毒筛查

巨细胞病毒感染

胎儿感染了巨细胞病毒（CMV）后，可引起胎儿发育异常，如宫内发育迟缓、出生缺陷。胎儿宫内巨细胞病毒感染的重要因素是孕妇有巨细胞病毒活动感染。也就是说，孕妇巨细胞病毒的活动性感染是引起胎儿先天性巨细胞病毒感染的主要原因。血清中CMV-IgM水平是确定巨细胞病毒活动性感染的指标。在新生儿脐带血中测到特异性CMV-IgM抗体、新生儿出生后2周内检测到巨细胞病毒时，即可确定此新生儿为先天性巨细胞病毒感染。另外，从精液中也可分离出巨细胞病毒，因此，父亲也是可能的感染源。

通过产前诊断，在孕期发现巨细胞病毒宫内感染是预防先天性巨细胞病毒感染的有效途径。羊水细胞和胎儿脐带血是进行先天性巨细胞病毒产前诊断的理想物质。

婴儿巨细胞病毒感染的分类

·**先天性感染**：指由巨细胞病毒感染的母亲所生育的子女于出生后14天内证实有巨细胞病毒感染，是宫内感染所致。

·围生期感染：是指由巨细胞病毒感染的母亲所生育的子女于出生后14天内没有巨细胞病毒感染，而于生后第3~12周内证实巨细胞病毒感染，是出生过程中或吃母乳感染所致。

·生后感染（获得性感染）：指婴儿出生12周后发现巨细胞病毒感染。

弓形虫感染

孕妇感染弓形虫后，弓形虫可通过胎盘进入胎儿体内，直接影响胎儿发育，使胎儿发生多种畸形，甚至死亡。几乎所有的哺乳动物和一些鸟类体内均可有弓形虫，并相互传播，形成自然界的循环，其中猫和猫科动物在传播中最为主要，是弓形虫的终宿主。弓形虫的卵囊随猫的粪便排出体外，污染外界环境而感染人类。

传播途径

·垂直传播：这是人类主要的传播方式，妊娠期母体感染弓形虫，可经胎盘或产道感染胎儿，引起先天性弓形虫病。

·经口、胃肠道传播：食用含弓形虫卵的水、肉、蛋以及未洗净的瓜果蔬菜等造成感染。

·接触性传播：人或动物的唾液中可检出弓形虫，在精液和孕妇的阴道分泌物及产后恶露中也可找到弓形虫，在接触过程中易发生感染。

·医源性传播：输血及器官移植过程中造成感染。

弓形虫感染的预防

·保持环境卫生，搞好水源、粪便的管理，养成良好的个人卫生习惯。

·不进食生肉或未熟的肉蛋制品。

·孕妇家中尽量不要饲养猫、鸟。

·新近感染弓形虫应给予治疗，避免在感染期间怀孕。

·妊娠早期就开始进行弓形虫抗体检测，如果发现感染，要听取医生的处理意见。

·对弓形虫抗体阳性孕妇所生的新生儿，及时进行脐血检测。

·对确定先天性弓形虫感染的新生儿，及时采取治疗措施减轻后遗症。

风疹病毒感染

风疹病毒可以通过胎盘感染胎儿，导致胎儿患先天性风疹综合征（CRS）。根据宫内感染的程度和时间，表现出不同程度的组织缺损。但胎儿受到感染后不一定在出生时就表现出来，有的要在出生后几周、几个月，甚至几年后才逐渐表现出来。

孕妇感染风疹病毒后，潜伏期无抗体产生，以后渐渐产生抗体，并持续1~2个月。妊娠早期感染风疹病毒，医生会建议终止妊娠。多数育龄女性体内拥有抗风疹病毒抗体，如果抗病毒抗体是阴性的，应尽早接种风疹疫苗，接种后3个月内不宜怀孕。如果孕前未进行特异抗体检查，妊娠后检查却为阴性，可用风疹免疫球蛋白进行被动免疫。

先天性风疹综合征发生率

- 妊娠第1个月感染风疹病毒，胎儿先天性风疹综合征发生率约50%。
- 妊娠第2个月感染，发生率约30%。
- 妊娠第3个月感染，发生率约20%。
- 妊娠第4个月感染，发生率约5%。
- 妊娠4个月以后再感染，虽然危险性很小，但仍不能完全排除致畸的可能性。

生殖器单纯疱疹病毒感染

生殖器疱疹是由单纯疱疹病毒（HSV）感染泌尿、生殖器官及肛门周围皮肤黏膜引起的疾病。孕妇感染了单纯疱疹病毒，无论是初发还是复发，都有通过胎盘感染胎儿的可能，并可引起新生儿单纯疱疹病毒感染（大多数是分娩中暴露于产道的单纯疱疹病毒所致）。在妊娠早期感染单纯疱疹病毒的孕妇所分娩的婴儿常有先天性畸形，如小头畸形、视网膜发育异常；在妊娠晚期感染单纯疱疹病毒的孕妇所生的婴儿约有50%会发生新生儿单纯疱疹病毒感染。新生儿单纯疱疹病毒感染多见于早产儿，出生时多无症状，常于出生后3天，甚至满月后才出现症状。孕妇初发生殖器疱疹对胎儿和新生儿的传播率为20%~50%，复发的传播率为0~8%。

孕妇进行生殖器疱疹的产检和血清学检测后，如果血清抗体(HSV-1IgM)阴性，但丈夫阳性或有生殖器疱疹病史，孕妇也应做产前单纯疱疹病毒的检测。对于有生殖器疱疹病史或已有生殖器疱疹感染的孕妇，应在产前仔细检查有无生殖器疱疹的活动性皮肤黏膜损害。如有可疑皮损或有其他单纯疱疹病毒感染现象，应在破膜前4小时行剖宫产，出生后仍应对新生儿进行监护。

支原体、衣原体、淋菌、梅毒、B组链球菌感染筛查

支原体感染筛查

从泌尿生殖道分离出的8种支原体中，解脲支原体和人型支原体是最常见可分离和引起母婴感染发病的2种支原体。在无症状女性宫颈或阴道分泌物样本中有40%~80%可检出解脲支原体，21%~35%可检出人型支原体。

解脲支原体和人型支原体可在子宫内或分娩时由孕妇垂直传播给胎儿或新生儿，在新生儿中的传播率为45%~66%。解脲支原体的母婴垂直传播不受分娩方式的影响。

胎儿支原体感染可引起孕妇自然流产、产出低体重儿、死胎和新生儿早期死亡等不良妊娠结局。孕期进行支原体感染筛查，可及时治疗和防止胎儿宫内支原体感染和新生儿支原体感染。

衣原体感染筛查

沙眼衣原体感染对母胎危害很大，筛查和治疗都很重要。我国要求第一次做产检和孕晚期检查时对高危者（年龄小于25岁；或有性病史；或近3个月内有新性伴侣或多个性伴侣者）需要做沙眼衣原体筛查。

淋菌感染筛查

妊娠期感染淋病，对孕妇及胎儿都有很大危害。由淋病引起的胎儿宫内发育迟缓、绒毛膜炎、胎膜早破、早产、产后子宫内膜炎等是无感染孕妇的3~4倍。约有30%未经治疗的淋病孕妇所生的新生儿会感染上淋菌性眼结膜炎。淋菌可感染新生儿结膜、咽部、呼吸道及肛管，甚至可发生淋菌性菌血症。

梅毒感染筛查

患有梅毒的孕妇，在妊娠4个月时会通过胎盘使胎儿感染，导致流产、早产和死产。感染梅毒的胎儿存活下来为先天梅毒儿，死亡率及残疾率较高。新生儿还可通过母亲的产道、乳汁、血液、物品等途径感染梅毒。

孕前应做检查，发现有梅毒感染须及时彻底治疗，在医生建议下方可怀孕。

B组链球菌感染筛查

B组链球菌感染是足月及早产儿的主要致病源，病原菌通过母亲垂直传播而来，这种细菌对青霉素非常敏感。为此，我国大部分产科在产检时会筛查产妇是否有B组链球菌感染，并对链球菌携带者给予相应的治疗。

病毒性感染与母婴传播

乙型肝炎病毒（HBV）与母婴传播

阻断母婴乙肝传播是产科的重要任务之一，人群中约有40%~50%的慢性乙肝病毒携带者是母婴传播造成的。

乙肝检测指标的临床意义

乙肝表面抗原（HBsAg)阳性	处于急性乙肝的潜伏期、急性期；慢性乙肝；无症状HBsAg携带者；与HBV感染有关的肝硬化和原发性肝癌。
乙肝病毒表面抗体（抗-HBs)阳性	感染HBV后的恢复期；隐性感染的健康者；注射乙肝疫苗或乙肝高效价免疫球蛋白（HBIG）后。
乙肝病毒核心抗体（抗-HBc)阳性	是HBV急性（或近期）感染的重要指标；慢性活动性乙肝的活动期；乙肝恢复期；既往感染乙肝的标志；抗-HBc IgM(IgM型核心抗体)可作为乙肝患者的预后指标。
乙肝病毒e抗原（HBeAg)阳性	HBeAg阳性者传染性强；HBeAg阳性母亲所生的新生儿出生后约90%以上被感染；可作为急性乙肝辅助诊断和预后的指标；HBeAg阳性表示HBV在体内复制。

新生儿免疫方案

方案一：出生后6小时内先注射一针乙肝免疫球蛋白，然后按0、1、6月龄程序接种15微克（5微克/支重组酵母乙肝疫苗）乙肝疫苗3针，第一针乙肝疫苗在出生后24小时内注射于另一侧上臂三角肌，其保护率为93%。

方案二：出生后6小时以内和满1个月时各注射一针乙肝免疫球蛋白，在2、3、6月龄时各注射一针10微克的乙肝疫苗，则保护率可高达97%，除了宫内感染的婴儿，其余几乎全部得到了保护。因此，将此方案定为阻断母婴传播的最佳免疫方案。但由于人们对血液制品的安全性持怀疑态度，乙肝免疫球蛋白与乙肝疫苗联合的最佳免疫方案难以实现。所以，目前对于HBsAg及HBeAg双阳性产妇的新生儿采用的免疫方案是第一种。

甲型肝炎病毒（HAV）与母婴传播

甲型肝炎病毒一般不通过胎盘传给胎儿，垂直传播的可能性很小。母体产生的抗体对胎儿有保护作用。但是分娩时胎儿可在产道中因吸入羊水及出生后与妈妈的密切接触而感染。

丙型肝炎病毒（HCV）与母婴传播

丙型肝炎也存在着母婴传播，其传播可发生于子宫内，也可能发生于分娩和产后母乳喂养时。艾滋病病毒感染会增加丙肝病毒的感染机会。经血和血制品传播是丙肝的主要传播途径，唾液、精液和阴道分泌物也是传播的重要途径，也存在着母婴、性、家庭内接触和医源性传播，但总体来说传播率要低于乙肝。

专题四

妊娠期的异常情况

温馨提示

如果你在妊娠期没有发现任何异常情况，则无须看这一章，以免给你带来心理上的负担。如果出现了某些异常情况，也不要在这一章中"对号入座"，这样会给你带来压力，也会延误病情。如果你有异常情况，要在第一时间去看医生。如果医生说没什么问题，你就可以放心了。如果医生说你可能有什么问题，你很想自己搞清楚医生所说的问题，但因为时间关系，医生不能做更多的解释，你可以在这一专题中找到答案。

切莫稍有一点儿不适就担心自己患了病。不要对着书本给自己诊病，看书的目的就是为了了解更多的知识，医生可能没有时间很全面地给你详细讲解，不能解除你所有的疑虑。在书中你可能会找到在医生那里得不到的解释。我之所以要写这些病，是要提请孕妇注意，对于没有病的孕妇，其目的是增加孕妇的防病知识和做好孕期护理，而不是增加孕妇的心理负担。书是帮助你解决问题的，是帮助你防患于未然的，不是给你增添烦恼的。无论如何，你都不要因为某种不适或疑虑影响孕期的情绪。

第一节
疾病与妊娠

癫痫病与妊娠

患癫痫的孕妇其胎儿先天性畸形的发生率比正常孕妇约高2.5倍，可能和治癫痫的药物苯妥英钠有关，唇裂腭裂、先天性心脏病的发病率较高。苯妥英钠可对抗叶酸和维生素K依赖凝血因子，因此巨细胞贫血和新生儿出血症发生率也增高。此外，苯巴比妥还可使新生儿出生后不久出现兴奋过度、惊厥和吸吮能力减退等症。癫痫虽不是母乳喂养的禁忌症，但要注意母亲喂奶时癫痫发作恐会伤害到婴儿。

妊娠期癫痫可分两类：孕前已有癫痫；妊娠期才出现癫痫，又称妊娠癫痫。

癫痫患者妊娠并发症和分娩并发症较无癫痫者增加两倍，常见的并发症有阴道出血、流产、妊高征、早产、羊膜炎、疱疹病毒感染等。

癫痫对胎儿的影响

低体重儿增加，先天畸形儿、新生儿窒息、新生儿出血症发生率均增高。

癫痫的遗传性

父母一方为原发性癫痫的患者，其子女癫痫发生率为2%~5%，比普通人患病率高10倍左右。若有一个子女发生癫痫，则再生子女癫痫的发生率增至20%。如父母均有癫痫，则子女癫痫的发病率为20%。服用抗癫痫药物对新生儿和婴儿也有不良影响。

甲状腺功能亢进

甲状腺功能亢进症（简称甲亢）好发于育龄女性，所以妊娠合并甲亢并不少见。

妊娠与甲亢之间的相互影响

孕前确诊患有甲亢，正在服用抗甲亢的药物，但未能很好控制甲亢症状，甲状腺功能检查尚未正常时，不宜怀孕，应待病情稳定后怀孕。

怀孕后甲亢复发或在孕期患了甲亢，应该进行抗甲亢治疗。

妊娠后垂体生理性肥大，体内对甲状腺激素需要增加，可出现单纯性甲状腺肥大。孕期可出现高代谢症候群，出现如心悸、怕热、多汗、食欲亢进等表现，类似甲亢。

孕前有甲亢症状的患者，怀孕后由于雌激素的增加，甲亢症状反而会得到自然减轻。已经治愈的甲亢患者，怀孕后一般不易复发。孕前即因甲亢而使心脏功能降低，怀孕后由于心脏负荷加重，易出现心衰。妊娠期高血压发生率增高，可达15%～77%，尤其需要服用抗甲亢药物时更易发生。患甲亢者易发生钙代谢障碍，分娩时血钙降低，易发生宫缩无力及产后出血。如果甲亢未得到控制，产后可激发甲状腺危象。

甲亢对胎儿的影响

流产、早产、死产、胎儿宫内窘迫、宫内发育迟缓发生率与甲亢的程度有关，另外还可引起新生儿甲亢，多发生于出生后3～4周，随着长效甲状腺刺激素逐渐消失，新生儿甲亢可自行消退。如果孕妇服用大量抗甲亢药物，可抑制胎儿甲状腺功能，而发生先天性甲状腺减退、呆小症、隐睾、甲状腺肿、头颅骨缺损等。

甲亢及治疗药物对胎儿的影响

经临床观察，合理使用抗甲状腺药物，对胎儿生长发育、智力无不良影响。妊娠合并甲亢分娩后有学者主张不宜母乳喂养，因为药物通过乳汁可影响婴儿。

孕期合并甲亢的孕妇应在产科高危门诊进行产前检查。孕36周就应住院接受内科医生和产科医生治疗。分娩时间、方式需要根据孕妇具体情况决定。分娩后应立即检测新生儿脐血T3、T4、TSH，对新生儿甲状腺功能进行评估，至少让新生儿留院观察10天，出现问题及时由新生儿科医生处理。

甲状腺功能减退与妊娠

妊娠合并甲状腺功能减退有三种情况：第一种原发于儿童或青春期，经治疗后痊愈，到了育龄期可怀孕；第二种原发于成年期，经治疗控制后可怀孕；第三种甲亢、甲状腺腺瘤经放射治疗或手术后继发了甲状腺功能减退，经治疗控制后可怀孕。

心脏疾病与妊娠

心律失常与妊娠

心律失常可以发生在正常人身上，还可见于甲亢、贫血、感染、休克、胃肠道疾病、胆道疾病、电解质紊乱、药物中毒等病人。

24小时动态心电图观察显示，有60%的健康人可以出现各种期前收缩，这是最常见的心律失常。当情绪激动、紧张、吸烟、饮酒、过度饮茶、睡眠不好、过度劳累以及神经功能紊乱时均可引起心律失常。

妊娠期的女性比平时更易出现期前收缩，往往引起孕妇本人和家人的紧张。其实大多数的期前收缩都是生理性的，不需要治疗。一般情况下，期前收缩的次数每分钟少于6次，或期前收缩的次数每分钟大于6次，但在安静状态下期前收缩频繁，而活动后收缩减少，多是生理性的。到底是生理性的，还是病理性的，需要由医生来判断。医生找不到引起期前收缩的器质性疾病，多不给予治疗，因为治疗心律失常的药物大多对胎儿有不良影响。

妊娠期窦性心动过速

窦性心动过速是妊娠期比较常见的现象，一般不需要治疗。如果有原发疾病，则应积极治疗原发病，如贫血、甲亢、心脏病、发热等。虽然没有原发病，但心率过快会影响孕妇的生活，也需要治疗。

心脏手术与妊娠

如果有需要手术的心脏病，如先天性心脏病、心脏瓣膜病、冠状动脉疾病等，应该在妊娠前做手术。因为谁也不能确定，怀孕后心脏是否能够最终承受妊娠负担，即使在妊娠前一切正常，没有任何不适症状，心功能完全正常，也不能保证妊娠后不会引发改变。所以，如果能够通过手术使心脏恢复正常，一定在妊娠前做手术。

心脏手术后的孕期监护

- 定期到心脏专科或内科就诊，听取心脏科或内科医生的指导。
- 定期在高危产科门诊做产前检查和保健。
- 在预产期前两周住院。
- 监护胎儿宫内发育情况。
- 预防流产发生。
- 判断胎儿成熟度，选择最佳时机计划分娩。
- 做好产前胎儿诊断，及时发现胎儿异常。
- 进行术后抗凝治疗时，要监护凝血时间。
- 听从医生建议，做必要的检查，监护胎儿缺氧和胎盘功能情况。

心脏手术后分娩和哺育方式

- 心功能Ⅰ级，无并发症，可经阴道分娩。
- 心功能Ⅱ级，或Ⅱ级以上，或有并发症时，以选择剖宫产为宜。
- 最好不母乳喂养，对产妇康复、预防产后心衰有帮助。

血型不合溶血病

ABO血型不合溶血病

临床所见ABO血型不合，系因母体血液内含有免疫性抗A或B抗体作用于胎儿红细胞而引起溶血，其中以母为O型，子为A型者多见；母为O型，子为B型者次之；母为A型或B型，子为B型或A型或AB型者少见。但是，并非所有母子血型不合者都会发生溶血病，据统计，ABO血型不合者，约2.5%患溶血病。

临床表现轻重不一，有的很轻，如同生理性黄疸一样，未经过任何治疗，黄疸几天就自行消退了；有的比较重，出生后即有明显贫血，并迅速出现黄疸，需经过一系列治疗。但总体来说，ABO血型不合溶血病均比Rh血型不合溶血病的症状轻。

Rh血型不合溶血病

母亲与胎儿发生Rh血型不合时，可引起胎儿血液中的红细胞被破坏，出现胎儿溶血病。

黄种人最常见的是ABO溶血病，大家都比较熟悉，对Rh血型不合造成的胎儿溶血病则较为陌生。虽然Rh溶血病发生率低，但是，一旦发生后果严重，可遗留永久的后遗症，甚至危及胎儿的生命。

Rh血型分为Rh阴性和Rh阳性，我国人群大多数是Rh阳性，Rh阴性只占1%，汉族人群中则低于0.5%。白种人群可占15%左右。

Rh血型不合发生在母亲是Rh阴性，而胎儿是Rh阳性的母子之间。Rh血型不合溶血反应多发生在第二胎以后，约占99%。初孕时溶血反应较轻。当再次妊娠时，如果胎儿仍是Rh阳性，则母体内已有的抗体和新产生的抗体，使胎儿红细胞接二连三地被破坏，胎儿可因重症贫血而死于宫内。存活者可出现重症黄疸，造成核黄疸，影响脑组织及其他重要器官的发育，从而引起智力障碍。

Rh溶血病的预防措施

在什么情况下需要给Rh阴性的女性注射Rh(D)IgG。

- 第一次分娩Rh阳性婴儿后，于产后72小时内应用Rh(D)IgG。
- 若未产生抗体，则应再次注射Rh(D)IgG。
- 自然流产和人工流产后均应注射Rh(D)IgG。
- 做羊膜腔穿刺后应注射Rh(D)IgG。
- 发生宫外孕后应注射Rh(D)IgG。
- 产前预防性注射Rh(D)IgG。
- 输入Rh阳性血后应注射Rh(D)IgG。

Rh溶血病的产前诊断

Rh阴性的孕妇，要检查丈夫是否为Rh阳性。

测抗体：从妊娠16周至妊娠38周共7次。当抗体达1:32时，则进一步检查羊水，测定磷脂酰胆碱与鞘磷脂比值，比值为2时可考虑提前分娩。若比值小于2，可反复给予血浆置换。若胎儿血色素大于80克/升，可输新鲜血液（Rh阴性血，且ABO血型与胎儿相同），严重者考虑换血治疗。

胎儿宫内窘迫与宫内发育迟缓

胎儿宫内窘迫

胎儿宫内窘迫分慢性和急性两种类型，慢性胎儿宫内窘迫多是由于孕妇合并有妊高征、慢性高血压、糖尿病、贫血等疾病，胎儿宫内感染、畸形、过期妊娠等原因引起；急性胎儿宫内窘迫多是由于在分娩过程中出现脐带、胎盘并发症，以及难产和胎儿自身疾病，如脐带脱垂、打结、缠绕、过短，胎盘早剥、前置胎盘等。一旦得知你的宝宝宫内窘迫，要遵照医生的嘱咐去做。

胎儿宫内发育迟缓

如果医生告诉你，宝宝患了胎儿宫内发育迟缓（IUGR），你一定会非常紧张。从字面上你就能想象到，宝宝的发育出了问题。

为什么会这样呢？胎儿的正常发育与父母双方遗传、孕妇的营养、健康状况、维系胎儿生长的子宫、胎盘、脐带血流量、促胎儿生长激素、胎儿自身等诸多因素有关，因此导致胎儿宫内发育迟缓的原因很多。

胎儿之间出生体重的差异，40%来自双亲遗传因素。孕妇营养是胎儿营养的基本来源，如果孕妇摄入的蛋白质、热量等营养素不足，定会影响胎儿的生长，所占比率可达50%~60%。孕妇有妊娠并发症，如妊高征、慢性高血压史、慢性肾炎、糖尿病、贫血等都会影响胎盘功能，而使胎儿发生缺氧和营养不良。孕妇吸烟饮酒也是引起胎儿宫内发育迟缓的原因之一。胎儿自身发育缺陷，如胎儿宫内感染、遗传性疾病、先天畸形、接受了放射线照射等都可引起胎儿宫内发育迟缓。一旦发生了胎儿宫内发育迟缓，孕妇千万不要紧张，应该积极配合医生治疗。

第二节
孕期异常情况

 宫外孕

　　宫外孕，顾名思义就是发生在子宫以外的妊娠，绝大多数宫外孕发生在输卵管，故也常把宫外孕称为输卵管妊娠。发生宫外孕的概率很小，所以，如果你没有任何异常状况，不要为此担心。一旦你怀疑自己发生宫外孕，就要及时看医生，医生会帮助你。

可能发生宫外孕的情况

- 患有性传播疾病，如衣原体和支原体感染。
- 输卵管狭窄。
- 有过宫外孕既往史。
- 做过盆腔手术，特别是做过输卵管手术。
- 吸烟。
- 年龄在40岁以上。
- 接受诱导排卵治疗。
- 带宫内节育器妊娠或服用单纯孕激素避孕药妊娠。

发生宫外孕的预警信号

疼痛	输卵管破裂之前，主要是下腹部一侧持续隐痛或剧烈疼痛，并伴有少量出血，血色发黑；输卵管破裂之后，腹部疼痛剧烈，极度痛苦，面色苍白，心跳加快，血压下降。

出血	宫外孕可导致少量或大量出血。有一半以上的孕妇在怀孕过程中曾经有过阴道出血，只有极少数是异常妊娠，所以，不要见到出血就慌乱紧张。但要向医生询问，必要时去看医生。
曾经发生过宫外孕	此次怀孕时如果再次出现宫外孕症状，请立即看医生。

葡萄胎的诊断依据

葡萄胎的诊断主要靠B超、尿或血HCG的测定。一经确诊即应住院治疗。有过葡萄胎妊娠的女性最担心的是能否再怀孕，生育一个正常的孩子。这需要连续两三年接受医生的检查和治疗。确诊为葡萄胎，刮宫后应密切观察，及早发现恶变并给予化疗。定期随访，半年内每月复查一次，半年后每3个月复查一次，一年后每5个月复查一次，一直随访两年。没有医生允许，万万不可怀孕，那样是很危险的。

发生葡萄胎的原因并不十分清楚。有科学家认为，引发葡萄胎的原因可能是不正常的基因组合，正常的胚胎是由两套染色体的基因组成：一套来自父亲，一套来自母亲。葡萄胎除了线粒体外，胚胎的两套基因全都遗传自父亲，也就是说葡萄胎有两套来自父亲的基因。

早期流产

刚刚植入到子宫内膜的早期胚胎与妈妈的连接还不是很稳定，一旦受到外界干扰，就有发生流产的可能。尤其当妈妈还不知道自己怀孕的时候，可能会做些剧烈的运动、搬举较重的物品或性生活等，都可能引起流产。

排除了人为的因素，即使发生了流产，爸爸妈妈也不必感到内疚。因为在孕早期大约有15%～20%的孕卵发生自然流产，大多不是人为的因素造成的，而是胚胎本身的问题。所以，如果发生了不可逆转的流产，爸爸妈妈也不要太难过，人类繁衍遵循择优的自然规律。更不要相互指责，伤了夫妻感情。

导致自然流产的可能原因

·由于染色体的数目或结构异常所致的胚胎发育不良，是流产最常见的原因，在自然流产中，遗传因素可占60%～70%，流产儿染色体异常占50%～60%，夫妇一方或双方有染色体异常的约占10%。由此可见，遗传因素是自然流产的主因，尤其是怀孕前3个月内的流产。

· 大量吸烟（包括被动吸烟）、饮酒、接触化学性毒物、严重的噪声和震动、情绪异常激动、高温环境等一切可导致胎盘和胎儿损伤的因素都可造成流产。

· 母体患任何不利于胎儿生长发育的疾病都可造成流产。并且，大约有15%的男性精液中含有一定数量的细菌，也可影响孕妇，使胚胎流产。

· 多次做人工流产可增加自然流产的概率，流产后子宫恢复不好或短时间内再次受孕，也增加流产的概率。

· 过度劳累也可能导致流产。

怎样减少流产的发生

· 发生流产后半年内要避孕，待半年以后再次怀孕，可减少流产的发生。

· 夫妇双方应做全面的体检，特别是遗传学检查。

· 做血型鉴定，包括Rh血型鉴定。

· 针对黄体功能不全治疗的药物，使用时间要超过上次流产的妊娠期限。如上次是在孕3个月流产，则治疗时间不能短于妊娠3月。

· 有甲状腺功能低下或亢进，要保证甲状腺功能正常后再怀孕，孕期要监测甲状腺功能，发现问题随时治疗。

· 男方要做生殖系统的检查，有菌精症的要彻底治愈。

· 避免接触有毒物质和放射性物质。

· 如果反复发生自然流产，一定要找到引起自然流产的原因，接受治疗，做好孕期保胎。

最早的流产征兆

· 持续阴道出血。一般血的颜色发黑，出血不多，慢慢地排出物的量大了，血的颜色也越来越红，出血量也越来越大。

· 少有的下腹部或肚脐周围疼痛。有点儿像来月经时的腹部绞痛，一抽一抽地疼，有下坠感。

> ·恶心、呕吐、乳房发胀等妊娠反应消失。正常情况下妊娠反应也会在孕3个月以后消失。
>
> ·如果已经有胎动，胎动突然消失，或在该有胎动时没有胎动也是很重要的信号。

不要等到上面症状都出现了才去看医生，最好出现一种症状时就去看医生。

妊娠期出血不一定是流产的先兆，大约有1/4的人在妊娠早期会发生出血，其中有大约一半的人能正常妊娠到分娩。很难通过医疗手段阻止早期流产发生，顺其自然会降低缺陷儿的出生率。

多次流产

多次流产，特别是没有过一次成功的妊娠，需要做全面检查，包括：

> ·子宫造影术，寻找纤维瘤、粘连、子宫畸形、子宫发育不良或子宫扩张；
> ·夫妇双方查染色体排列，排除染色体异常；
> ·感染检查，检查排卵时的宫颈黏液，检查支原体、衣原体等生殖感染；
> ·激素检查，了解激素水平；
> ·子宫内膜活检、全身检查、免疫检查、精子图等。

不幸中的幸运

自然流产是孕妇的不幸，但从某种意义上讲，自然流产是人类不断优化自身的一种方式，也是对孕育着的新生命进行自然选择。胎儿早期流产会减少畸形儿的出生，因此，在保胎前应尽可能查明原因，有充分的依据，不要盲目保胎。

早期流产（孕12周以前）的特点

在妊娠12周内发生流产的孕妇，阴道出血大都出现在腹痛前。这是因为，发生流产时，绒毛和蜕膜分离（好像树根和泥土分离），血窦开放，即开始出血。当胚胎全部剥离排出，子宫强力收缩，出现腹痛，血窦关闭，出血停止，早期流产的全过程均伴有阴道出血。早期流产出现阴道出血后，宫腔内存有血液，特别是血块，刺激子宫收缩，呈阵发性下腹疼痛，故阴道出血出现在腹痛前。

晚期流产（孕12周以后）的特点

在妊娠12周以后发生流产的孕妇，则先有阵发性子宫收缩，然后胎盘剥离，故晚期流产阴道出血会出现在腹痛后。

先兆流产

阴道出血最常见的原因是流产，包括先兆流产、难免流产、不全流产、完全流产、过期流产、习惯性流产。另外，还可见于葡萄胎和宫外孕。因此，孕后有阴道出血提示有异常，应及时到医院就诊，不应在家中盲目等待。

正常月经和流产是有一定区别的。先兆流产时，阴道有小量不规则流血伴轻微腹痛；难免流产出血量多，腹痛明显；不全流产多在妊娠10周以后，流血多；完全流产虽然完全流出，但也有腹痛。

第三节
妊娠期并发疾病

妊娠并发泌尿系统感染

女性泌尿系感染发病率比较高，妊娠期更容易合并泌尿系感染。孕期合并尿路感染应积极治疗，以防发展成肾盂肾炎。孕期并不是所有的药物都不能使用，要权衡利弊，当疾病所造成的损害大于药物副作用时就应使用药物治疗。同时要注意休息、多饮水。一旦发展成肾盂肾炎，胎儿就要受疾病和药物的双重影响。所以，预防泌尿系感染是很有必要的。

孕妇如何预防泌尿系感染

保持肛门、外阴、尿道口清洁。这一点对于大多数孕妇来说，似乎并不重要，孕妇们已经非常注意卫生了。常遇到孕妇有这样的疑问：我已经非常讲究卫生了，怎么还会患泌尿系感染呢？是的，医学上所讲的卫生并非完全像你所理解的那样，天天洗并不一定达到了医学清洁卫生的要求。

每天清洗外阴。一般来说，清洗的先后顺序是尿道口、阴道口、小阴唇与大阴唇的缝隙、大阴唇、两腹股沟、会阴、肛门口、肛门周围。洗过的地方不要重复洗。不能想洗哪儿就洗哪儿，那样会导致互相污染。

每天更换、清洗、晾晒内裤。孕妇每天都更换内裤，可有的孕妇却把内裤放在卫生间或阴湿处，忽视了阳光是最好的杀毒剂，在阳光下晾晒是最天然的消毒措施。

不要乱用女性外阴洗液。有的孕妇长期使用某种洗液，而大多数是从商店自行购买的，并不清楚其成分和作用。其实，用清水清洗是最好的，它不会改变外阴局部的酸碱度，而外阴局部的酸碱度能保护孕妇不受病原菌侵袭。因此，没有医学指征和医学指导，不要轻易使用有药物成分、医疗功效、消毒作用的洗液。酸碱度标注中性，但含有药物成分或具有医疗功效的洗液，也要在专业人士的指导下使用。

坚持便前洗手和便后清洗。人们都知道饭前便后要洗手，但便后清洗肛门也是非常重要的，尿道、阴道、肛门挨得非常近，尿道、阴道内是无菌的，而肠道内有众多的菌，尽管在肠道内属非致病菌，但到了阴道、尿道就可能成了致病菌。所以，便后及时清洗肛门是非常重要的。

多饮水。饮水是预防泌尿系统感染的好方法。多饮水就能多排尿，清澈的尿液不但不会刺激尿道口，还对尿道有清洁作用，就如同管道一样，经常冲刷清洗才能保持洁净。另外，因为孕妇要增加营养，比平时多进食蛋白质和脂类食品，尤其是海产品和瘦肉，所以会增加尿酸的浓度，过多尿酸经肾脏排泄时会刺激尿道，增加感染的机会，多饮水可起到稀释尿液的作用。

减少对输尿管的压迫。无论是白天还是黑夜，无论是坐着还是躺着，都要注意减少子宫对输尿管的压迫。当仰卧位或靠在倾斜度很大的椅子或沙发上时，增大的子宫会压迫输尿管，使尿液循环不畅，导致肾盂积水，增加尿路感染的机会。

监测糖代谢。糖是霉菌最好的培养基，有些孕妇到了孕中晚期血糖会增高，尿糖浓度也相应增高，增加患泌尿系感染的机会。因此，孕期监测糖代谢不但可及时发现妊娠期糖尿病，还对预防尿路感染有益。

保持好心情。情绪对孕妇的身体健康起着非常重要的作用，保持良好的心情，是预防各种疾病的良药。低落、紧张、恐惧等情绪都是疾病的诱发因素。

发生孕期合并泌尿系统感染时孕妇需要了解和注意的事项

孕妇一旦被确诊患了泌尿系统感染，应积极配合医生采取应对措施。医生会为你选择对细菌敏感且对胎儿相对安全的抗生素，不要拒绝治疗。

- 注意休息，多饮水。
- 如被确诊为肾盂肾炎，需静脉途径给药，并卧床休息。
- 如有发热需物理降温和药物降温相结合。

·不要抗拒用药，当患有泌尿系统感染，尤其是肾盂肾炎时，疾病本身对孕妇和胎儿的影响要远远大于药物的影响。

育龄女性何以易发肾盂肾炎

肾盂肾炎好发于育龄期女性，妊娠期也容易合并肾盂肾炎。这是因为，妊娠期雌激素和孕激素分泌增加，使尿路平滑肌松弛，输尿管的蠕动减弱；妊娠期间增大的子宫压迫盆腔内输尿管，形成机械性尿路梗阻，加之子宫右旋，使右侧输尿管受压更明显，致使肾盂扩张、扭曲；不断增大的胎头将妈妈的膀胱向上推移变位，造成排尿不畅和尿潴留；孕期尿液中的葡萄糖和氨基酸以及一些水溶性维生素增多，细菌易于繁殖。

患肾盂肾炎的典型症状

急性肾盂肾炎最典型的症状就是尿频、尿急、尿痛和发热，还可有周身乏力、腰痛、发冷、恶心、腹胀、腹泻等表现。尿液外观发浑，镜检可见红细胞、白细胞和脓球。

肾盂肾炎对胎儿和准妈妈的危害

如果准妈妈有高热，可引起胎儿流产、早产或胎停育。如果在孕早期出现高热，可导致胎儿神经管发育障碍。妊娠期女性患此病较之未妊娠女性更易出现肾功能障碍。

患肾盂肾炎时抗生素的使用

本病的抗生素治疗是非常关键的，许多治疗失败的原因都是因为抗生素的使用不当。

选对抗生素是治疗肾盂肾炎的关键，在使用抗生素前要先做尿培养和药敏试验，这会对接下来的治疗有很大帮助。引起尿路感染的细菌多是革兰阴性杆菌，所以没有做尿培养条件的，应首选抗革兰阴性菌的抗生素。

抗生素一定要用够疗程。这一点最容易被忽视。如果一旦症状消失、尿常规正常就停药，未被完全杀灭的细菌就开始繁殖，再次引起尿路感染。所以一定要遵医嘱用药，不要擅自停药或减少药量。停药前应做24小时或12小时尿沉渣检查，最好做尿细菌培养。

慎重选用的抗生素：氨基糖甙类、呋喃妥因及磺胺类抗生素对胎儿有不同程度的伤害，应慎重选用。

禁忌选用的抗生素：四环素族、氯霉素族对胎儿的伤害很大，禁止使用。

孕期并发生殖系统疾病

霉菌性阴道炎

霉菌性阴道炎是常见的阴道感染性疾病，也是妊娠妇女的常见并发症。霉菌是机会菌，当机体抵抗力降低、服用广谱抗生素时间较长、患有糖尿病时都可引起此病。

霉菌性阴道炎的传播途径

传播途径有直接传播（如性传播）和间接传播（如公共浴池、游泳池、卫生间、器械传播，本人或丈夫有脚癣或手癣，内裤未经太阳晒、放置在潮湿地方或时间过长，使用不合格的卫生巾和卫生护垫等）。

霉菌性阴道炎的治疗

为了避免感染胎儿，孕期合并霉菌性阴道炎应及时治疗，不能等到分娩后再治疗。主要是局部治疗，可用苏打水冲洗外阴和抗霉菌阴道栓剂。一般1个疗程（2周左右）即可使霉菌检查转阴，但易复发，应监测至妊娠8个月。

药物的使用

用药物治疗是利大于弊的，局部用药副作用相对较小。孕妇患霉菌性阴道炎的不少，没有因为使用抗霉菌的外用药而影响胎儿健康的案例。但口服型抗霉菌药在妊娠期间是禁用的。

霉菌性阴道炎的预防

霉菌性阴道炎是由于霉菌感染阴道所致，霉菌是机会菌，可通过多种渠道感染，要注意内裤卫生，放置时间长的内裤不要穿，内裤要在阳光下晾晒，用水煮沸，丈夫的内裤也是如此，以免交叉感染。卫生巾和卫生护垫也可能是感染霉菌的途径，要购买合格的卫生产品。总之，你所有使用的与外阴有关的用具都要注意预防霉菌感染。

<u>霉菌性阴道炎对妊娠的影响</u>

除急性期外，一般不影响妊娠，较轻的霉菌性阴道炎可无任何临床症状。霉菌性阴道炎的主要症状是阴道瘙痒，分泌物呈白色豆腐渣样。

妊娠期高血压疾病

在育龄女性中，妊娠期高血压的发病率呈上升趋势，工作强度大、睡眠少、熬夜、精神紧张、工作与家庭双重压力、不健康的生活方式、不合理的饮食结构等因素都会引起妊娠期高血压疾病。

妊娠期高血压疾病的五个类别

妊娠期高血压疾病是产科常见的危及母胎生命的一组疾病，分为五类，分别是妊娠期高血压、子痫前期、子痫、慢性高血压合并妊娠、慢性高血压并发子痫前期。

<u>类别一：妊娠期高血压</u>

诊断标准：妊娠20周后首次出现高血压，血压≥140/90mmHg，并于产后12周内恢复正常；尿蛋白检测呈阴性；少数伴有上腹部不适或血小板减少。

重度高血压诊断标准：血压≥160/110mmHg，存在血压升高持续至少4小时。在妊娠20周后，如果血压持续升高，虽然未出现蛋白尿，但母胎的危险性增加，约有10%的妊娠期高血压孕妇在出现蛋白尿之前就发生子痫。

妊娠期高血压是暂时的，可能发展为子痫前期，也可能产后12周血压仍未恢复而诊断为慢性高血压，所以妊娠期高血压在产后12周以后才能确诊。

<u>类别二：子痫前期</u>

诊断标准：妊娠20周后出现血压≥140/90mmHg，且伴有下列任一项：尿蛋白≥0.3g/24h；尿蛋白/肌酐比值≥0.3；随机尿蛋白≥（+）（无法进行尿蛋白定量时的检查方法）。

在没有蛋白尿的病例中，出现高血压同时伴有以下表现，仍可诊断为子痫前期：血小板减少（血小板计数＜100×109/L）；肝功能损害（血清转氨酶水平为正常参考值2倍以上）；肾功能损害（血肌酐升高大于97.2μmol/L或为正常参考值2倍以上）；肺水肿；新发生的脑功能或视觉障碍。

子痫前期孕妇出现下述任一表现可诊断为重度子痫前期：血压持续升高≥160/110mmHg；持续性头痛、视觉障碍或其他中枢神经系统异常表现；持续性上腹部疼痛；血丙氨酸或谷草转氨酶升高；肾功能受损（尿蛋白、少尿、血肌酐升高）；低蛋白血症伴腹水、胸腔积液或心包积液；血小板计数持续性下降；微血管内溶血（贫血、黄疸或血乳酸脱氢酶升高）心功能衰竭；肺水肿；胎儿生长受限。

类别三：子痫

在子痫前期的基础上有抽搐发作，不能用其他原因解释的，称为子痫。子痫发生前可有不断加重的重度子痫前期，但子痫也可发生于血压升高不显著、无蛋白尿病例。最常见的先兆症状包括高血压、头痛、视觉障碍、右上腹或上腹部疼痛、踝阵挛。

子痫分为产前子痫（妊娠晚期或临产前）、产时子痫（发生于分娩过程中）、产后子痫（发生于产后1周内）。

类别四：慢性高血压合并妊娠

诊断标准：妊娠前或妊娠20周前发现血压≥140/90mmHg，妊娠期无明显加重；或妊娠20周后首次诊断高血压并持续到产后12周后。不管是何种原因导致的慢性高血压，在妊娠期均有可能发展为子痫前期和子痫。所以，孕妇一定要重视起来，积极接受治疗。

慢性高血压合并妊娠约占妊娠女性的2%。统计资料表明：患有慢性高血压的女性，初次妊娠的平均年龄为28岁，二次及以上妊娠的平均年龄为35岁。

类别五：慢性高血压并发子痫前期

怀孕前患有慢性高血压的孕妇出现以下任何一项表现，可诊断为慢性高血压并发子痫前期：怀孕20周后出现尿蛋白≥0.3g/24h或随机尿蛋白≥（+）；孕20周前有尿蛋白，孕20周后尿蛋白定量明显增加；出现血压进一步升高；血小板<100×109/L。

慢性高血压的最大风险是并发子痫前期的概率升高，25%的慢性高血压患者妊娠时可能会并发子痫前期。若肾功能不全、病程超过4年，或既往妊娠时曾经出现过高血压，子痫前期的发生率会更高。若并发子痫前期，发生胎盘早剥的概率会明显升高。

易患妊娠期高血压的人群

· 母亲有妊娠期高血压疾病史。

· 父母一方或双方有高血压史。

· 孕妇小于20岁或大于35岁。

· 孕前患有慢性高血压、糖尿病、慢性肾病。

· 双胎和多胎。

· 水肿明显、血脂异常、钙异常、尿蛋白阳性、体重异常。

妊娠期高血压的预防措施

· 到了孕中晚期尽量采取左侧卧位。

· 尽量多吃蔬菜和水果，少吃刺激性、油腻食物。

· 少盐、高蛋白饮食。

· 保证充足的睡眠时间，能卧位尽量卧位，不要仰靠在沙发或椅子上。

· 多吃富含维生素C和胡萝卜素的食物。

· 注意补充钙剂。

· 定期进行孕期保健，听从医生的建议。

妊娠期高血压的征兆

· 你常常感觉头晕目眩，感觉一阵阵头胀，睡眠也不好，觉得身体不舒服，有些倦怠。

· 当你起床时，或从坐位变为站立时，或转身转头时，感觉眼冒金星，看东西也不那么清晰了。

· 尽管你喝水不少，但尿却不多，手足好像有些发胀、发硬，感觉体内积存了较多的液体。

· 体重增加比较快，但你并没有猛吃猛喝，也找不到其他导致你体重快速增长的原因。

· 妊娠反应早就消失了，可近来又时常感觉恶心，胃不舒服。

妊娠期高血压的干预措施

· 限盐。

· 孕中晚期采取左侧卧位。

· 多吃新鲜水果蔬菜。

· 避免精神紧张。

· 按需要控制血糖。

· 控制体重。

· 由保健医、医生或营养师指导饮食。

· 补充维生素和钙剂。

· 产后定期随访，密切监测血压，积极治疗产后遗留的高血压。

妊娠期高血压疾病与妊娠之间的相互影响

患有妊娠期高血压病的孕妇，其子宫胎盘循环的有效血流量减少，可影响胎儿的生长发育。如果能很好地控制血压，没有其他并发症，胎儿能正常发育。患有妊娠高血压疾病的孕妇，其发生子痫前期和子痫的机会比无妊娠高血压疾病的孕妇高五倍。因此，一定要遵医嘱按时产检，接受正规的抗高血压治疗，并选择对胎儿无害的抗高血压药物。

妊娠期高血压疾病药物选择的特殊性

医生选择药物时，要想到药物对胎儿的影响，所以，会从最小剂量开始。这样可能不会使你的血压很快下降，但你不要因为着急就要求医生加大药物剂量，甚至自行增加药量，这样做会增加药物对胎儿的损害。

每种降压药对胎儿都有不同程度的副作用。所以，治疗上就不能按照常规选择降压药物，也不能按照常规增加药量。如果服用某种降压药不能使血压降到理想数值，医生会更换另一种药物，而不是增加原来药物的剂量；医生也可能会小剂量联合使用两种药物，以便规避因药量过大对胎儿造成的不良影响。

对孕妇来说，短效降压药不如长效降压药。长效降压药没有一天吃3次药的麻烦，还能保持24小时平稳降压，这对胎儿来说非常重要，如果妈妈的血压忽高忽低，会影响胎盘的血液供应，胎盘的血液供应是维系胎儿生长发育所必需的。

ACE抑制剂和血管紧张素Ⅱ受体拮抗剂类降压药可引起胎儿生长迟缓、羊水过少、新生儿肾功能不全和胎儿异常形态，不能在孕期使用。利尿剂可减少已显不足的血浆容量，从而影响胎盘血液供应，也不提倡使用，尤其是在孕中晚期。β-阻滞剂中的阿替洛尔长期用于整个孕期，可伴有胎儿生长迟缓，尤其是孕早期不宜使用。广泛用于妊娠期高血压的药物是肼屈嗪、哌唑嗪、甲基多巴、硝苯地平、伊拉地平、拉贝洛尔。

妊娠期高血压疾病与分娩

原则上应提前住院和分娩。如果血压过高，对胎儿和孕妇已构成危险，应随时住院治疗。如果血压控制得比较理想，也不能等到预产期再住院分娩，至少应提前2~4周住院，当妊娠持续到37周时，如果血压没有降至正常，医生可能会采取措施，让你提前分娩，如果医生这样决定了，你可不要为了等预产期而拒绝医生的建议，医生让你提前分娩，一定有医学指征。

如果发生了高血压危象、子痫前期，甚至子痫，医生会随时与你和你的家人商量终止妊娠，如果这时你怀孕的月份还不足以让离开母体的胎儿存活下来，你、丈夫及亲人往往不能接受这样的事实，不相信你会有什么危险。这时的你很难下决心，医生会把最坏的结局告诉你，你可不要认为医生在吓唬你，听取医生的建议是非常必要的。

妊娠合并糖尿病

妊娠合并糖尿病的两种类别

妊娠合并糖尿病发生率世界各国报道不一，为1%~14%，我国报道的妊娠合并糖尿病的发生率为1%~5%，近年有明显增高趋势。

类别一：妊娠期糖尿病（GDM）。是指怀孕前没有被确诊糖尿病，或有潜在的糖耐量减退，妊娠期才被确诊的糖尿病。孕妇到了妊娠中、晚期，体内抗胰岛素样物质增加，对胰岛素的敏感性下降，为维持正常糖代谢水平，胰岛素需求量必须相应增加。胰岛素分泌受限的孕妇由于妊娠期不能代偿这一生理变化而使血糖升高，出现妊娠期糖尿病或使原有糖尿病加重。在妊娠合并糖尿病的孕妇中约有80%以上为妊娠期糖尿病。妊娠期糖尿病多发生在孕中晚期，分娩后大部分人能恢复正常，只有小部分人于产后数年发展成II型糖尿病。

类别二：怀孕前糖尿病（PGDM）。是指在怀孕前已经确诊患有糖尿病，或原有糖尿病未被发现。在妊娠合并糖尿病的孕妇中约有不到20%为怀孕前糖尿病。

妊娠对糖尿病的影响

妊娠可使既往无糖尿病的孕妇发生妊娠期糖尿病；使怀孕前糖尿病的病情加重；使隐性怀孕前糖尿病显性化。

由于妊娠期糖代谢的复杂变化，应用胰岛素治疗的孕妇若未及时调整胰岛素用量，部分患者可能会出现血糖过低或过高，严重者甚至导致低血糖昏迷及酮症酸中毒。

怀孕前糖尿病的孕妇应用胰岛素治疗期间，孕早期空腹血糖较低，如果未及时调整胰岛素用量，有可能会出现低血糖。

随着妊娠进展，抗胰岛素样物质增加，使用胰岛素的孕妇对胰岛素的需求量在不断增加。但是，在分娩过程中体力消耗较大，进食量少，若不及时减少胰岛素的用量，很容易发生低血糖；产后胎盘排出体外，胎盘分泌的抗胰岛素物质迅速消失，胰岛素用量应立即减少。

糖尿病对妊娠的影响

妊娠合并糖尿病对妊娠的影响及影响程度取决于糖尿病病情及血糖控制水平。病情较重或血糖控制不良者会极大地影响妊娠结局，母儿近、远期并发症较高。

妊娠合并糖尿病对胎儿和新生儿的影响

· 胎儿常常是巨大儿，易造成难产和产伤。

· 新生儿易发生低血糖。

· 肺不成熟，肺透明膜病的发生率比正常儿高出六倍。

· 妊娠早期糖尿病未得到控制，新生儿先天性畸形发生率比正常儿高。

· 未得到控制的妊娠合并糖尿病，在妊娠晚期胎儿易发生宫内死亡。

妊娠合并糖尿病对孕妇的影响

· 增加孕期并发症。糖尿病孕妇合并妊娠期高血压疾病者占25%~32%；感染性疾病增多，如肾盂肾炎、无症状菌尿、皮肤疖肿、产褥热感染、乳腺炎等。

· 羊水过多，比非糖尿病孕妇高10倍，可造成胎膜早破和早产。

· 产程延长，可出现产程停滞和产后出血等。

· 剖宫产率增加。

妊娠合并糖尿病干预措施

一旦确诊妊娠合并糖尿病，就需要积极干预。首先是饮食干预，孕期不能通过严格控制饮食来控制血糖，如果采取糖尿病饮食，会因为饮食摄入不足，导致营养缺乏，影响胎儿生长发育。所以，如果妊娠合并糖尿病孕妇通过饮食控制未能达到理想的血糖范围，要及时采取胰岛素治疗。

医生会根据孕妇的具体情况，结合化验检查制定合理的治疗方案，你不要过于担心。在不影响胎儿生长发育的基础上，把血糖控制在正常范围内，对你和胎儿就不会产生严重的不良影响。

值得提醒的是，如果确诊了妊娠期糖尿病，且家族直系亲属（主要是父母双亲和兄弟姐妹）中有患II型糖尿病的人，产后一定要继续监测血糖变化，及早发现II型糖尿病。

理想的血糖控制目标

· 空腹血糖控制在3.3~5.6mmol/L。

· 餐前30分钟血糖控制在3.3~5.8mmol/L。

· 餐后1小时血糖值控制在8mmol/L以下。

· 餐后2小时血糖值控制在4.4~6.7mmol/L。

· 夜间血糖值在4.4~6.7mmol/L。

理想的饮食控制目标

· 孕妇无明显饥饿感，避免过分控制饮食，保证胎儿正常生长发育。

· 既能保证和提供妊娠期间热量及营养需要，又能避免餐后高血糖或饥饿性酮症出现。

· 孕早期糖尿病孕妇需要的热量与孕前相同。

· 孕中期以后，每周热量增加3%~8%。

· 在每日摄入食物的总热量中，糖类占40%~50%，蛋白质占20%~30%，脂肪占30%~40%。

饮食安排举例

建议少食多餐，一天3次正餐、3次加餐。每天谷薯类主食不少于150克（生重），可考虑搭配膳食纤维较高的粗粮，如燕麦片、糙米、杂米、杂豆等。适当增加鱼、虾、蛋、奶等富含优质蛋白的营养食物，选择低脂或脱脂牛奶，选择脂肪含量低的肉类。增加新鲜蔬菜的摄入，特别是绿叶蔬菜，每天保证在300~500克。某些根茎类食物可以算作是主食，如红薯、紫薯、马铃薯，某些根茎类食物也类似主食，如藕、山药、芋头，吃这些食物要适当减少主食的摄入量。加餐可以选择低糖水果、低脂酸奶、无糖豆浆等。尽量不吃或少吃甜食、高糖分的水果、高热量的食物，减少外出就餐次数。烹饪时，建议控制油的使用量，不使用动物油，多选择蒸、煮、炖的方式，少选油炸、油煎、爆炒、糖醋、勾芡的烹饪方式。

口服降糖药

口服降糖药在妊娠期应用的安全性和有效性都不确定，目前不推荐使用。胰岛素是大分子蛋白，不通过胎盘吸收，对于饮食治疗不能控制的糖尿病，胰岛素是主要的治疗药物。

自我血糖监测

首先购买一台适合家用的医用血糖仪，也可以选择动态血糖检测设备。监测频率可根据医生建议，也可每周监测2~3天。在1天中，可监测血糖2~6次，如早晨测1次空腹血糖，午餐后2小时测1次。在某1天中，也可测血糖6次，如早晨空腹1次，午餐前1次，午餐后2小时1次，晚餐前1次，晚餐后2小时1次，睡前（22：00左右）1次。

合理运动

运动有助于降低血糖，在身体条件允许的情况下，可以在家人的陪同下进行一些简单运动，如散步、游泳、瑜伽等。

心理建设

接受妊娠合并糖尿病的事实，科学调整饮食结构，合理控制体重，积极执行医生的治疗建议，正确使用胰岛素控制血糖。

几种情况说明

妊娠前已经明确诊断患有糖尿病的女性，应把血糖持续控制在正常水平达三个月以上，且糖化血红蛋白在正常范围内，体内的缺氧状态才能被解除，卵细胞才能正常发育。所以，建议血糖控制在正常水平三个月以上后再怀孕。

妊娠前已患有糖尿病，且已合并了糖尿病肾或增生性视网膜病变，或同时患有冠心病、高血压等影响妊娠结局的疾病，应积极治疗，待医生认为身体没问题了再怀孕。

妊娠合并糖尿病的孕妇，建议产检到产科高危门诊，一定要遵医嘱做好定期产检。因为妊娠合并糖尿病对孕妇和胎儿存在很大的威胁，如果孕期认真地做产检，并听取医生的意见，胎儿受到的威胁就会降到最低，孕妇也会得到最大的保护。

第四节
产时和产后异常情况

　　妊娠满28周，但不满37周分娩时称为早产。绝大多数孕妇都会足月分娩，孕妇不必过分忧心。妊娠后期会出现宫缩现象，孕妇可能担心是否要早产。孕妇如何自我判断呢？通常情况下，妊娠后期的正常宫缩发生频率低、不规律、强度小，有时孕妇只感觉腹部收紧了一下，很快就过去了。发生早产的宫缩则比较规律，一次宫缩时间比较长，可能会持续一分钟；发生频率高，可能会几分钟发生一次；强度也比较大，通常会影响孕妇的正常生活，当宫缩发生时，孕妇不得不停止手头工作，抚着肚子等待宫缩过去。如果出现早产的征兆，请抓紧时间去医院。以下几点建议有助于孕妇预防早产。

> ·定期做产前检查，即使工作再忙也要腾出时间做产前检查，不要错过规定的检查时间。
>
> ·一定要戒烟忌酒，也要避开吸烟的环境。
>
> ·注意休息，保证充足的睡眠和合理的膳食结构，不要熬夜，不要加班加点工作，精神要放松，不能时刻处于紧张状态。
>
> ·不要搬动重物或做剧烈运动。
>
> ·患有发热等疾病要及时看医生，服用任何药物都要听从医生的指导。
>
> ·防止摔倒。

难产

怎样理解难产

难产一词是最令孕妇和正在分娩的产妇畏惧的，听到这个词，孕妇周围的亲人也非常紧张。关于难产，孕妇和医生的认识不尽相同，对于医生来说，难产就意味着产妇或胎儿面临着危险，如果不能在短时间内处理，就要紧急施行剖宫产。对于孕妇和周围的亲人朋友来说，他们不知道难产的医学指征。如果产妇很长时间都不能把孩子生出来，就会认为难产；如果产妇疼痛得很厉害，也会认为是难产；有的产妇对假临产表现异常敏感，还没有进入临产，就开始紧张，甚至开始折腾，结果把分娩的过程拉得很长，这也会让产妇和周围的亲人认为是难产；有的产妇对分娩认识不足，精神异常紧张，使本来可顺利分娩的过程难以进行，也进入难产的行列。

产前预知的难产

产科医学的进步已经使分娩变得相当安全，大多数可能出现的难产都已经可以预知，在产妇还没有进入分娩状态时，医生会告知产妇和亲属。当产妇和亲属听到这样的消息时，大多不会坚持自然分娩。医学意义上的难产，产科医生会帮助你妥善解决，即使产前没有预知，在分娩过程中出现的诸如胎头旋转异常、宫缩乏力、宫缩过强及胎儿异常等导致产中难产的情况，医生都能很好地处理，产妇完全不必担心。

孕妇及亲属"导致"的难产

有些孕妇对自然分娩带来的疼痛有一种本能的恐惧，在剖宫产手术很容易实施的今天，虽然从内心和潜意识里崇尚自然分娩，但却更信服在她们看来"安全系数高"的剖宫产，从理智上愿意接受剖宫产。有这样认识的产妇，即使选择了自然分娩，一旦真正启动分娩，强烈的宫缩引起的阵痛刚一来临，就开始慌乱紧张，对前面的路望而却步，强烈要求剖宫产。产妇会大呼小叫，亲属也不能保持冷静，不能配合医生和助产士的要求。由此使得决定分娩顺利进行的四要素（产道、宫缩、胎儿、产妇状态）不能很好地协调配合，最终导致人为的难产发生。这是最让医生头痛的，因为医生难以预料产妇分娩时是否能保持良好的精神和心理状态，如果进入第二产程出现这种情况，就会让医生更加棘手，因为这时胎儿可能已经进入产道，给剖宫产带来困难。

导致人为难产的另一个重要因素是丈夫。产妇是否能够顺利度过分娩，丈夫的作用不容忽视。当孕妇处于分娩的"痛苦"中时，守候在身旁的丈夫常常比妻子更加焦虑。从蜜月走向怀孕分娩的这段时间，丈夫对妻子一直是疼爱有加，在整个孕期都全方位地呵护着，就连公婆父母也是百般照顾。在幸福中度过的孕妇，尽管对即将来临的分娩痛有所准备，但一旦真的降临，常常让产妇始料不及。痛苦、哭喊、挣扎，把分娩带来的不适和疼痛扩大化。这时，守候在身旁的丈夫可谓是焦急万分，丈夫不但心疼妻子，更担心母婴的安危，错误地认为剖宫产是解除妻子疼痛、保证母婴平安的好办法。所以，当产妇宫缩变得强烈，离胎儿的娩出越来越近的紧要关头，在妻子最需要丈夫鼓励的时候，丈夫却崩溃了，只要不让妻子难受，让孩子快快出来，丈夫比妻子有更强烈的选择剖宫产的愿望，他又是能在手术协议上签字的人，结果自然宣告"顺娩失败"。现在这种"难产"越来越多，这也是剖宫产率居高不下的原因之一。如果你认为自己对疼痛非常敏感，对分娩痛极其恐惧，完全没有勇气面对，不能笃定自己能坚持下来，可提前（距预产期一个月，最晚也要在临产前）咨询医生，你是否能选择无痛分娩。

关于"干生"

有的产妇对早破水（胎膜早破）的理解有误，认为只要上产床前破水了，就是早破水，并认为早破水会给分娩带来困难和过度疼痛，是"干生"。

所谓早破水是指在分娩开始前发生破水。一旦分娩开始发动，无论是在哪一期破水，都不能诊断为胎膜早破，不会因为破水而使分娩更困难。

生产过程中的难产

在分娩过程中可能会出现异常情况，但对现代的产科技术而言，大多能得到很好的处理，引起不良后果的可能性已经降得很低了。为了避免分娩中异常情况的出现，产妇在分娩过程中的身体和心理状态也是非常关键的。等待分娩的孕妇，最好不要过多考虑异常问题。

可以预知的难产，在产前医生都会给予积极的处理，制定安全的分娩计划。

所以，分娩中的难产发生率是很低的。不可预知的难产主要是在分娩过程中发生的，但产妇也不要担心，医生会密切观察产程的进展，加上对胎儿和产妇的监护，能够及时发现异常情况，发生危险的概率非常小。如果你在分娩中听到下面这些专业名词，千万不要紧张，医生会尽力帮助你，给予母婴最大的安全保障。

我本不想写这些异常，怕引起孕妇的担心，但又一想，即使我不写，孕妇也会在其他书籍中看到或听周围人说起，孕妇会非常不安。所以，我还是把它们写出来，或许能够帮助孕妇明白是怎么回事。记住，对于现在的医疗水平和产科技术来说，很多在过去看来难以解决的难产，现在已经不成问题了。医生会提前和你及你的丈夫说明，会征求你们的意见，并说出医生的看法或决定，你不必过分担心这些问题。

宫缩乏力

当分娩发动后，子宫收缩推出胎儿的力量很微弱时称为宫缩乏力。宫缩乏力可发生在分娩的不同阶段，有的是从一开始宫缩就微弱；有的是在分娩过程中变弱。在分娩过程中变弱的，多是由于产程过长或用力方法不得当，导致产妇疲劳。出现这种情形时，医生多会使用促进宫缩增强的药物，如催产素。

如果宫缩不是太弱，医生会给产妇打一针睡觉的药，让产妇休息一段时间，解除疲劳后再分娩。如果不能使宫缩恢复或有其他情况，医生认为比较严重时，会采用剖宫产。所有这些处理和决定，都不需要你来考虑，更不要紧张害怕，你的担心和害怕不但对恢复正常的宫缩没有帮助，还会导致出现其他问题。这时，你最好的选择是安心地休息，相信医生和助产士会妥善处理这些问题。

宫缩过强

子宫收缩过强也不行。引起子宫收缩过强的原因有不恰当使用促进子宫收缩的药物、早破水等。

当子宫收缩过强时，产妇大都不能很好地承受，因为过强的宫缩会引发剧烈的疼痛。如果产妇能够承受过强的宫缩，产道和胎儿又没有异常，多能急速分娩，急速分娩可能会发生产道裂伤或产后出血，胎儿头部也可能会受到伤害。所以，如果宫缩过强，腹痛过于强烈，孕妇要及时告诉医生。

软产道坚韧

软产道坚韧大多发生在高龄孕妇，医生会使用宫颈软化的药物，使产道变得柔软易于胎儿娩出。实际上，高龄产妇并不是剖宫产的指征。现在人从生理上普遍比过去年轻，即使是40岁上下的初产妇，顺利分娩的可能性也是很大的。只要没有顺产的禁忌情况，不要轻易放弃自然分娩的机会。

胎头旋转异常

胎儿通过产道时，为了适应产道的曲线，会不断转换方向，这些都是自然进行的，一般无须助产士协助。但有时会发生胎头旋转异常，给胎儿的顺利娩出带来麻烦。遇到这种情况时，医生或助产士可能会协助胎儿改变不正常的位置。这些都不需要产妇操心，产妇要做的是配合医生，让医生把更多的精力用在解决问题上，而不是把更多的精力和时间用在疏解产妇的情绪上。镇静面对，相信医生，配合医生，调动内在力量，协调孩子、医生和你三方力量，共同努力顺利分娩，这种心理状态对顺利分娩具有神奇的力量。如果你提前做好了这样的准备，相信在你遇到分娩困境时，一定能够做得更好。很多时候，人不是被事情难倒，而是被畏难情绪打倒，要相信精神的力量。

胎盘早剥

正常情况下，胎盘是在胎儿娩出后才开始剥离娩出的。当胎儿还没有娩出的时候，胎盘就开始剥离，会发生阴道出血现象。遇到这种情况，医生会立即施行剖宫产。

子宫颈管裂伤

急产或产力比较大可能会导致子宫颈管裂伤。有经验的助产士或医生会在产妇娩出胎儿后，对产妇的产道和宫颈进行检查，如果发现有裂伤，会及时缝合。但有时并不能及时发现。如果产后宫缩很好，阴道和外阴也没有伤口，却有鲜血流出，这时医生会考虑是否有宫颈裂伤的可能，如果是，马上就会进行缝合术。

胎盘滞留

随着胎儿的娩出，胎盘也会随之娩出，如果胎盘长时间没有娩出，就称为胎盘滞留。如果你在产床上听到这个词，可不要害怕，更不要着急，医生和助产士会有办法让滞留的胎盘娩出来的。

产后出血

产后出血问题是医生很重视的，也是医生对产妇进行观察和监护的重要项目。产后出血几乎都发生在医院，所以，你不要担心，一旦发生产后出血，医生会立即处理的。

 产后防病

产褥热

当产妇出现发热时，不要以为是感冒，首先就要想到产褥感染的可能。一旦发生产褥感染，一定要及时、彻底地进行治疗，以防炎症扩大蔓延和留下后遗症，甚至危及生命。产妇发热时，一定要及时看医生。

为防止产褥感染，分娩前，尽量多吃新鲜水果，多饮水，充分休息。产后42天内避免性生活、盆浴。平时应注意合理饮食，早下床活动，及时小便，以免膀胱内尿液潴留，影响子宫的收缩及恶露的排出。注意产后会阴部的清洁卫生，最好使用消毒过的卫生纸和卫生棉。如果哺乳妈妈因为健康原因需要服药，一定要告诉医生开不影响哺乳的药物。

防止产褥热的医生忠告如下。

- 室内空气流通，室温不要过高，保持在24℃左右。
- 春季气候干燥，室内放置加湿器，室内湿度保持在45%~50%。
- 有恶露时不要同房。
- 不要盆浴，用流动水冲洗外阴。
- 合理饮食，早下床活动，及时小便。
- 使用消毒过的卫生纸和卫生棉。

产后泌尿系感染

导尿或留置导尿管可造成尿道和膀胱黏膜的损伤，增加了尿路感染的危险。统计资料显示：分娩前常规导尿，产褥期发生尿路感染者占9%；留置尿管72小时以上，几乎全部病例发生菌尿，倘若细菌繁殖并沿尿道与导尿管之间的黏膜上升而进入膀胱，可引起膀胱炎，甚至肾盂肾炎。产后应注意会阴局部清洁，处理好分泌物，不要憋尿，多饮水可预防泌尿系感染的发生。一旦出现尿频、尿急、尿痛、排尿不畅、腰痛等症状要及时看医生。

有的产妇会出现排尿不尽感，主要是因为分娩后阴道壁松弛，甚至有膨出，造成压力性尿失禁。要注意锻炼，如盆底肌锻炼、散步等，产后42天内运动时间不宜过长，强度不要过大，不要因运动而感到疲惫不堪。另外，还应排除无症状性菌尿造成的排尿不尽感，可做尿沉渣检查和尿培养。

孕期感染性疾病产后转归

患淋病的产妇，淋球菌上行性感染可引起产褥热，严重时可导致败血症。

分娩前有霉菌性阴道炎，产后会加重，要积极治疗。

阴道带有B组链球菌的产妇，产后B组链球菌可通过阴道上行，引起子宫内膜炎。

沙眼衣原体感染的孕妇，产后也可能发生子宫内膜感染。

产后抑郁情绪

怀孕期间，体内激素水平会发生比较大的变化，雌激素水平要比平时高出1000倍，随着分娩的结束，激素水平急速下降，势必会影响产妇的身体和心境。所以，产妇常常很敏感，一点点小的刺激都可能引起大的情绪波动，稍有不如意的事情就会陷入郁闷之中。乳汁的分泌受产妇情绪影响，本来已经下奶了，乳汁也比较充足，但只要产妇心情不佳，乳汁就会减少，真是立竿见影。所以，在月子里，周围的人都怕惹着产妇，丈夫、父母和公婆都小心翼翼的。即使这样，有些产妇可能还是动不动就流泪。周围的人理解产妇的特殊情况，产妇也要自己劝慰自己，宽容待人。

生育宝宝是父母共同的责任，母亲承担十月怀胎的责任，一定有他的道理，你应该为能肩负起这样的重任而感到骄傲。经过10个月的孕育，宝宝出生了，你真正实现了做母亲的愿望。还有什么比这更令你激动的呢？做了母亲，会使你变得更加宽厚。想到这些，即使有一些身体上的不适，你也应淡化它，而不是无限地放大。你不应该把自己看作是最大的功臣，而应该把自己看作是世界上最幸福的人，因为你有了最可爱的宝宝。如果你能这么想，你就少了许多烦恼，在产后的日子里，家里就会充满着温馨和快乐。这时的你和孩子是全家的中心，你的情绪影响着孩子和周围人的心境。你高兴，孩子舒心，家人都会高兴；你难过，孩子烦躁，大家也都会紧张。当家人紧张得不知如何是好时，你会更加生气，以为他们不心疼你。其实，你不高兴，你周围的人哪还敢高兴？

产后抑郁情绪既有生理问题，也有心理问题。如果你无论如何都高兴不起来，不愿意和家人交流，甚至难以唤起对孩子浓浓的爱、否认自己、有很强的无助感、非常沮丧，一定要去看心理医生，千万不要羞于启齿，有这些情况不是你的错，更不是你"矫情"和"淡漠"，你很可能生病了（产后抑郁症）。患产后抑郁症的人并不罕见，请把产后抑郁症看作如"感冒"一样，只是生病而已，不是诸如什么"想不开""不知足""事多""居功自傲""脆弱"等。当你有抑郁情绪时，一定要及时疏解；当你出现了抑郁症表现，或怀疑自己很可能是抑郁症时，要正确面对，积极寻求医生的帮助，千万不要"硬扛"。

产后高血压

妊娠期高血压的产妇，如果产后12周仍有高血压，就可诊断为妊娠合并慢性高血压。所以，有妊娠期高血压的孕妇，产后仍需要继续监测血压，如果血压持续不降，就要积极治疗。我曾因担任《妊娠期高血压疾病产后血压变化及相关因素探讨》和《围生期干预对妊娠期高血压疾病的转归远期观察》两项科研课题的主研人，查阅了大量关于妊娠期高血压疾病的资料。我们对10年中2116例妊娠期高血压疾病（包括妊娠期高血压、子痫前期、子痫、妊娠合并慢性高血压、慢性高血压并发子痫前期）的产妇进行了产后随访，得出的结论是：未接受治疗组产后一年仍有高血压的产妇为29.6%，治疗组产后一年仍有高血压的产妇为5.8%。

患有妊娠期高血压疾病的产妇，她们出院后面临着抚养新生宝宝的喜悦和忙乱，往往无暇顾及监控自己的血压；同时产后高血压的随访和治疗问题也成了产科和内科医生忽视的空白点。如果你在孕期合并有妊娠期高血压疾病，产后一定要定期随访，按时服用抗高血压药，直到高血压得到有效控制为止。